中共上海市委党校 上海行政学院二期工程（新建综合教学楼与宿舍楼）
上海市科学技术委员会科研计划项目课题（编号：09dz1202600）

绿色建筑实施实践

Green Building Implementation Practices

丁育南 主编

中国建筑工业出版社

图书在版编目（CIP）数据

绿色建筑实施实践 / 丁育南主编 . — 北京：中国建筑工业出版社，2014.4
ISBN 978-7-112-16440-0

Ⅰ. ①绿… Ⅱ. ①丁… Ⅲ. ①生态建筑 — 工程施工 Ⅳ. ①TU74

中国版本图书馆CIP数据核字（2014）第030690号

本书结合中共上海市委党校、上海行政学院综合教学楼与学员宿舍楼工程绿色节能建造实施过程中的点滴心得，从绿色建筑策划、节地、节能、节水、节材、室内环境、信息化建设和运营管理等方面对绿色建筑的实施进行了比较全面的阐述，为类似工程的设计与施工提供了较好参考。

本书适用于与建筑节能技术相关的设计、施工、工程监理人员以及与绿色建筑相关的科学技术人员和高校在校学生等。

责任编辑：田启铭　李玲洁
责任设计：张　虹
责任校对：姜小莲　陈晶晶

绿色建筑实施实践
丁育南　主编
*
中国建筑工业出版社出版、发行（北京西郊百万庄）
各地新华书店、建筑书店经销
北京京点图文设计有限公司制版
北京方嘉彩色印刷有限责任公司印刷
*
开本：787×1092 毫米　1/16　印张：16¾　字数：420 千字
2014 年4月第一版　2014年4月第一次印刷
定价：**120.00**元
ISBN 978-7-112-16440-0
（25130）

编委会

主　　编：丁育南

副 主 编：张德旗　戚启明　朱　涛　汪健雄　马建民

委　　员：姚若风　崔　健　沈健荣　李　云　刘　颖
丁育学　洪东亮　刘海鹰　师　雄　朱伟强
茆海峰　梁鹏飞　姚文军

图片摄影：戚启明　崔　健　丁育南

CAD制图：沈健荣　黄延青　朱冬兴

序

我国自改革开放以来，国民经济经过30多年的发展，给社会创造大量的物质财富的同时，对资源的消耗以及对环境的负面影响也极其明显，在某些方面甚至是极难恢复的。而随着资源短缺和环境恶化问题的日益突出，也使人们进一步意识到可持续发展的重要性。仅就建筑业而言，作为我国国民经济的支柱型产业之一，建筑活动一直是资源高消耗的生产性活动之一。建筑物所占用的土地，建筑材料的加工、使用以及工程建设过程中产生废弃物及其对周边的污染等都对生态环境产生极大的负面影响。这倒逼建筑业的绿色发展之路，使之应承担起可持续发展的社会责任。所以，树立全面、协调、可持续的科学发展观，在建筑领域将传统高消耗型发展模式转向高效的、环境友好型、生态型的发展模式，是我国乃至当今世界建筑发展的必然趋势。

绿色建筑是在建筑的全寿命周期内，最大限度地节约资源、保护环境和减少污染，为人们提供健康、适用和高效的使用空间，与自然和谐共生的建筑。它作为新兴的前沿科技，是现代建筑发展的必然趋势。中共上海市委党校、上海行政学院是一所培养上海市中、高级干部的学校，并担负着市高级公务员、特大企业及跨国公司在沪机构的高级管理人员的培训任务。其现代化综合教学楼及学员宿舍楼工程是校园整体规划和建设的重要组成部分，是在教学的软硬件配置上实现新世纪干部教育的功能理念、与国际经济发展相接轨的关键性工程。本书结合中共上海市委党校、上海行政学院综合教学楼与学员宿舍楼工程绿色节能建造实施过程中的点滴心得，从绿色建筑策划、节地、节能、节水、节材、室内环境、信息化建设和运营管理等方面对绿色建筑的实施进行了比较全面的阐述，希望能够给类似项目以指导。

丁有南

高级工程师

国家注册监理工程师

国家注册造价工程师

上海市评标专家

水利部注册监理工程师

2013年7月于上海

目　录

引　言

中共上海市委党校、上海行政学院二期（新建综合教学楼与学员宿舍楼）工程（在本书中，均简称为“上海市委党校二期工程”）坐落于上海市徐汇区虹漕南路 200 号，建筑位于市委党校校园西北侧，东面与南面为校园绿地，西面为漕河泾，东面朝向校园中心绿地（图 0-1）。

图 0-1　上海市委党校二期工程平面布置示意

上海市委党校二期工程的建筑采用平直界面设计思路，山墙面形成两个纯粹的形体：“L”与“U”形，西面建筑形体和界面丰富多变，尺度较小，形成几个供人休憩的内院空间（图 0-2）。

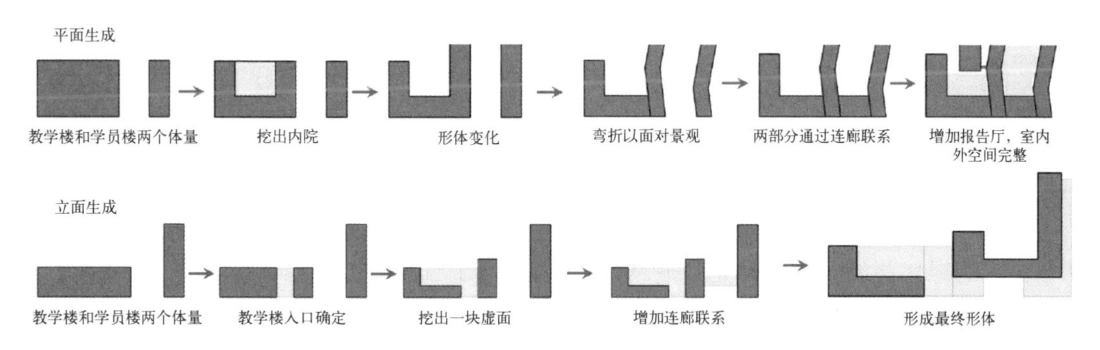

图 0-2　上海市委党校二期工程的建筑平面与立面设计思路衍变示意

上海市委党校二期工程由上海市财力全额投资，建安总投资额 2.4055 亿元。由同济大学建筑设计研究院（集团）有限公司设计，上海市第二建筑有限公司施工总承包，上海上咨建设工程咨询有限公司担任工程监理（含绿色建筑的全过程监理）咨询工作。

上海市委党校二期工程于2009年9月进行桩基施工，2010年6月28日混凝土结构封顶，至2011年5月底工程竣工。本工程为三类建筑，安全等级二级、耐火等级一级，设计使用年限50年；本工程的结构高度为44.3m，建筑占地面积47695m^2，工程总建筑面积37895 m^2。

上海市委党校二期工程的结构形式为框架剪力墙体系，均严格按照设计图纸和施工验收规范精心组织施工。钢筋工程中，直径大于22mm的钢筋接头采用焊接或机械连接，绑扎钢筋时先扎柱、再扎梁和平台钢筋，并严格落实验收程序，以确保钢筋的规格、形状、尺寸、数量、锚固长度及接头设置符合设计要求和施工要求。模板工程采用胶合板板面、钢管、木方混合支撑固定体系，确保混凝土成型尺寸符合设计要求。所有柱、墙、梁及楼板等均为钢筋混凝土现浇结构。现浇楼板，屋盖采用钢结构。混凝土强度等级基础底板垫层为C30、基础底板为C40。单体混凝土强度等级为C50。钢筋主要采用HRB335级钢筋和HRB400级钢筋、工程抗震等级按7度进行抗震设防设计。

上海市委党校二期工程荣获国家财政部、住房和城乡建设部（简称“住建部”）可再生能源建筑应用示范项目，它采用了适合于高等级研究型校园的生态节能新技术集成及全寿命周期监测体系。

上海市委党校二期工程采用了建筑外围护节能技术，包括节能幕墙、绿化隔热外墙、绿化屋顶，适宜窗墙比及主被动式外遮阳体系的运用研究。每平方米的绿化每年可去除约0.2kg的空气悬浮颗粒；

上海市委党校二期工程采用了地源热泵技术，空调冷热源和生活热水热源采用螺杆式地源热泵机组。地源热泵机组采用带全热热回收功能的机组，回收制冷过程中的冷凝热。回收的冷凝热用于食堂和卫生间淋浴使用。大报告厅空调系统设置全热热回收装置，空调季节通过转轮热回收装置回收排风中的能量，降低空调系统的运行能耗。过渡季节可利用旁通装置实现50%新风运行。全热回收交换器的热回收效率大于60%。地源热泵机组的COP值为5.36。

上海市委党校二期工程采用了自然通风技术，采用庭院式布局，建筑的宽度不大，可充分利用自然通风与机械通风（中庭顶部设计机械通风系统）相结合的混合通风方式来降低建筑的空调系统能耗。在夜间可充分利用晚间通风的效果，进一步降低空调系统运行初期的能耗。

上海市委党校二期工程采用了自然导光技术及节能灯具，在建筑中部设置“生态中庭”，引入垂直绿化、天然采光及新鲜空气，创造宜人环境。

上海市委党校二期工程采用了雨水回收技术，收集和处理屋面及部分场地雨水，回用于园区的绿化浇灌、水体补充和道路冲洗。设计收集面积约18000m^2，系统处理能力为15m^3/h，年雨水收集量18696 m^3，年雨水利用量16826 m^3，绿化、景观和道路浇洒雨水替代率59%；

上海市委党校二期工程采用了绿色建材，选用3R（可回收、可利用、可循环）材料、低污染及当地化材料是上海市委党校二期工程实现绿色建材的主要策略。

上海市委党校二期工程由综合教学楼和学员宿舍楼两部分组成。综合教学楼位于南侧，由三层和四层的两部分体量组成，学员宿舍楼位于北侧，为一幢十一层的条形体量。两组体量通过东侧的两层高的体量联成一体，形成一组“山”字形的总体平面形态，各功能区既相互独立又相互结合形成一个有机的整体。整组建筑在功能布局力求合理地结合基地外部条件，出入方便，减少干扰，同时又整体统一，方便联系。

综合教学楼，学员宿舍楼各部分空间的观景面，依据建筑平面形态设计周边绿化→庭院绿化→下沉跌落绿化→屋顶绿化的立体绿化体系，丰富了建筑的景观品质，较大部分使用空间都能“开门见绿”。综合教学楼区环绕一内庭院，利用建筑体量的高差，在报告厅与三层体量上设计屋顶绿化，使绿化体系能相互联系，相互渗透。综合教学楼与学员宿舍楼的主要出入口均设置于东边沿规划道路一侧，另外在教学楼的南侧设置一次要入口，与南边的绿地广场相连，500 人报告厅的贵宾入口设于基地的西侧，可直接进入报告厅以及贵宾休息室。综合教学楼的后勤入口设于建筑东南侧，可直接进入后勤设备区域。

上海市委党校二期工程的交通组织便捷，人车分流，后勤与使用人流互不交叉，体现人性化、高效化的设计原则。主要车行道沿建筑周边布置，东侧的校园规划道路作为主要接入道路，建筑的主要出入口都设置在靠东边道路一侧，地下车库出入口设于建筑的西侧和南侧，在基地的北侧布置大部分的临时地面停车位。建筑主要使用人流由东侧道路边的入口进入，贵宾则由西侧入口直接进入，南侧的建筑体量局部架空，人流也可直接通过底部区域进入内庭院。综合教学楼与学员宿舍楼连接体的底层也架空，人员可通过底层空间往返于综合教学楼与学员宿舍楼之间，也可直接进入内部的下沉庭院。货运交通出入口借用地下车库入口进入，与地下卸货区连接。

上海市委党校二期工程在建筑外立面处理上力求简洁大方，主体建筑主要强调水平延展性，综合教学楼西侧以通透的玻璃幕墙为主，顶部采用实墙面，以形成强烈的虚实对比。勾画出清晰的线条和轮廓，彰显其流光溢彩的同时也形成了大楼与地面周边环境的软交接过渡，与校园原有建筑群体组成为一个有机的、协调一致的、和谐统一的且充满活力与朝气的整体。

上海市委党校二期工程的主楼为学员住宿，总建筑面积 18251m^2。首层为学员注册和休息区大堂，是学员小憩、洽谈的理想场所，使人感觉温馨、亲切。大堂极具气派的大理石地面，加上玻璃幕墙通透的大堂开阔视野，整个底层裙房大面积采用通透式玻璃墙设计，使室内外空间通透，引导外部视线向内部聚集，令大堂更显简洁大方气派（图 0-3.1 学员宿舍楼休憩大厅）。学员餐厅位于低层大堂西面，大气典雅的装饰给人以优雅时尚的感觉，气派不凡的大餐厅至多可容纳 250 人，自助供餐模式满足学员的不同口味；也能满足客户的各类会议需要（图 0-3.2 学员餐厅）。学员住宿楼为 2 ~ 11 层，共 310 间精美装修的客房。

图 0-3　学员宿舍楼休憩大厅与学员餐厅实景图

学员宿舍楼主要有三种类型的客房形式，分别为四室一厅五卫组合套房（58套）、标准间（66间）以及一室一厅套间（12间）。针对学员不同班次的需要，提供体贴入微的个性化服务。学员住宿楼注重每间客房的室内设计，以家居温馨和便于学员学习、交流和休息的概念贯穿其中，简约的线条格局让房间各角落都尽显雅致。为了体现学员宿舍楼的经典大气，学员住宿楼的空间布局和室内装潢尽显东西方结合的优雅韵味，彰显上海现代与历史时空交错的融合。有别于其他酒店宾馆格局，学员宿舍楼的每个客房窗户均采用宽阔的大开间玻璃窗，确保视野完全没有阻碍，将校园美景一览无余，尽收眼底。

上海市委党校二期工程的综合教学楼，总建筑面积11103m^2。综合教学楼与学员宿舍楼相比，它外立面采用干挂天然石材和垂直绿化装饰，设计更趋严谨和优雅，并注重形体创造的独特性、震撼性及现代美感，意在突出外立面层次感和现代感，创造出挺拔向上的建筑形象。地面采用花岗岩铺贴，平顶为轻钢龙骨硅钙板造型吊顶，墙面用乳胶漆饰面，灯光设置明亮柔和，充分体现了现代楼宇的品质。为学员提供一个温馨学习的环境。

综合教学楼采用单面走廊形式。大报告厅设置于四层体量底层的西端，底层还设置媒体沟通实训室和应急管理实训室（多功能厅）、145人阶梯教室以及相应的休息等待区域；二层设置电子政务实训室、无领导讨论实训室、数字教学厅和校院展示室等；三层设置心理调适室、心理测试室、金融实训室、教学督导室和6个研讨室等；四层设置101人大教室和2个70人U字形教室等。三、四层可直接走到三个屋顶花园上。

上海市委党校二期工程的地下车库总面积约8533m^2，层高约4.5m，拥有车位约158个。上海市委党校二期周边地面设机动车停车位142个，以满足大楼停车需求。

上海市委党校二期工程由上海市供电局提供二路独立的10kV电源，采用电缆埋地敷设至地下一层变电所内，地下变配电所共设2台1600kVA变压器，以承载教学楼及学员楼的用电负荷。

上海市委党校二期在地下室设置了水泵房，水泵房内主要有热水循环泵4台，生活水提升泵2台，消火栓泵4台，消防喷淋泵4台。以满足整个上海市委党校二期工程的用水需要。

上海市委党校二期工程的监控室采用最先进的安保系统，对上海市委党校二期工程和周边地区进行全方位的智能化管理，并对各道路出入口以及车库、电梯、大堂等实行24小时监控管理。

上海市委党校二期工程是上海集培训、会议、研讨、住宿、餐饮、办公于一体的建筑，格调俭朴大气、设施一流，满足上海中、高级领导干部和学员在校进行体验式、互动式和实训式的学习条件，为学员提供不同凡响的学习和休息环境以及家居温馨。

第一章　绿色建筑实施概述

第一节　绿色建筑基本定义

绿色建筑（Green Building）作为新兴的前沿科技，是现代建筑发展的必然趋势，也是减小城市热岛强度（Heat island index）最有效的高科技措施之一；作为一座城市热岛效应的表征参数，热岛强度是指该城市内一个区域的气温与郊区气象测点温度的差值。

一般而言，绿色建筑是指对自然环境无害，能充分利用自然环境的各种可再生资源，并且在不破坏其基本生态平衡的前提下建造的一种建筑，又称可持续发展建筑、生态建筑、回归大自然建筑、节能环保建筑等等。其评价体系共有“节能、节地、节水、节材、室内环境和运营管理”等六类指标，从高到低划分为三星、二星和一星。且分别按照“住宅建筑（表 1-1）”、“公共建筑（表 1-2）”进行分类评定。本文所涉有关绿色建筑内容将以校园公共建筑为主进行阐述。而根据《绿色建筑评价标准》GB 50378—2006 对绿色建筑的定义，则称“在建筑的全寿命周期内，能最大限度地节约资源（节能、节地、节水、节材）、保护环境和减少污染，为人们提供健康、适用和高效的使用空间，与自然和谐共生的建筑。”

划分绿色建筑等级的项数要求（住宅建筑）　　**表1-1**

等级	一般项数（共 40 项）						优选项数（共 9 项）
	节地与室外环境（共 8 项）	节能与能源利用（共 6 项）	节水与水资源利用（共 6 项）	节材与材料资源利用（共 7 项）	室内环境质量（共 6 项）	运营管理（共 7 项）	
★	4	2	3	3	2	4	—
★★	5	3	4	4	3	5	3
★★★	6	4	5	5	4	6	5

划分绿色建筑等级的项数要求（公共建筑）　　**表1-2**

等级	一般项数（共 43 项）						优选项数（共 14 项）
	节地与室外环境（共 6 项）	节能与能源利用（共 10 项）	节水与水资源利用（共 6 项）	节材与材料资源利用（共 8 项）	室内环境质量（共 6 项）	运营管理（共 7 项）	
★	3	4	3	5	3	4	—
★★	4	6	4	6	4	5	6
★★★	5	8	5	7	5	6	10

第二节 我国建筑节能技术推广应用概况

为了能够更好地响应并落实国家“节能减排”、“建筑节能”的号召，住建部和财政部在《关于推进可再生能源在建筑中应用的实施意见》中提出：在“十一五”末期，全国太阳能、浅层地热等可再生能源应用面积占新建建筑面积比例应大于25%。与此同时，为了激励再生能源的利用，国家出台了一系列法规与政策，如《中华人民共和国节约能源法》、《中华人民共和国可再生能源法》、《可再生能源中长期发展规划》等，都明确鼓励在新建建筑和既有建筑节能改造中使用太阳能、地热能等可再生能源利用系统，并在国家财政设立专项基金用于支持利用可再生能源项目的建设。

在国家政策的指导下，全国各大城市，如北京、上海、天津、重庆等地也先后建立了关于发展可再生能源的相关政策，提出了各自对发展可再生能源的指导意见和鼓励措施。

为了贯彻《中华人民共和国可再生能源法》，上海市委、市政府先后出台了一系列政策规范，以推动上海新能源产业成为支撑和拉动经济发展的重点领域。《上海市可再生能源和新能源发展专项资金扶持办法》明确了以无偿资助或贷款贴息的方式对可再生能源和新能源利用项目进行经济支持，并将生物质能、地热能、海洋能等利用项目列入了扶持资金支持的重点领域。

《上海市建筑节能项目专项扶持暂行办法》中规定了针对建筑节能示范项目、新能源一体化项目以及开展能耗统计等工作的公共建筑补贴办法：其中使用一种可再生能源的，居住建筑建筑面积≥ 5 万 m^2、公共建筑建筑面积≥ 2 万 m^2；使用两种以上可再生能源的，建筑面积≥ 1 万 m^2 的，最高补贴 50 元 /m^2。

从国家到各地方政府特别是上海市政府，不但在政策上予以支持，甚至还从物质层面予以经济鼓励。各级政府部门对可再生能源利用的重视程度可见一斑。

第三节 上海绿色建筑实施进展概述

据《世界能源统计年鉴》的最新统计：石油、煤炭、天然气等 3 种化石能源约占全球能源消费的 90% 以上；按照目前的开采速度，石油和天然气资源将在 21 世纪末枯竭。而建筑物的能源消耗约占全社会能源消耗总量的 40%，我国建筑业能耗也约占全国总能耗的 30%，超过了其他任何行业。由此可见，大力发展绿色建筑，推进可再生能源在建筑中的应用，就成为提高能源使用效率的主要手段，也是我国建设领域贯彻科学发展观，调整建筑用能结构，提高清洁能应用比例、平抑供能峰谷、保障能源安全、减少建筑用能碳排放，建设资源节约型、环境友好型社会，实现可持续发展的主要战略措施。但是，到2008年年底，中国内地城镇和村镇房屋建筑面积已超过530亿m^2，其中仅0.53亿m^2是绿色建筑（含绿色建筑示范工程和绿色建筑标识项目），仅占现有建筑面积的0.1%（2010年数据），推进绿色建筑任重道远。

仅就我国经济中心上海市而言，其所用能源除极少部分使用风能外，所使用化石能源均从外省市调入，节能压力更大。近年来，在上海市政府、市城乡建设交通委的领导下，本市在可再生能源建筑应用方面进行了积极的探索和实践，尤其在国家可再生能源建筑应用的鼓励政策和本市建筑节能专项财政补贴办法的扶持下，以及2010年中国上海世博会“城市——让生活更美好”的主题促进下，本市在这一领域的发展取得了积极成效（表1-3）。在这些工程实例中既有新建建筑，也有对既有建筑进行绿色改造，节能效果折合成标准煤总计超过8900t/年，CO_2减排超过2.24万t/年，其节能减排效果是比较显著的。

上海地区主要可再生能源在建筑中的应用示范项目汇总　　**表1-3**

序号	主要节能技术	案　　例	节能功效	获得荣誉
1	太阳能光热和建筑一体化	三湘四季花城（住宅）	每年节煤炭：612t，CO_2减排：1530t	1. 2007年荣获“第五届上海市优秀住宅”综合金奖；2. 2007年被国家住建部确立为“十一五”国家科技支撑计划可再生能源与建筑集成示范工程、人居环境示范工程；3. 2008年通过“国家康居示范工程”评选
2		临港新城宜浩佳园住宅小区	每年节煤炭：1760t，CO_2减排：4530t	国家财政部、住建部可再生能源建筑中应用示范工程
3		大华河畔花城二-1A期	每年节煤炭：100t，CO_2减排：250t	1. 国家财政部、住建部可再生能源建筑中应用示范工程；2. 2007年上海市第五届优秀住宅金奖
4		碧林湾苑三期（住宅）	每年节煤炭：160t，CO_2减排：395t	上海市建筑节能示范项目
5	太阳能光伏发电与建筑一体化	上海电气临港重装备建造基地综合楼	每年节煤炭：81.6t，CO_2减排：206t	2006年国家财政部、住建部可再生能源建筑应用示范项目
6		上海越洋国际广场	每年节煤炭：88.0t，CO_2减排：220t	国家财政部、住建部可再生能源建筑应用示范项目
7		上海太阳能综合示范区——上海市太阳能技术中心	每年节煤炭：380t，CO_2减排：942t	国家财政部、住建部可再生能源建筑应用示范项目
8		上海世博园区中国馆、主题馆	每年节煤炭：1147t，CO_2减排：2878t	1. 国家财政部、住建部可再生能源建筑应用示范项目；2. 2009年被评为国家绿色建筑三星项目（设计阶段）
9		临空园区6号地块1、2号科技产业楼	每年节煤炭：180t，CO_2减排：452t	1.“十一五”国家科技支撑计划——可再生能源与建筑集成技术示范工程；2. 上海市可再生能源建筑应用示范项目；3. 国家绿色建筑二星项目（设计阶段）

续表

序号	主要节能技术	案　　例	节能功效	获得荣誉
10	浅层地热（地源）技术在建筑中的应用	浦江智谷商务园	每年节煤炭：721t，CO_2减排：1810t	1. 参加2006年11月被上海市建设交通委推荐给国务院三部委实施“京都议定书”确定的发达国家和发展中国家进行温室气体减排的首选项目；2. 2008年被列为国家财政部、住建部可再生能源建筑应用示范项目；3. 2009年获得国家“建筑能效测评等级二星证书”
11		中大九里德苑（住宅）	每年节煤炭：664t，CO_2减排：1666t	1. 2008年度上海市节能省地型“四高”优秀小区；2. 2008年国家财政部、住建部可再生能源建筑应用示范项目
12		上海市委党校新建教学楼、综合楼项目	每年节煤炭：500t，CO_2减排：1250t	1. 国家财政部、住建部可再生能源建筑应用示范项目；2. 2012年被评为国家绿色建筑三星项目（设计阶段）
13		上海自然博物馆（上海市科技馆分馆）	每年节煤炭：605t，CO_2减排：1519t	上海市可再生能源建筑应用示范项目
14		花园坊节能产业	每年节煤炭：390t，CO_2减排：979t	1. 上海市可再生能源建筑应用示范项目；2. B1楼申请LEED金奖，B2楼申请LEED银奖
15		张江集电港办公中心绿色生态改扩建工程	每年节煤炭：179t，CO_2减排：450t	1. 国家住建部“双百工程”绿色建筑示范项目；2. 国家住建部“绿色建筑十佳设计”；3. 上海市可再生能源建筑应用示范项目
16		杨浦汇创国际广场准甲办公楼	每年节煤炭：130t，CO_2减排：326t	1. 2008年第一批绿色建筑二星级设计标示；2. “十一五”国家科技支撑计划重大示范项目；3. 国家财政部、住建部可再生能源建筑应用示范项目
17		国信安基地C-2地块综合楼	每年节煤炭：532t，CO_2减排：1336t	2008年国家财政部、住建部可再生能源建筑应用示范项目
18		浦江漫城一品一期	每年节煤炭：288t，CO_2减排：723t	2008年国家财政部、住建部可再生能源建筑应用示范项目
19	浅层地热源（水源）技术在建筑中的应用	十六铺地区综合改造一期工程	每年节煤炭：65.0t，CO_2减排：163.15t	2008年国家财政部、住建部可再生能源建筑应用示范项目
20		上海世博文化中心	每年节煤炭：612t，CO_2减排：1530t	1. 国家财政部、住建部可再生能源建筑应用示范项目；2. 2012年被评为国家绿色建筑三星项目（设计阶段）
21		南市发电厂房和烟囱改造工程——市未来管	每年节煤炭：225t，CO_2减排：555t	2008年国家财政部、住建部可再生能源建筑应用示范项目
22		青草沙水源地管理中心	每年节煤炭：69.7t，CO_2减排：175t	1. 上海市可再生能源建筑应用示范项目；2. 拟申报国家绿色建筑三星项目（设计阶段、运营阶段）

第四节　中共上海市委党校、市行政学院二期工程概况

可再生能源（Renewable Energy）在建筑中的应用是新型的建筑节能技术，在我国发展时间不长，其应用技术水平、与建筑的结合程度以及推广的动力，还需要不断地提高和

完善。在此大背景下，上海市委党校二期工程（新建综合教学楼和学员宿舍楼）（图 1-1 ～图 1-5）自立项开始就明确：以创建国家绿色建筑标识三星级为目标，尽可能地使用自然光、回收利用天然雨水、充分利用浅层地热源等可再生能源，以及建立下沉式绿化和空中绿化等环境友好型技术措施。上海市委党校二期工程同时得到了市科委、市政府以及国家财政部和住建部的大力支持，并被列为国家财政部、住建部可再生能源建筑应用示范项目。

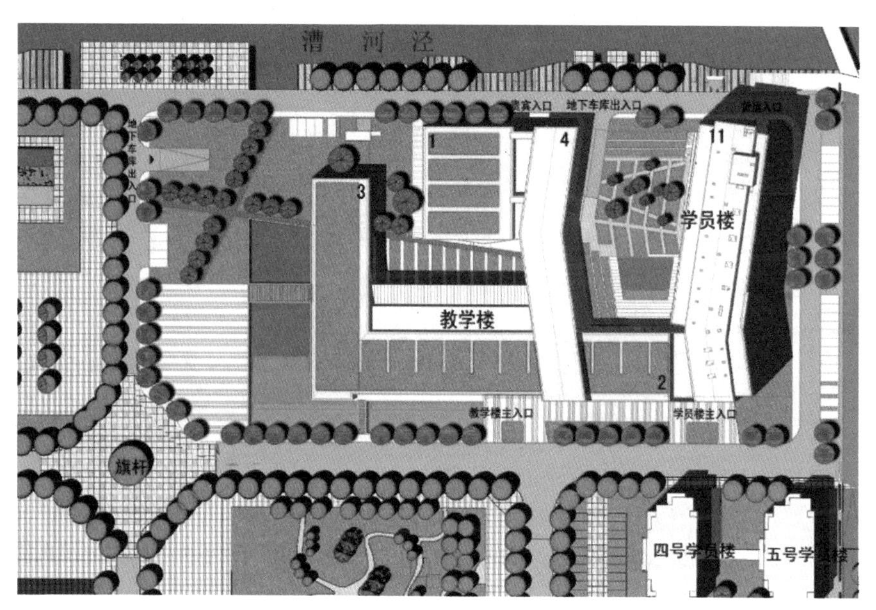

图 1-1　上海市委党校二期工程（综合教学楼、学员宿舍楼）平面布置示意图

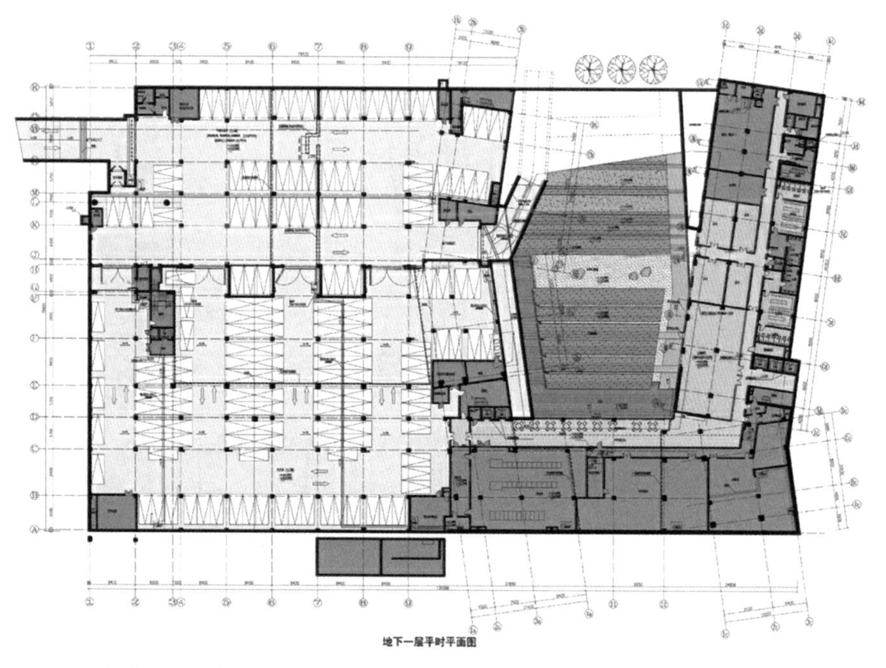

图 1-2　上海市委党校二期工程（综合教学楼、学员宿舍楼）地下层平面布置示意图

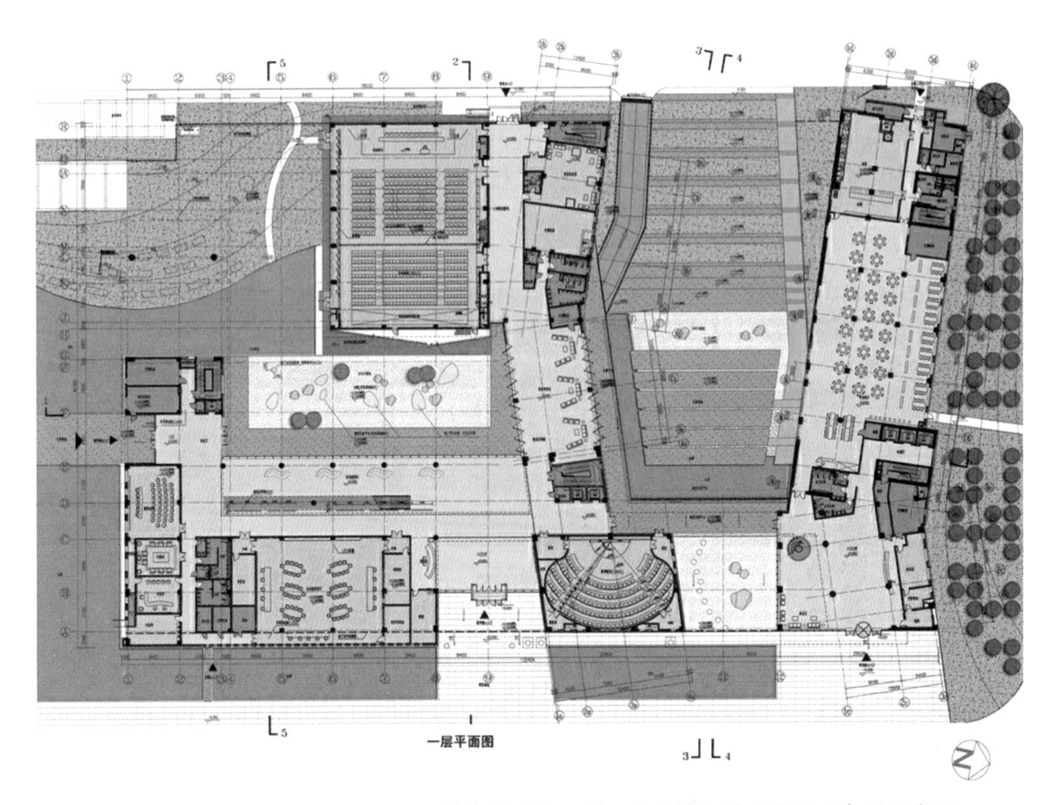

图 1-3　上海市委党校二期工程（综合教学楼、学员宿舍楼）地上层平面布置示意图

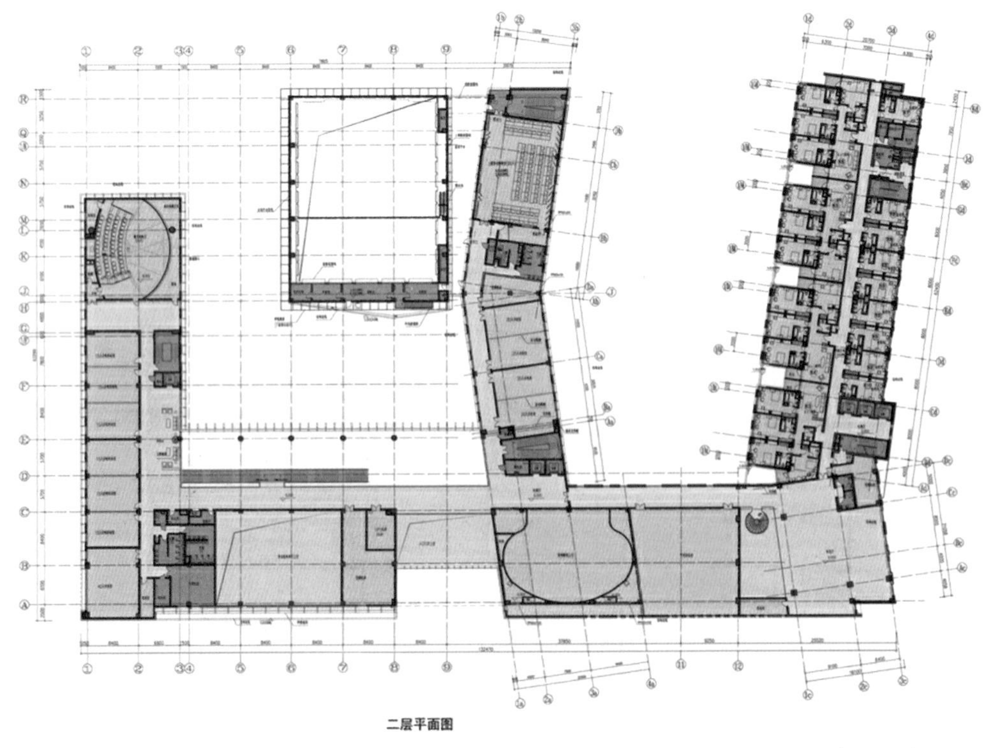

图 1-4　上海市委党校二期工程（综合教学楼、学员宿舍楼）地上标准层平面布置示意图

图 1-5　上海市委党校二期工程（综合教学楼、学员宿舍楼）立体模型布置图

中共上海市委党校、上海行政学院是一所培养上海市中、高级干部的学校，并担负着市高级公务员、特大企业及跨国公司在沪机构的高级管理人员的培训任务。其现代化综合教学楼及宿舍楼工程是校园整体规划和建设的重要组成部分，是在教学的软硬件配置上实现新世纪干部教育的功能理念、与国际经济发展相接轨的关键性工程。

上海市委党校二期工程位于上海市委党校校园内，西至漕河泾，东、北、南侧至市委党校，基地占地面积 47695m^2，项目由综合教学楼和学员宿舍楼两部分组成，中间以东侧二层的连廊相连，形成“山”字形的总体平面形态。教学楼位于基地南侧，高 23.6m，以 3 层为主，局部 4 层，地下一层，包括大报告厅、多功能培训厅、阶梯教室、分组活动室、讨论室、数字教学厅等建筑单元，建筑面积 18025m^2。宿舍楼位于基地北侧，为 11 层条形建筑，地上 11 层，地下 1 层，建筑高度 44.3m，包括餐厅、厨房、学员宿舍等建筑单元，建筑面积 19870m^2。上海市委党校二期工程地下面积约 8533m^2、地上面积 29362m^2，合计总建筑面积为 37895m^2（图 1-6）。

图 1-6　综合教学楼与学员宿舍楼鸟瞰图（实景）

上海市委党校二期工程的建筑外立面材料以石材和玻璃幕墙为主。教学楼南立面和西立面设有竖向遮阳百叶，东立面设有大面积种植墙面，500 人的报告厅外墙设有爬藤墙面。这些外立面表皮与石材和玻璃幕墙一起形成统一而又富于变化的韵律，且室内外空间相互渗透，形成许多饶有趣味的半室外灰空间，室外景观与室内空间相互配合、相互映衬。另外，建筑周边安静的水池能够较好地烘托出建筑静谧的特质，草坪和下沉式庭院也是学员休憩和交流的较理想场所（图 1-7）。

图 1-7　综合教学楼与学员宿舍楼设计效果图

如果按照使用功能进行划分，上海市委党校二期工程包括水泵房、变电所、厨房、餐厅、主题展厅、地下车库、消防控制中心、多功能培训厅与教室、UPS 机房、阶梯教室、报告厅、数字放映厅、活动室、网络电话机房、电子政务及金融交易训练室和宿舍等等功能分区。

上海市委党校二期工程建设定位为世界一流、全国领先的示范性重点项目。在设计过程中充分利用多种生态节能技术并展开一系列科研课题的研究工作，力争使建筑成为一个绿色建筑及新能源的示范项目，成为党校及全国同类项目中的一个新地标。在设计过程中充分利用多种生态节能技术并展开一系列科研课题的研究工作，力争使建筑成为一个绿色建筑及新能源利用的示范工程，向来自各地的学员们展示最先进的建造技术和设计理念。

为实现这一目标，受建设单位中共上海市委党校委托，设计承包商同济大学建筑设计研究院（集团）有限公司，通过比较研究后，制定了上海市委党校二期工程的设计原则（表 1-4），并将建筑节能、建筑场地、水资源、建筑材料、室内环境质量和运营管理作为上海市委党校二期工程实施重点。

上海市委党校综合教学楼与学员楼绿色建筑实施方案要点统计表　　表1-4

类别	可优化项目名称		节能效果	生态效果	市场适应度	重点节能技术	技术成熟度	是否采用	社会经济及环境效益
建筑节能	暖通空调系统	地源热泵	高	清洁能源	普及	全年冷热不平衡的解决方案	高	是	降低空调采暖能耗；提高室内空气质量；节约运行费用
		热回收	高	能源再利用	普及	全热回收	高	是	
		自然通风/混合通风	中	降低能耗	普及	计算机CFD模拟、控制系统设计	高	是	
	维护结构保温	绿化屋顶	高	降低能耗	普及	生物多样性景观设计	高	是	降低暴雨径流；减少区域热岛效应；降低建筑能耗
		外遮阳	中	降低能耗	普及	垂直绿化墙面	高	是	
	照明系统	自然采光	高	降低能耗	普及	导光系统、昼光模拟	中	是	降低照明能耗；降低空调冷负荷；提高室内光环境
		节能灯具	高	降低能耗	普及	控制系统、照明模拟	高	是	
	其他可再生能源	太阳能	低	清洁能源	普及	太阳能光转电、风光互补	中	否	减少温室气体排放
		风能	低	清洁能源	少见		中	否	
建筑场地	交通管理	鼓励自行车	高	降低空气污染	高	设置淋浴间	高	是	减少因交通造成的空气污染；减轻拥堵
	绿化率最大化	透水路面	中	缓解热岛效应、增加雨水下渗	较常见	屋顶的结构、排水、绿化设计	高	是	降低暴雨径流；减少热岛效应；提高节能率
	生物多样性	景观设计	中	保护生态系统	少见	土壤、植被选型	高	是	提高场地生态系统健康水平；提升社会教育价值
	热岛效应	绿化屋顶、墙面	高	缓解热岛效应	较常见	屋顶的结构、排水、绿化设计	高	是	降低区域室外温度；净化空气质量；减少空调能耗
	光污染控制	绿色照明设计	中	减小环境污染	少见	照明模拟与自动控制	中	否	减少对场地微生态系统干扰；提供其夜间可见度
水资源	暴雨管理	雨水收集	高	节约水资源	普及	可渗透铺路，生态景观设计	高	是	降低暴雨径流量；缓解城市排水压力；恢复区域水自然循环
		雨水下渗	中	恢复水循环	少见	雨水净化技术	高	是	
	节水景观	本地植物	高	节约水资源	少见	生物多样性设计	高	是	零灌溉
	建筑室内节水	节水器具	高	节约水资源	普及	节水产品	高	是	减少市政清洁水源消耗和污水处理的压力

续表

类别	可优化项目名称		节能效果	生态效果	市场适应度	重点节能技术	技术成熟度	是否采用	社会经济及环境效益
建筑材料	低污染材料	环保认证产品	中	节约资源	普及	控制VOC，甲醛	高	是	减少对人体健康的危害
	本地材料		中	减少污染	较常见		高	是	减少地区污染；支持本地经济
	材料再循环成分	可循环材料	中	材料再利用	少见	确定循环材料的量	中	是	减少生产新材料的消耗；促进材料回收产业
	速生材料		中	节约资源	较常见	10年内成熟的材料如竹子、羊毛等	高	是	减缓对自然资源的破坏
室内环境质量	风环境	通风系统施工	低	有利健康	较常见	最优化通风量	高	是	防止通风管道的污染；提升室内环境质量
	热环境	室内舒适度设计施工	高	有利健康	较常见	施工中风管保护，施工后全新风吹洗	高	是	提供室内热舒适度；有利人员身体健康
	声环境	噪声控制	高	有利健康	较常见	吸音墙设计	高	是	有利人员身体健康；提升室内环境质量
	禁烟		低	有利健康	较常见	制度制约	高	否	提升室内环境质量
	光环境	绿色照明	中	有利健康	少见	LED光源系统	高	是	有利人员身体健康；提升室内环境质量
运营管理	楼宇自动化控制	暖通空调系统；照明系统；安防、消防等系统的自动控制	高	提高能源利用效率	普及	BA系统	中	是	提高系统运营效率
	能耗分量计量	对能耗系统进行计量	高		普及	安装能耗测量仪器	高	是	为优化节能技术提供支持，为环境效益提供定量数据依据
	建筑能耗系统调试	设备调试+系统调试	高	提高能源利用效率	较常见	专业调试队伍，操作人员的培训	中	是	保证设备按设计理念工作；减少运营能耗、设备及系统故障
	生活垃圾分类		中	节能资源	少见	专业管理	高	是	减少垃圾产生
	物业管理	绿色物业（环保型物业管理产品、垃圾分类）	低	提高管理效率	较常见	IS14001认证	高	是	提升建筑质量；提升室内环境质量；减少建筑废弃物的产生

第二章　绿色建筑实施策划

正如上文所述，中共上海市委党校、上海行政学院二期项目（综合教学楼与学员宿舍楼）工程在自立项建设伊始，即高标准地将教学楼与学员楼建筑定位为“绿色三星（设计阶段、运营阶段）”可持续教育建筑，以适合居住和节能环保为第一要务，即“国内一流、国际领先”的高科技建筑。而绿色三星建筑的实施，在我国也仅仅刚起步，就整个上海市而言，也是为数不多的三栋自建设伊始就定位为“绿色三星”的建筑体。其他两栋建筑均位于世博园区（世博主题馆和世博演艺中心）。另外，上海地区还有一栋建筑（张江集电港办公中心绿色生态该扩建工程）为既有建筑绿色改造而成（见本文“第一章第二节相关内容”），类似建筑的建设技术积累有限。鉴于此，建设单位特委托同济大学建筑设计研究院（集团）有限公司技术研究中心作为绿色三星建筑顾问单位，为上海市委党校二期工程的可持续建设以及“绿色三星”申请申报提供技术支持。

第一节　绿色建筑实施策划要点

为了使上海市委党校二期工程按照既定目标建成，达到预期的“绿色三星”建筑目标，并如期投入使用。自上海市委党校二期工程立项伊始，就从“绿色建筑实施总体进度计划、绿色设计评价、绿色施工、绿色运营”四个阶段对上海市委党校二期工程进行策划，并明确各阶段的主要工作步骤及其工作要点（表 2-1）。

上海市委党校二期（教学楼与学员楼）工程绿色建筑实施策划要点　　表2-1

策划阶段		绿色建筑策划工作的主要内容	实施期间
绿色建筑实施总体进度计划工作要点	建筑施工图设计阶段评估	1. 与业主、建筑设计方、投资监理确定绿色增项及增量成本。2. 完成上海市委党校二期绿色建筑设计评估报告	2009.09.01 ～ 2010.11.01
	对工程各参建方的绿色建筑培训	1. 绿色建筑相关概念、规范及上海市委党校二期工程绿建实施情况的培训。2. 各建参方绿色专项负责人的确定及相关责任的界定。3. 绿色施工、绿色造价控制、绿色工程管理、绿色运营体系的培训。4. 绿色技术专项培训，对专项设计单位及承包商的培训	2009.09.01 ～ 2010.01.30
	室内、景观及其他专项设计施工图评估	1. 协助业主完成各专项设计招标。2. 与业主、设计总协调方、专项设计方、投资监理确定绿色设计及成本。3. 完成各专项设计绿色评估报告	2009.09.01 ～ 2010.02.30
	绿色建筑设计标识申报	1. 整理完成各项分析报告（噪声、风环境、自然通风、采光、材料等）2. 指导各设计单位整理绿色建筑相关图纸及报告、计算书。3. 指导配合业主、投资监理整理相关资料。4. 汇总形成绿色建筑设计标识申报书（纸质版资料和电子版资料），并申报绿色建筑设计标识三星级	2010.01.30 ～ 2010.05.01
	工程实施阶段评估	1. 指导施工总包、工程监理、投资监理编制绿色施工体系文件。2. 指导各专项承包商编制绿色施工体系文件。3. 参加与绿色建筑相关的工程例会并进行相关的指导。4. 指导业主、施工、监理单位及时整理汇总相关资料	2009.09.01 ～ 2011.10.01
	系统运营阶段评估	1. 指导博物馆运营管理团队编制绿色运营大纲体系文件。2. 指导博物馆运营管理团队整理收集相关数据，形成专项文件。3. 指导业主、施工、监理单位整理汇总绿色建筑相关资料。4. 指导、配合检测单位开展相关检测工作	2011.10.01 ～ 2012.10.01
	绿色建筑运营标识申报	1. 整理完成各项分析测试报告。2. 指导业主、运营管理团队、设计、施工、监理单位整理相关资料。3. 汇总形成绿色建筑运营标识申报书（纸质版资料和电子版资料），并申报绿色建筑运营标识三星级	2012.08.01 ～ 2012.10.01

续表

策划阶段		绿色建筑策划工作的主要内容	实施期间
绿色设计评价阶段工作要点	绿建土建施工图设计	1. 绿色建筑设计评价报告； 2. 绿色建筑增量成本分析报告	
	绿色建筑专项设计	室内设计；景观设计；布展设计；幕墙深化设计；钢结构深化设计；建筑智能化设计；绿化屋面墙面设计（含浇灌系统）；自然采光系统设计；雨水回收系统设计；太阳能光伏发电系统设计；地源热泵系统设计；自然通风系统设计	
	绿色建筑专项报告	废弃场地利用资料；旧建筑评价分析资料；场址检测报告；环保自评报告；日照分析报告；采光分析报告；场地环境噪声分析报告；室外风环境模拟分析报告；自然通风模拟分析报告；围护结构热工计算书；全年综合能耗计算书；全年综合能耗模拟；绿色建筑自评报告	
	绿色建筑设计评价阶段进度	招标确定各专项设计单位；确定室内、景观方案	2009.12.01 ～ 2010.01.01
		确定各专项设计方案	2010.01.01 ～ 2010.01.31
		确定各专项设计施工图	2010.01.31 ～ 2010.02.28
		确定各模拟分析报告	2010.02.28 ～ 2010.03.31
		完成设计评价标识申报材料	2010.03.31 ～ 2010.05.01
绿色施工阶段工作要点	施工组织管理记录	1. 绿色组织管理体系（责任人、管理人、监督人、各专项人员）；2. 绿色施工方案计划书、环境保护计划书、施工规程；3. 招投标文件、文明施工合同	
	施工环境保护记录	1. 扬尘控制：每日工作记录（含记录单、实地照片、实时连续录像等）；测试记录（大气总悬浮颗粒物浓度等）；质检站定期检查记录。2. 噪声与振动控制：噪声实时监测及控制措施说明；低噪声、低振动机具证明；隔声及隔振措施说明。3. 光污染控制：室内外照明控制措施说明；电焊弧光遮挡措施说明。4. 水污染控制：污水检测报告；污水处理措施说明；地下水保护措施说明；毒性化学品隔渗漏处理。5. 土壤保护：防土壤侵蚀流失措施说明；各类废液、有毒废固清运记录。6. 建筑垃圾控制：建筑垃圾减量化计划及记录；建筑垃圾回收利用记录；垃圾分类、收集、清运记录。7. 地下设施、文物和资源保护：周边管线、构筑物、树木保护计划；CO_2 排放量统计	
	施工节材与材料资源利用记录	1. 节材措施：材料损耗率控制措施及统计记录；材料的采购、运输、保管记录。2. 结构材料：预拌混凝土、商品砂浆、高强钢筋、高性能混凝土采购、使用记录；结构制作、安装优化方案记录。3. 围护材料：门窗、屋面、外墙材料性能证明材料；保温隔热系统施工方式记录。4. 装饰装修材料：贴面材料排版策划；非木质材料使用记录；木质材料定制计划；粘结剂使用控制措施。5. 周转材料：模板工程方案优化证明；现场办公生活用房材料重复使用率统计	
	施工节水与水资源利用记录	1. 用水效率控制：现场喷洒路面、绿化浇灌、搅拌养护用水的节水措施证明；现场供水管网、器具的节水措施说明；不同性质、不同区域、不同标段的分计量管理记录；用水集中区域、工艺点专项计量考核记录。2. 非传统水源利用：现场非传统水源收集、再利用系统的建设、使用记录；非传统水源和循环水的再利用量统计。3. 用水安全：水质检测和卫生保障措施记录	
	施工节能与能源利用记录	节能措施：施工能源利用率控制措施及计量记录；高效环保施工设备、机具使用证明；施工顺序、施工工艺优化措施；设备机具使用记录；设备管理制度档案；节电型机械设备使用记录；生产生活办公临时设施；建筑节能材料设计方案；分段分时用电记录；施工用电及照明；节能电线及灯具使用记录；最低照明照度控制措施	
	施工节地与施工用地保护记录	临时用地控制措施：临时设施用地面积控制指标；临时设施用地有效利用率控制；临时用地保护措施；基坑施工优化方案；绿化保护、利用、建设方案；临时用地利用措施；对原有建筑物、构筑物、道路、管线的利用方案	

续表

策划阶段		绿色建筑策划工作的主要内容	实施期间
	绿色施工新技术、新设备、新材料、新工艺专项资料	推广、限制、淘汰的公布制度和管理办法：现场检测技术、低噪声施工技术、现场参数检测技术、自密实混凝土施工技术、清水混凝土施工技术、建筑固体废弃物再生产品应用技术、新型模板技术的研究与应用报告；绿色施工虚拟现实技术、三维建筑模型工程量统计技术、绿色施工组织设计技术库、数字化工地、设备与物流电子管理系统的信息技术应用记录	
绿色运营阶段工作要点	竣工及运营检测	室外风环境现场测试报告；场地环境噪声现场检测报告；室内背景噪声现场检测报告；建筑构件隔声性能现场检测报告；采光场检测报告（地下室或室内空间有增强自然采光措施的要说明）；照明质量检测报告；室内空气污染物浓度检测报告；建筑房间内温湿度的运行记录数据；新风系统的运行检测记录；特殊空间气流组织现场检测报告；供水、排水水质运行监测报告；水平衡测试报告；非传统水源水质检验报告	
	物业管理及资质	节能管理模式、收费模式等节能管理制度；梯级用水原则和节水方案等节水管理制度；建筑、设备、系统的维护制度和耗材管理制度；绿化用水的使用及计量、各种杀虫剂、除草剂、化肥、农药等化学药品的规范使用等绿化管理制度；垃圾管理制度；空调通风系统的管理措施；物业管理措施（空调、照明、输配、其他动力用能系统等分项计量情况）；物业管理合同（耗电、冷热量等分项计量收费情况）；运行阶段业主和租用者以及管理企业之间的合同（有否节约管理的激励机制）；物业管理公司的资质证书	
	物业记录及分析	物业日常管理及维护记录（空调通风系统设备、用水、绿化等）；用水量计量情况报告（全年逐月分析）；给水排水系统（包括雨水系统等非传统水源利用，分项计量）运行数据报告（用水量记录报告，全年逐月分析）；能耗分项计量运行记录、分项计量能耗分析报告（全年逐月分析）；空调系统部分负荷运行、余热利用、排风热回收系统利用、蓄冷蓄热技术应用、分布式热电冷联供系统运行、可再生能源利用的运行记录、运行情况分析报告；室内空气质量监控系统运行监测记录；建筑智能化系统运行记录	

第二节　工程监理绿色建筑实施管控要点

与此同时，在上海市委党校二期工程实施期间，工程监理成立以总监为首的绿色建筑管理体系，制定绿色建筑监理工作制度，各专业监理的职责，力争做到分工明确，各司其职，从管理角度确保绿色建筑实施的顺利进行（图 2-1）。

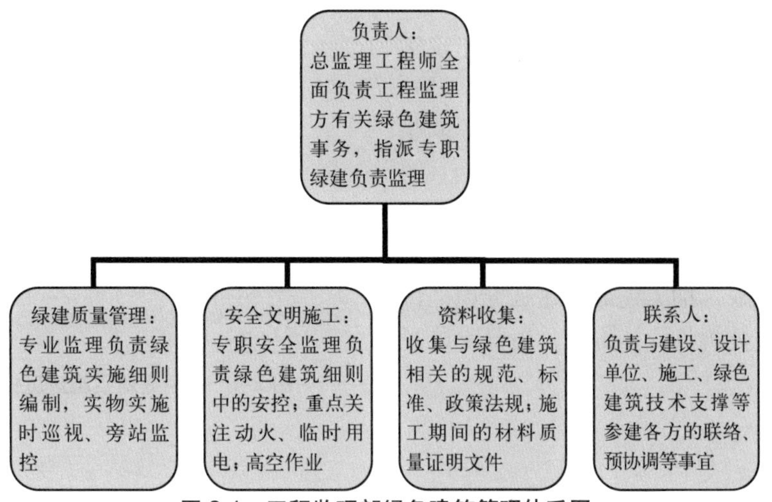

图 2-1　工程监理部绿色建筑管理体系图

结合上海市委党校二期工程特点，在上海上咨建设工程咨询有限公司总师室技术支撑下，由总监理工程师主持，编制针对性《绿色建筑监理实施大纲》，以及与此相适应的《地源热泵地埋管实施监理细则》、《地源热泵设备系统安装监理实施选择》、《屋面绿化监理实施细则》、《墙面绿化实施监理细则》、《围护结构（外墙墙面）保温监理实施细则》、《玻璃幕墙遮阳体系实施监理细则》、《LED照明系统实施监理细则》、《空调系统实施监理细则》、《雨水再利用体系监理实施细则》、《能源使用检测智能化实施监理细则》、《自然光再利用监理实施细则》等10余项与绿色建筑实施相关的绿建监理实施细则。为加强施工现场与绿色建筑相关的各关键工序质量控制，监理严格按照设计以及有关规范与技术标准等要求承包商规范施工，确保设计意图能够顺利实现，同时安排专门人员收集与绿色建筑相关的工程资料。加强现场安全文明施工管理，配合相关单位做好防尘、防噪声等环境保护工作。

加强同参建各方的沟通协调与绿色建筑管理工作，相互配合，确保绿色建筑标识三星级目标的实现。受业主单位委托，成立绿色建筑实施组织管理体系（图2-2）；主持召开与绿色建筑实施有关的设计及工程例会、技术协调会、配套协调会等，明确与会人员、会议管理简要流程等等（图2-3）。

工程监理应积极协调解决与绿色建筑实施进度控制（图2-4）、质量控制（图2-5）、财务控制（图2-6）与新增需求或需求调整产生的工程变更而导致的设计变更控制（图2-7）等的相应子主题的程序与工作步骤或工作抓手，并督促会议精神的积极落实。确保上海市委党校二期工程绿色建筑标识“住建部绿色三星建筑（设计阶段、运营阶段）”目标的实现。

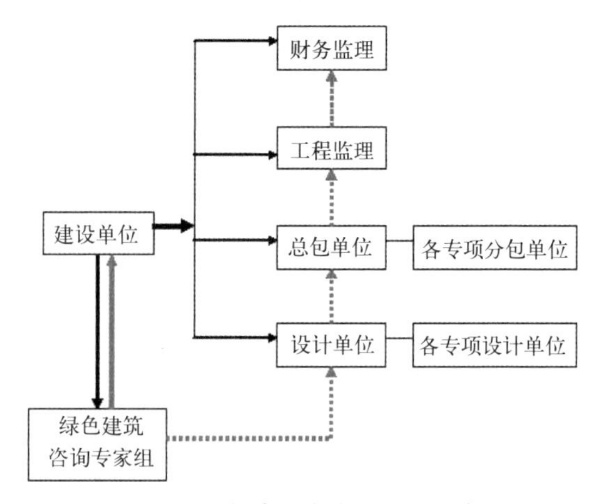

图2-2 绿色建筑实施组织管理体系

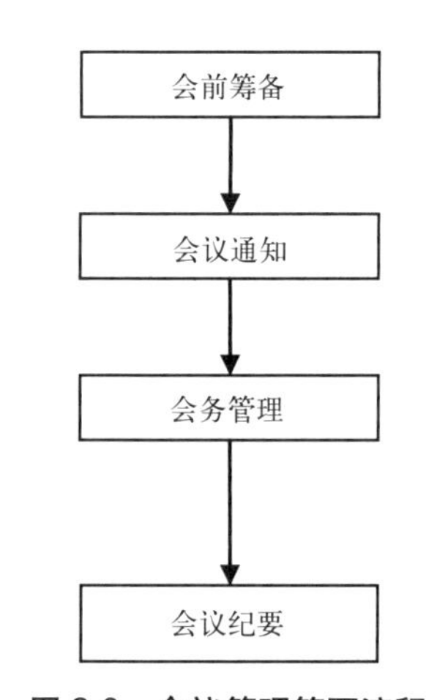

图2-3 会议管理简要流程

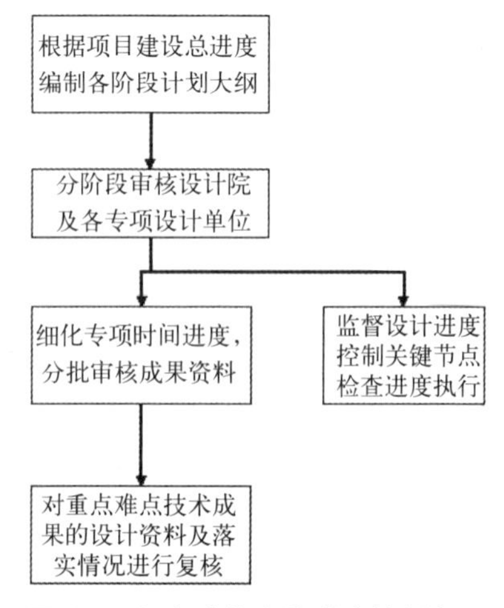

图2-4 绿色建筑实施进度控制专题

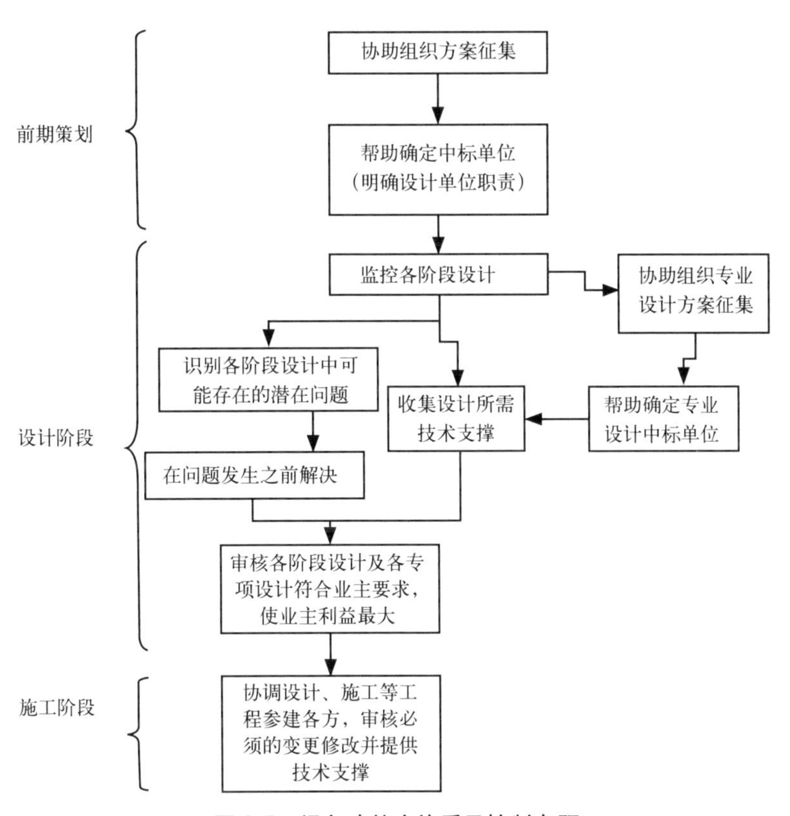

图 2-5　绿色建筑实施质量控制专题

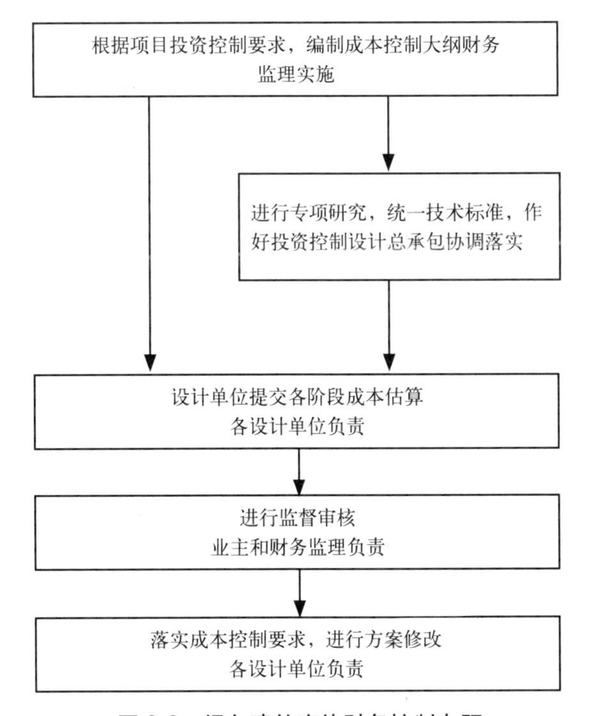

图 2-6　绿色建筑实施财务控制专题

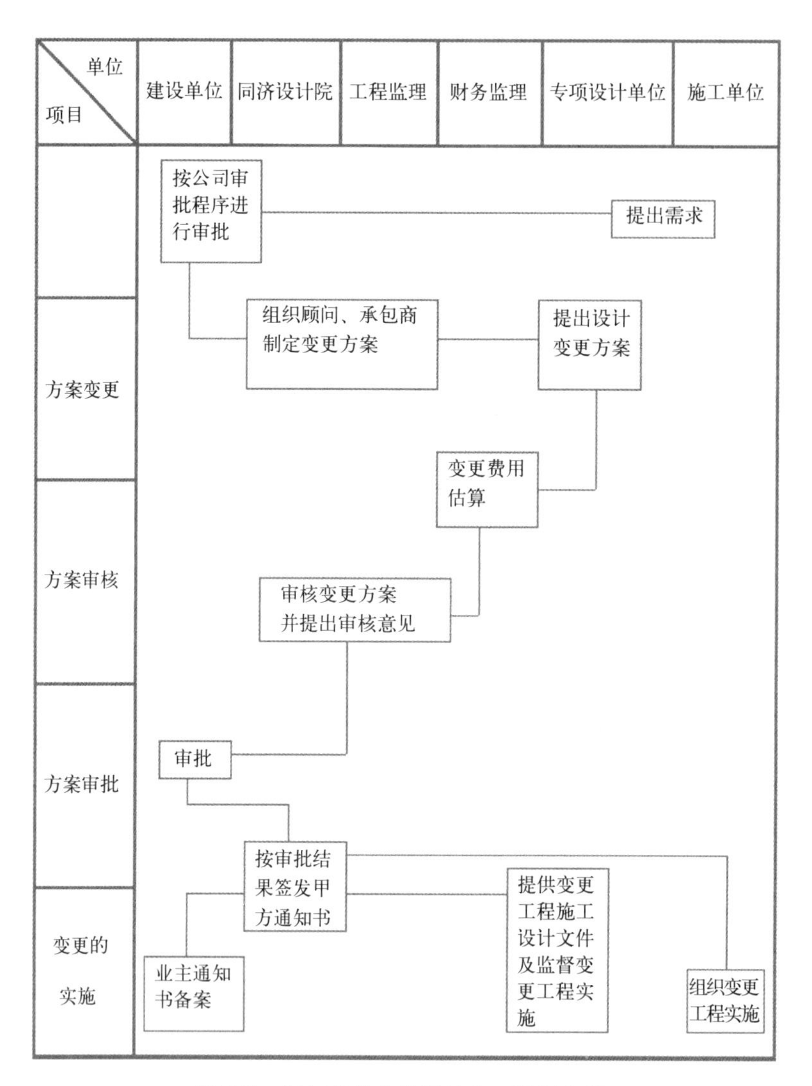

图 2-7　绿色建筑实施设计变更控制专题

第三节　绿色建筑“绿色三星”标示申请必备资料

绿色建筑“绿色三星”标示申请必备主要资料，可按申报阶段编制收集整理，绿色建筑“绿色三星”标示申请必备资料主要内容见表 2-2 。

绿色建筑“绿色三星”标示申请必备资料　　表2-2

评价阶段		主要内容
绿色建筑设计评价标识阶段的材料清单	提交计算分析报告	室内背景噪声计算文件、场地环境噪声分析计算报告；室外风环境模拟分析报告；自然通风模拟分析报告；采光分析计算报告
	协助业主、设计整理的材料	规划图纸、环评报告书（表）、日照分析报告、场址检测报告或项目立项书；场地地形图、建筑专业施工图纸及设计说明、结构施工图、建筑效果图、项目所在地交通地图、建筑工程造价预算表及装饰性构件造价比例计算书；种植施工图、苗木表；建筑围护结构的热工设计施工图纸和相关设计计算书、暖通施工图纸及设计说明、节能计算书、幕墙设计施工文件；水系统规划方案及说明、非传统水源利用方案、给水排水施工图及设计说明、景观水体设计说明、给水排水管网防漏损相关产品、节水器具产品说明；分项计量图纸、照明施工图纸及设计说明、景观照明设计施工文件；废弃场地利用资料、旧建筑评价分析资料、土建与装修一体化设计施工证明材料或避免重复装修的证明材料；场地铺装图、屋顶绿化设计施工图纸、垂直绿化设计；可再生能源设计文件；雨水系统方案及技术经济分析、非传统水源利用率计算说明书；室内空气质量监控系统设计文件；现浇混凝土全部采用预拌混凝土的相关说明、材料用量比例计算书
绿色建筑实施评价标识阶段的材料清单	提供测试分析报告	分项计量能耗现场测试及分析报告（含水、暖、电）；空调系统部分负荷运行、余热利用运行情况分析报告；排风热回收系统利用运行情况分析报告；可再生能源利用运行情况分析报告
	协助上海市委党校二期工程各参建单位整理的材料	项目审批文件、建设、设计、施工、监理、物业单位相关资质证明；规划图纸、环评报告书（表）、日照分析报告、场址检测报告或项目立项书；场地地形图、建筑专业竣工图纸及设计说明、结构竣工图、建筑效果图、项目所在地交通地图、建筑工程造价决算表及装饰性构件造价比例计算书、建筑设计施工过程控制文件；种植竣工图、苗木表；建筑围护结构的热工设计竣工图纸和相关设计计算书、暖通竣工图纸及设计说明、节能计算书、幕墙设计竣工文件、特殊空间气流组织现场检测报告、暖通设计施工过程控制文件、系统运行记录及分析文件；水系统规划方案及说明、非传统水源利用方案、给水排水竣工图及设计说明、非传统水源水质检验报告、水平衡测试报告、景观水体设计说明、给水排水设计施工过程控制文件、系统运行记录及分析文件；分项计量图纸、照明竣工图纸及设计说明、景观照明竣工文件；室内空气污染物浓度检测报告、室内背景噪声计算文件及现场检测报告、照明质量检测报告、物业管理文档、物业日常管理记录、施工管理落实文件、工程决算材料清单；废弃场地利用资料、旧建筑评价分析资料、土建与装修一体化设计施工证明材料或避免重复装修的证明材料；场地铺装图、屋顶绿化竣工图纸、垂直绿化设计；室外风环境模拟分析报告或现场测试报告、自然通风模拟分析报告、可再生能源（太阳能、地热能）设计文件；雨水系统方案及技术经济分析、非传统水源利用率计算说明书；室内空气质量监控系统设计文件、运行监测记录；场地环境噪声分析计算报告或现场检测报告、采光分析计算报告或现场检测报告、工程材料采购合同、材料用量比例计算书、物业管理公司的资质证书；建筑房间内温湿度的运行记录数据、新风系统的运行检测记录；特殊空间气流组织现场检测报告；供水及排水水质运行监测报告、水平衡测试报告、非传统水源水质检验报告；节能管理制度、节水管理制度、建筑与设备及系统的维护制度和耗材管理制度、绿化管理制度、垃圾管理制度、空调通风系统的管理措施、物业管理措施；能耗分项计量运行记录、空调系统部分负荷运行、余热利用、排风热回收系统利用、可再生能源利用的运行记录、室内空气质量监控系统运行监测记录、建筑智能化系统运行记录

绿色建筑施工阶段“绿色三星”评价标识证明材料要求及其必备清单和主要负责完成单位见表2-3。

绿色建筑施工阶段"绿色三星"评价标识证明材料要求及其必备清单 表2-3

文件类别	提交文件	评价要求及相关说明	责任方
施工环保计划及证明材料	招投标文件，文明施工合同、实施单位编写的环境保护计划书、公布/公示的施工规程等；涉及的内容包括控制扬尘及大气污染、土壤侵蚀和污染、污水、噪声、光污染、现场围挡设置等；实施记录文件（包括实地照片、实时连续录像等）；环境保护结果自评报告以及当地环保或建设等有关管理部门对环境影响因子如扬尘、噪声、污水排放等评价的达标证明、审查文件等	施工过程中制定并实施保护环境的具体措施，控制由于施工引起各种污染以及对场地周边区域的影响；办公、商场类建筑室内采用灵活隔断，减少重新装修时的材料浪费和垃圾产生；建筑施工兼顾土方平衡和施工道路等设施在运营过程中的使用	承包商
专项产品形式检验报告及证明文件	围护结构相关材料/产品、冷热源机组的形式检验报告、出厂检验报告；建设监理单位对于围护结构相关材料/产品、冷热源机组、新风系统的进场验收/复验记录、分项工程和检验批的质量验收记录，相关管理部门的检查记录	参考建筑施工、专项深化设计图纸、说明及技术要求采购并记录	承包商；监理单位
	外窗产品、热回收系统相关产品、可再生能源产品的形式检验报告、出厂检验报告；建设监理单位对于外窗产品的进场验收/复验记录、分项工程和检验批的质量验收记录，相关管理部门的检查记录	参考建筑施工、专项深化设计图纸、说明及技术要求采购并记录	承包商；监理单位
	给水排水管网防漏损相关产品，节水器具的形式检验报告、出厂检验报告；建筑监理单位对于给水排水管网防漏损相关产品、节水器具的进场验收/复验记录、分项工程和检验批的质量验收记录，相关管理部门的检查记录	参考建筑施工、专项深化设计图纸说明及技术要求采购并记录	承包商；监理单位
	绿化灌溉产品的形式检验报告、出厂检验报告	参考建筑施工、专项深化设计图纸、说明及技术要求采购并记录	承包商；监理单位
	照明产品的形式检验报告、出厂检验报告；建设监理单位对于照明产品的进场验收/复验记录、分项工程和检验批的质量验收记录，相关管理部门的检查记录	参考建筑施工、专项深化设计图纸、说明及技术要求采购并记录	承包商；监理单位
"绿色建材"相关证明材料：可回收材料；高性能材料；当地化材料；环保型材料；可再循环材料；可再利用材料等	施工废弃物管理规定；施工现场废弃物回收利用记录；施工报告（土方平衡、道路设置）	将建筑施工，旧建筑拆除和场地清理时产生的固体废弃物分类处理，并将其中可再生利用材料、可再循环材料回收和再利用	承包商；监理单位
	钢材/混凝土的形式检验报告、出厂检验报告；包括混凝土搅拌站提供的预拌混凝土供货单；承包商提供的混凝土工程总用量清单、建筑砂浆采购及使用量清单。建设监理单位对于高性能混凝土、高强度钢的进场验收/复验记录、分项工程和检验批的质量验收记录，相关管理部门的检查记录	建筑结构材料合理采用高性能混凝土、高强度钢；现浇混凝土采用预拌混凝土	承包商；监理单位
	建材/产品的形式检验报告、出厂检验报告（包括有害物质散发情况）；建设监理单位对于建材/产品的进场验收/复验记录、分项工程和检验批的质量验收记录，相关管理部门的检查记录	建筑材料中有害物质含量符合现行国家标准 GB 18580 ~ GB 18588 和《建筑材料放射性核素限量》GB 6566 的要求	承包商；监理单位
	工程材料决算清单，由承包商和开发单位分别提供，包含材料生产厂家的名称、地址、材料用量。（包含钢材、钢筋的使用情况及混凝土配合比报告单等技术资料，并检查工程中采用以废弃物作为原料的建筑材料的使用情况）	施工现场 500km 以内生产的建材重量占建材总重 70% 以上；可再循环材料用量占建材总重 10% 以上；以废弃物为原料生产的建材用量占同类建材比例不低于 30%；可再生利用建筑材料的使用率大于 5%	开发单位；承包商

第三章　节约建筑土地的主要措施

第一节　利用废弃土地作为建筑基地的一部分

1998 年，上海市政府启动了苏州河综合整治工程，漕河泾港中共上海市委党校段截弯取直工程作为整个工程的一部分，于 2000 年启动，对漕河泾港进行了拆除沿线违章建筑、截流清污、河底疏浚、开挖河道、新建护岸等工程，并于 2002 年左右竣工。截弯取直后，新旧河道之间约 11000m^2 的土地即成为一座孤岛，出于综合利用土地的考虑，市政府把它划归党校使用。截弯取直后孤岛内垃圾满地、脏乱不堪、杂草丛生，加上原河道臭气熏天、蚊蝇滋生，极大地影响周边的空气环境及安全卫生（图 3-1）。

图 3-1　上海市委党校二期工程部分建设用地未经处理的原貌

为了改善周边景观环境及合理选用废弃场地再利用，在筹建市委党校二期工程（教学楼、学员楼）的契机下，党校将此部分土地作为项目规划建设用地的一部分，先后对其进行了回填、清淤、换填、清理驳岸等处理，并满足有关环保标准，符合建设用地的要求（图 3-2）。该地块占上海市委党校二期工程基地面积 47695m^2 的 23.06%，作为上海市委党校二期工程建设用地的一部分，节约土地使用效果显著。不但达到了节约建筑用地的目的，还极大改善了市委党校周边微环境，也有效地提高了周边微环境的人居环境质量。

图 3-2　上海市委党校二期工程部分建设用地经处理后的地貌

另外，在景观设计中，因地制宜，充分利用建设基地的环境优势，营造一个更好的环境空间。作为室外总体的一部分，上海市委党校沿漕河泾港建设宽约 8m，长约 150m 的环境友好型花岗石材质的亲水平台建筑，并附设廊道、花岗石护栏、园艺盆景等建筑小品以及草坪、小型乔木与灌木等景观植物（图 3-3）。整个亲水平台建筑（含景观植物配置）与校园建筑群达到了协调统一。

图 3-3　漕河泾港市委党校段河岸亲水平台建筑实景

第二节 地源热泵埋管用地与节水和部分绿化用地重合

上海市委党校二期工程的地源热泵地埋管共设 408 根孔深 100m 的竖管，竖管与竖管之间间距≥ 5m，水平连接管埋深≥ 2m。主要分布在综合教学楼的东侧与南侧，以及学员楼的东侧和北侧（图 3-4 的红色部分为地埋管的大概位置）。整个地源热泵地埋管系统占地面积超过 6650m^2。

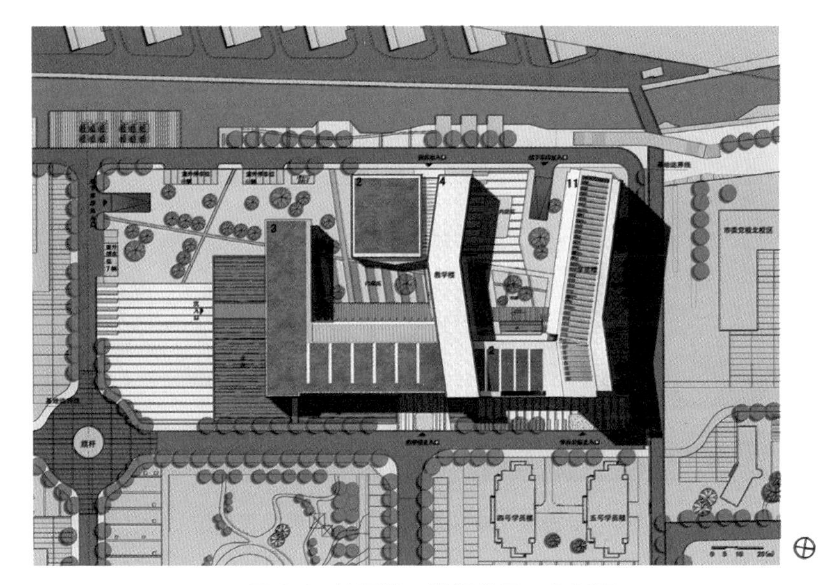

图 3-4 地源热泵地埋管平面布置图

上海市委党校二期工程的地埋管顶部主要为建成后的雨水再利用收集池（图 3-5.1 上海市委党校二期工程竣工后雨水再利用收集池实景；图 3-5.2 地源热泵地埋管施工过程实景）校园绿化草坪（图 3-6.1 上海市委党校二期工程竣工后草坪绿化实景，靠近教学楼处为校园通道，红色圈内为地埋管检查井；图 3-6.2 地源热泵地埋管施工过程实景）以及校园道路和大型乔木香樟树（图 3-7.1 上海市委党校二期工程竣工后校园道路及香樟树绿化区实景；图 3-7.2 地源热泵地埋管施工过程实景）的地基用地。

因在设计时将校园绿化、雨水收集池以及校园场内道路进行了统一考虑并合理布局。在设计之初即充分考虑到雨水再利用收集措施，以及绿化植被的根系入土深度对地埋管系统生物破坏的可能性（一般而言，植物根系的入土深度与地下水位密切相关。上海市委地区的地下水位一般为 +2.5m 左右，大型乔木的根系入土深度应不会超过 +1.5m，而实测也证明确实如此，故上海市委党校二期工程的地埋管深度控制在距地面 2.0m 左右是可行的）。该项设计既增加了校园的绿化面积，也节约了上海市委党校二期工程地基的占地面积。经统计，该项措施节约土地就占上海市委党校二期工程地基面积的 12%。

图 3-5　雨水再利用景观水池地基础下面为地埋管系统

图 3-6　校园绿化草坪地基础下面为地埋管系统

图 3-7　校园道路和大型乔木香樟树地基础下面为地埋管系统

第三节　充分利用尚可利用的旧建筑，并纳入规划项目

由于上海市委党校短期内暂无续招本科生的计划，且在校本科生已大三或大四，待本项目计划实施室外总体时，他们已离校。为了合理利用既有资源，充分发挥既有建筑的功能，建设用地范围内的2、3号学员楼在主体工程施工期间暂不拆除，依然作为本科生的住宿楼，待实施室外总体时再拆除（图3-8）。在主体工程施工期间，充分考虑工程施工对现有建筑的影响，加强信息化监测，并委托上海市岩土工程检测中心做了安全性检测，且鉴定合格的报告也及时到位。

图3-8　原有建筑学院宿舍楼实景图

第四章　建筑节能的主要措施

中共上海市委党校二期（综合教学楼与学员宿舍楼）工程是上海市委党校 / 上海行政学院校园整体规划和建设的关键性工程之一，定位为世界一流、全国领先的示范性重点项目。工程在设计过程中充分利用多种生态节能技术并展开一系列科研课题的研究工作，力争使其成为一座绿色建筑及新能源示范项目，成为党校及全国同类项目中的一个新地标。工程监理紧紧围绕设计理念、严格执行建设单位的有关绿建施工监控指令，确保了承包商对设计理念以及建设单位的相应指令得到忠实执行。

第一节　围护结构（外立面）节能主要措施

围护结构（Building Envelope）通常是指外墙和屋顶等外围护结构。《建筑工程建筑面积计算规范》GB / T 50353—2005 中对围护结构的定义为：围护结构是指围合建筑空间四周的墙体、门、窗等，构成建筑空间、抵御环境不利影响的构件（也包括某些配件）。围护结构分透明和不透明两部分：不透明围护结构有墙、屋顶和楼板等；透明围护结构有窗户、门、天窗和阳台门等。根据在建筑物中的位置，围护结构分为外围护结构和内围护结构。外围护结构包括外墙、屋顶、侧窗、外门等，用以抵御风雨、温度变化、太阳辐射等，应具有保温、隔热、隔声、防水、防潮、耐火、耐久等性能。内围护结构如隔墙、楼板和内门窗等，起分隔内隔空间作用，应具有隔声、隔视线以及某些特殊要求的性能。

中共市委党校二期工程包含多种使用功能空间，例如教学楼部分设有报告厅、演播厅、导演及后台用房、教学厅及会议室等，其他教学用房包括阶梯教室、多功能教室、分组讨论室、情景模拟室等。还有宿舍楼、公共活动空间等。而上海市委党校二期工程在设计阶段就对外围护构造及材料的选择从严掌控，严格遵守国家相关节能设计标准（表 4-1）。工程实施期间，工程监理从严把关，尽职尽责地落实其本职工作。

上海市委党校二期工程（教学楼与学员楼）外围护结构主要建筑材料及性能汇总表　　表4-1

围护结构名称		设计指标	主要构造材料	保温材料
屋面	屋面 A	0.59W/（m^2· K）	陶粒混凝土 30mm 钢筋混凝土板 150mm	挤塑聚苯板 40mm
	屋面 B	0.54 W/（m^2· K）	种植土 300mm 陶粒混凝土 30mm 钢筋混凝土板 150mm	挤塑聚苯板 50mm
外墙（平均）		0.72W/（m^2· K）	加气混凝土砌块墙 200mm	挤塑聚苯板 25mm
地下室地面		1. 26（m^2· K）/W	钢筋混凝土板 600mm 素混凝土 100mm	挤塑聚苯板 25mm
地下室外墙		1.20（m^2· K）/W	钢筋混凝土墙 400mm	挤塑聚苯板 30mm
底面接触室外的架空楼板		0.92 W/（m^2· K）	钢筋混凝土板 120mm	挤塑聚苯板 30mm
外窗及透明幕墙		2.60 W/（m^2· K）	隔热金属型材 +[6Low-e+12A+6] 透明中空玻璃	

注：本统计表来源于设计总说明。

众所周知，与建筑围护结构的其他部分（如墙体和屋面）相比，外窗属轻质构件，保温隔热性差，通过玻璃、窗框传热引起的能量损失约占建筑围护结构能耗的35%，是外墙能耗的两倍多。而且不论哪个季节，热量都是通过窗材导热、太阳辐射、空气渗透等途径实现室内外流通的。故对于既要考虑夏季隔热又要兼顾冬季保温的夏热冬冷地区而言，必须充分重视建筑窗墙体系配置。在设计期间，应充分考虑不同使用功能空间对外围护结构的保温隔热和采光的要求，进行分别的适宜性设计，将最大限度的"节能减排"作为设计目标。而窗墙比的选择，应以（公共建筑的）空调和灯光能耗之和为参考进行综合衡量。具体到上海市委党校二期工程，且尽量选择南北朝向开窗。对于不同朝向开窗，应基于全年要求，选择相对节约能耗的窗墙比：西 0.15 ~ 0.25，东 0.25 ~ 0.35，南 0.35 ~ 0.45，北 0.35 ~ 0.45。在工程实施期间，工程监理应重点监控窗洞（框）处的保温层施工，力争将不利的"热桥"效应降至最低，减少能量耗散。

上海市委党校二期工程综合教学楼建筑外立面材料以石材和玻璃幕墙为主。石材幕墙采用浅灰和深灰两种不同色彩进行搭配（图 4-1，图 4-2，图 4-3）。在石材幕墙与墙体之间设置一层厚度不少于 25.0mm 的保温隔热层（图 4-4）。

图 4-1　宿舍楼东立面、南立面，综合教学楼正门实景

图 4-2　宿舍楼楼东立面（部分）、北立面实景

图 4-3　综合教学楼、学员楼东立面、北立面实景

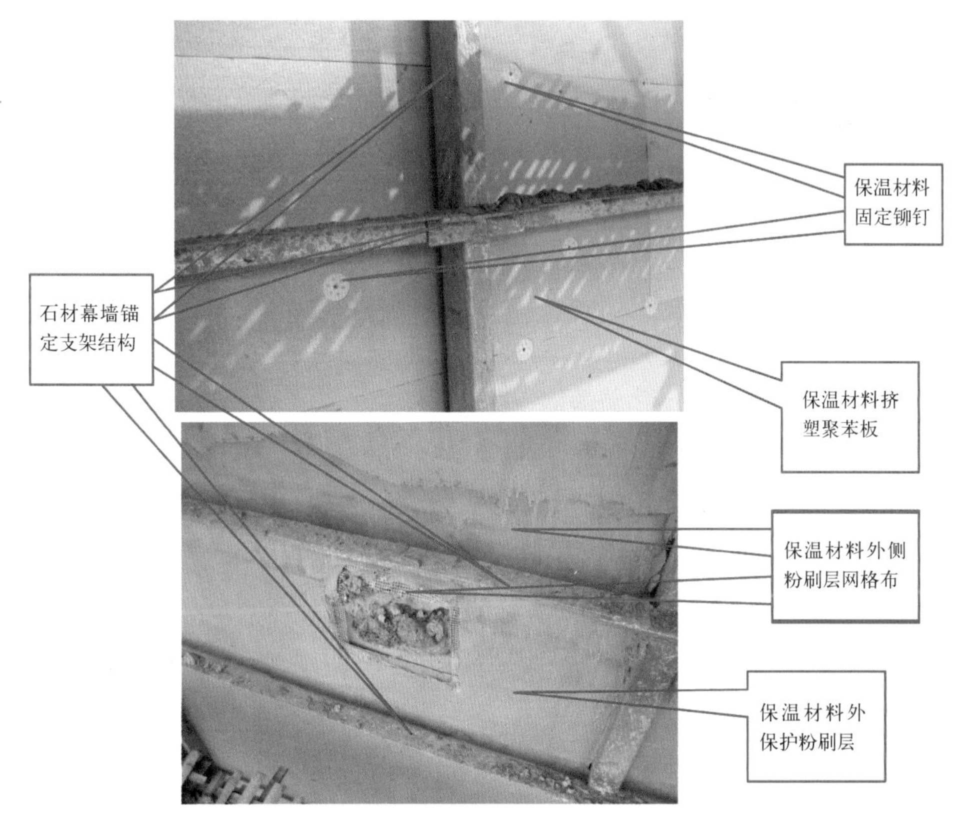

图 4-4　墙体与石材幕墙间的保温层施工片段

玻璃幕墙采用浅灰色铝合金框，高透明度 Low-e 中空玻璃幕墙（图 4-5）。教学楼南面、北立面和西面设有竖向百叶窗（图 4-5，图 4-6，图 4-7），东面设有大面积种植墙面（图 4-7），报告厅外墙设有爬藤墙面（图 4-5）。这些外立面表皮构造与石材幕墙和玻璃幕墙一起形成统一而又富于变化的韵律。

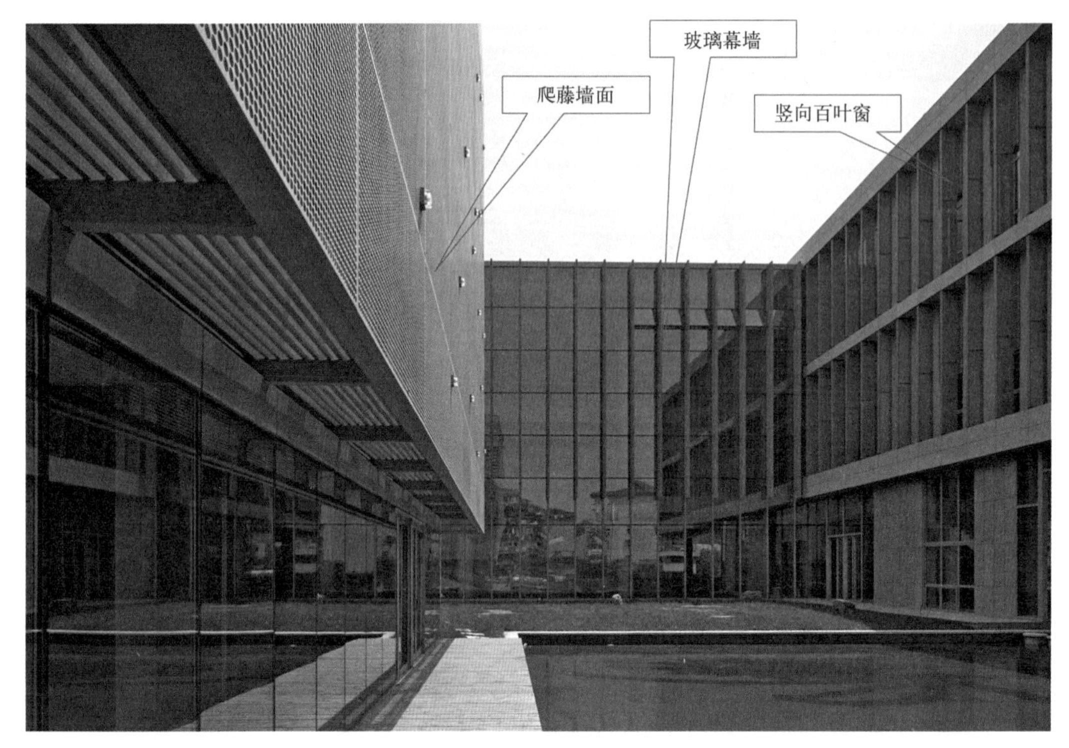

图 4-5　教学楼西、北立面，报告厅南立面（部分）实景

图 4-6　学员楼西、南立面，综合教学楼、报告厅西立面实景

图 4-7　综合教学楼南、东立面，宿舍楼南（部分）面实景

上海市委党校二期工程宿舍楼外墙采用与石材幕墙石材颜色基本一致的浅灰和深灰色耐腐蚀面层环保型喷涂建材（图 4-8）。在面层与墙体之间设置一层厚度≥ 25.0mm 的保温隔热层（图 4-9.1 宿舍楼外墙窗口热桥施工片段；图 4-9.2 宿舍楼保温板锚固施工片段），使整个工程在色调上给人一种底蕴厚重感且达到有机统一。

图 4-8　宿舍楼西立面（部分），综合教学楼北、西立面，报告厅西立面实景

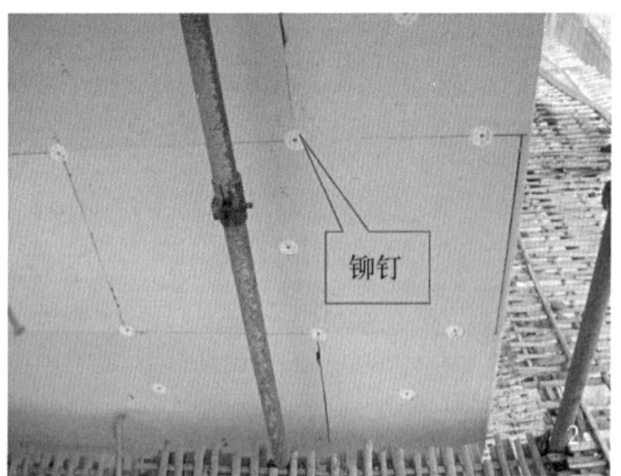

图 4-9　宿舍楼外墙外保温施工片段（窗口热桥施工、保温板锚固施工）

上海市委党校二期工程教学楼与学员楼的外立面造型设计简洁而不失丰富。其南立面、北立面对应不同的功能和不同的采光要求，立面设计上在统一的建筑框架下，营造不同的窗墙比，组成层次丰富又有韵律感和逻辑感的外立面效果（图 4-10，图 4-11）。

图 4-10　综合教学楼南、西立面，500 人报告厅与宿舍楼南立面（部分）窗格布置效果图

图 4-11　综合教学楼南、西立面，500 人报告厅西立面与宿舍楼南立面（部分）窗格布置实景图

施工期间，严格按照工程建设程序，按照设计要求逐步落实设计理念。

第一步是进行设计交底，让施工，工程监理、建设等参建各方充分理解设计要求。

第二步是施工承包商依据设计要求编制可行的施工方案，在经过公司内部审核（必要时，对涉及如地源热泵、LED 光源应用等新工艺、新技术的，应聘请行业内专家进行评估）后，报工程监理审核。

第三步是工程监理审核（必要时，工程监理也可聘请行业内专家对相应的新技术、新工艺的应用等进行评估）同意后，承包商再组织施工技术交底，并准备相应施工事宜。

第四步是工程监理结合设计图纸、施工方案、有关规范与标准编制实施细则（专项监理规划），并经公司技术部门审批同意后，在对工程监理内部具体负责人进行交底的同时，也应对工程各参建方予以交底，以确保监理理念的正确表达。

经过以上 4 个逐步等程序后予以实施相关绿建施工事宜。工程实施期间，承包商应结合工程特点，针对关键工序制定切实可行的施工措施，工程监理也应制定针对性的监理措施以完善相应专业的监理实施细则并指导施工与监理工作。最终的工程实物——上海市委党校二期工程综合教学楼与学员楼忠实地体现了设计理念（图 4-12，图 4-13）。

图 4-12 综合教学楼南立面、东立面以及宿舍楼南立面（部分）窗格布置图实景（远眺）

图 4-13 综合教学楼南立面窗格布置图实景

总之，仅仅从设计角度思考："对围护结构体系的研究以是否能降低建筑的能耗及适应不同空间的功能特征为衡量标尺，归纳总结某一特定建筑本体所对应的适宜设计体系，并可具体化为研究'建筑能耗'与'窗墙比'、'外窗热工性能'、'空间功能特征'等诸多建筑外围护设计要素之间的互动关系。研究不同朝向、不同季节条件下窗墙比对空调能耗和灯光能耗的影响，从而根据不同使用功能对外围护结构的保温隔热和采光要求进行分别的适宜性设计，对减少建筑能耗具有举足轻重的意义"。

第二节　夜景灯光节能实施要点

LED 照明系统是由一种能发光的半导体电子元件——发光二极管（英语：Light-Emitting Diode，简称 LED）组成。这种电子元件早在 1962 年出现，具有效率高、寿命长、不易破损、开关速度高、高可靠性等传统光源不及的优点。具体而言，LED 发光照明系统与传统照明发光系统相比较，具有明显优势：

（1）体积小（基本上是一块很小的晶片被封装在环氧树脂里面，非常小而轻）；

（2）耗电量低（LED 的工作电压一般在 2 ~ 3.6V，最高不超过 24V，工作电流是 0.02 ~ 0.03A，消耗的电不超过 0.1W）；

（3）使用寿命长（在恰当的电流和电压下使用寿命可达 10 万 h）、高亮度、低热量（使用冷发光技术，发热量比普通照明灯具低很多）；

（4）环保（由无毒的材料做成，不像荧光灯含水银会造成污染，同时也可以回收再利用）；

（5）坚固耐用（LED 是被完全封装在环氧树脂里面，它比灯泡和荧光灯管都坚固。灯体内也没有松动的部分，这些特点使得 LED 可以说是不易损坏的）。

随着技术的不断进步，发光二极管已被广泛地应用于显示器、电视机、采光装饰和照明（图 4-14），被认为是 21 世纪的照明光源。

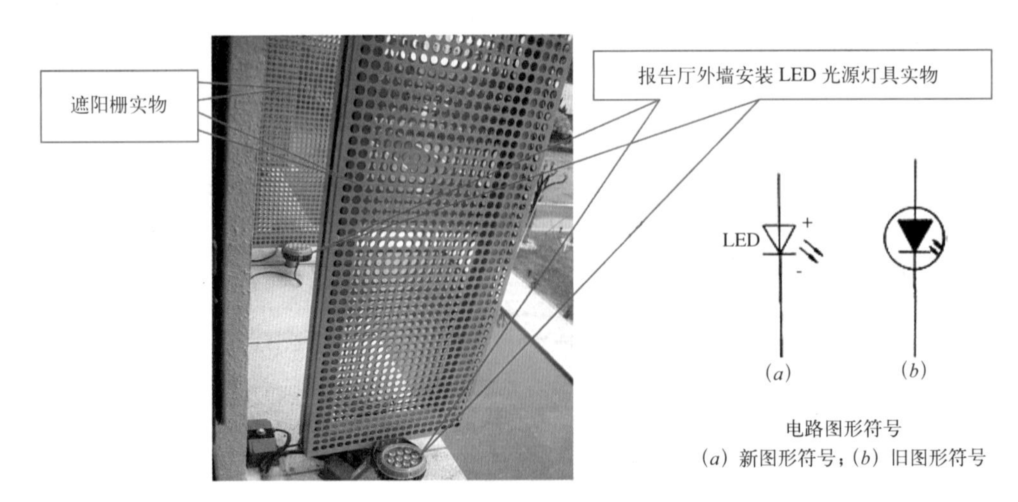

图 4-14　安装在报告厅外墙上的 LED 照明灯具系统及其原理图

LED的出现打破了传统光源的设计方法与思路，目前有“情景照明”、“情调照明”等两种最新的设计理念。其中情景照明是指以环境的需求来设计灯具。情景照明以场所为出发点，旨在营造一种漂亮、绚丽的光照环境，去烘托场景效果，使人感觉到有场景氛围（图4-15，图4-16）。而情调照明则是以人的需求来设计灯具。情调照明是以人情感为出发点，从人的角度去创造一种意境般的光照环境。情调照明与情景照明有所不同，情调照明是动态的，可以满足人的精神需求的照明方式，使人感到有情调；而情景照明是静态的，它只能强调场景光照的需求，而不能表达人的情绪，从某种意义上说，情调照明涵盖情景照明。

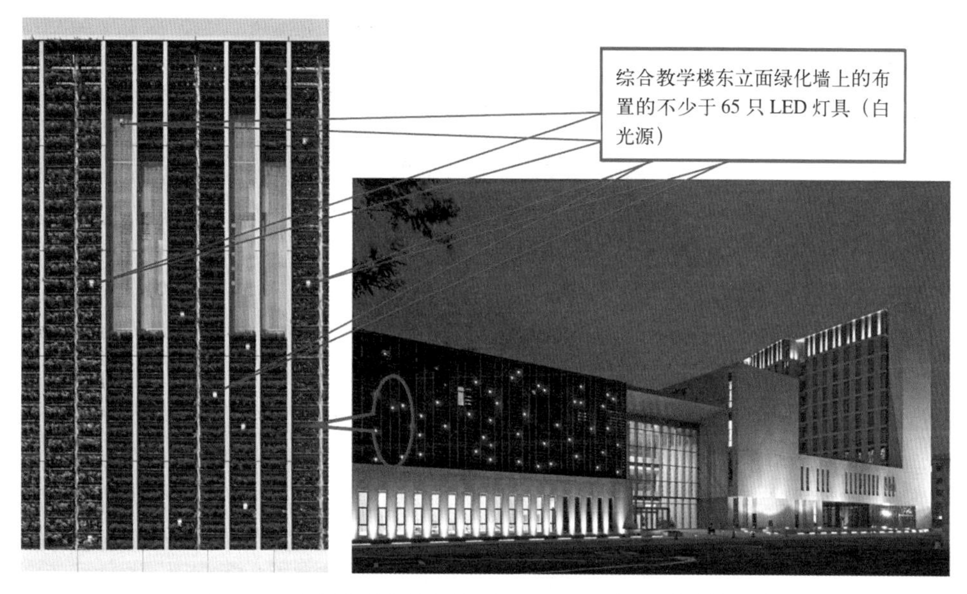

图4-15　综合教学楼绿化墙LED灯具布置及亮灯效果实景

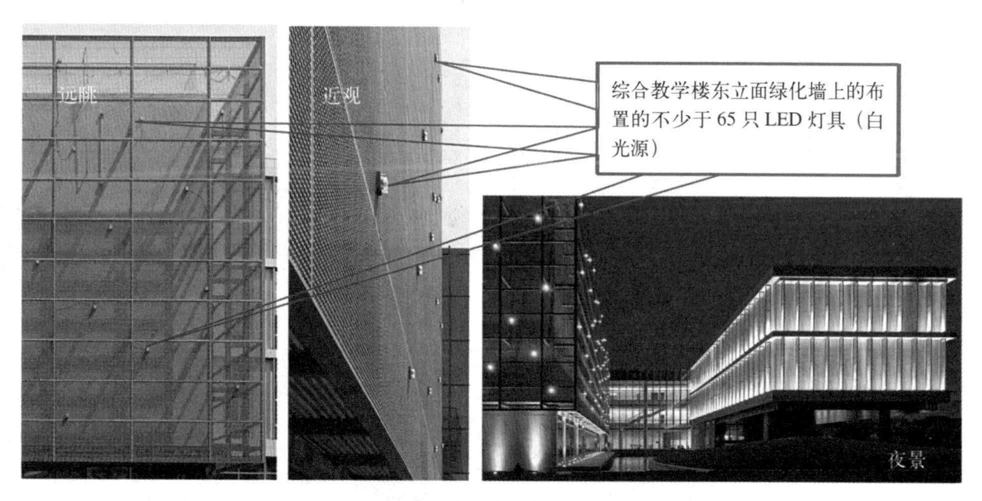

图4-16　500人报告厅西立面LED灯具布置及亮灯效果实景

LED发光器件是冷光源，光效高，工作电压低，供电电压在3～24V之间，是一个比使用高压电源更安全的电源，特别适用于公共场所。在同样亮度下，能耗为白炽灯的

10%、荧光灯的50%。更重要的是，光源的选用直接影响灯光的艺术效果，LED在光色展示灯具艺术化上显示了无与伦比的优势，幕墙彩色LED产品已经覆盖了整个可见光谱范围，且单色性好，色彩纯度高（图4-17）。

图4-17　500人报告厅外围设置LED灯具亮灯实景（西侧为绿色光源，南侧为蓝色光源）

党校的夜景灯光布置，主要以泛光照明结合内光外透进行设计，通过外立面泛光灯（图4-18.1向西北眺望夜景）、玻璃的内透光（图4-18.2向东北眺望夜景）、庭院绿化景观灯（图4-19.1教学楼南立面向正北眺望夜景；图4-19.2 500人报告厅南立面向正北近观夜景）以及绿化外墙的LED点（图4-15）等，营造多层次、舒适宜人的室外视觉体验。LED照明系统的选用使市委党校二期工程建筑在夜间成为灯光雕塑的同时，最大限度地节约了电能，也美化了校园。

图4-18　党校二期工程总体灯光效果实景

图4-19　庭院绿化景观灯灯光效果实景（背景为教学楼南立面）

总体来看，LED照明是LED最重要、最具发展前景的应用；而且宏观环境对于LED照明应用的发展非常有利。这主要表现为：(1) 节能减排成为全球关注的议题并得到积极推进；(2) 传统光源技术成长缓慢，面临发展瓶颈；(3) LED照明技术进步与成本不断降低，长期市场障碍已不大，而且结实耐用。这也是上海市委党校二期工程景观照明采用LED光源的理论依据之一。

第三节　室外总体布局实施要点

一、设置下沉式庭院广场

作为中共上海市委党校、市行政学院二期工程的特色之一，在宿舍楼与教学楼之间设置了下沉式庭院广场（图4-20）。作为建筑内庭院的延续，下沉庭院广场与内庭院通过教学楼的一层休息厅相联系，是教学楼与学员楼共同环抱的多维景观空间。下沉庭院的设计使教学楼地下空间得到充分的利用并提高了品质，围绕下沉庭院的地下空间作为多功能展厅以及休息厅，有良好的采光通风和景观效果。

图4-20　下沉广场实景图（空间布置）与施工过程片段

下沉庭院有水景、木格架空地板以及跌落的绿化台地（图4-21.1下沉式庭院广场全景；图4-21.2跌落式水池局部实景图）。漫步其中，静谧而私密，是非常好的室外休憩交流空间，课余在此散步、品书、纳凉、交谈，轻松惬意。此外，下沉庭院跌落的台地景观设计，在需要的时候还可以作为室外展示或者演出场所。

二、设置草坪假山绿化区

为了合理利用余土资源，减少土方外运，在教学楼西侧，结合景观水池布局，设置了相对高程在2.5m左右景观小品假山。该小品的设置，既改善了校园环境，达到了余土就地处理（就地处理土方量约1200m^3），尽可能不影响或减少关联方的初步目的。同时还

图 4-21　下沉式庭院广场全景与跌落式水池局部实景图

节约了土方外运运费。这对建设节约型社会，特别是绿色建筑的建设是有利的，图 4-22.1 校园小品假山远景图（自教学楼东南向西北方向眺望），图 4-22.2 校园小品假山近景图（自教学楼西北向东南方向眺望）。

图 4-22　校园小品假山景观实景图

三、内庭院实施要点

中共上海市委党校、市行政学院二期工程的内庭院设计也是项目实施的亮点之一。建筑在整体规划设计上利用建筑平面“山”字形布局，围合出两进院落（图 4-23）。力争达到内院的空间设计力求静谧又不封闭，通透又不单调的效果。

教学楼中的内庭院与教学楼主中庭相互渗透，形成“入门见景”的感观体验。教学楼与学员楼之间则结合地下车库设计一下沉庭院，庭院中水景、跌落花园相映成趣（图 4-21）。内庭院的尺度设计也充分考虑人性化需求，内院的长宽高基本以 1 ∶ 1 ∶ 1 的比例设计，有非常好的内聚性和亲和力，是非常好的交流、休憩和学习的空间（图 4-24.1 地下车库入口及教学楼北立面自连廊向西南方向眺望实景；图 4-24.2 学员楼南立面及下沉式庭院广场自连廊向西北方向眺望实景）。

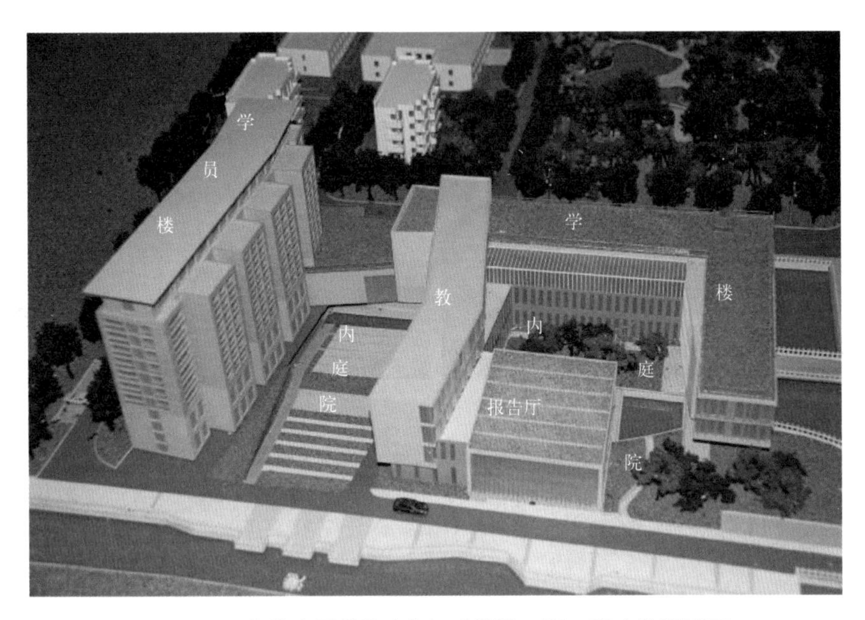

图 4-23　上海市委党校 / 市行政学院二期工程实物模型图

图 4-24　下沉式庭院广场实景

与此同时，内庭院在南侧通过架空的建筑打开，使内外景观相互渗透，更增添了趣味性和可达性，将建筑与景观很好地融为一体（图 4-25.1、图 4-25.2 西南向东北方向及西北向东南方向眺望内庭院南侧教学楼架空层实景；图 4-25.3 东侧连廊架空层近观白天实景；图 4-25.4 东侧连廊架空层近观夜晚实景；图 4-25.5 东侧连廊架空层远眺实景）。

图 4-25 内庭院架空实景

内庭院的主要景观要素以平整草坪（图 4-26.1）、白砂石滩（图 4-26.2 自教学楼廊道西南向东北方向眺望、自学员宿舍楼休憩大厅内北向南方向眺望以及综合教学楼与学员宿舍楼之间的白砂石滩）以及架空木地板为主（图 4-26.3 自西向东方向眺望与自南向北方向眺望），突出安静的设计意象。室外景观与室内空间相互配合，相互映衬。建筑周边安静的水池（图 4-26.4，图 4-26.5）、草坡及其上布置得恰到好处的小品景观石，烘托出建筑静谧的特质，是学员休闲和交流的理想场所（图 4-26.6）。

图 4-26 内庭院景观实景

图 4-26　内庭院景观实景（续）

第四节　空中绿化布局实施要点

墙面绿化与建筑节能实测结果表明：在室外气温 38℃时，无绿化建筑物的外表面（深灰色外墙涂料）温度最高可达 50℃，而建筑物绿化外墙面温度为 27℃，尤其是朝西的墙面，绿化覆盖后降温的效果更为显著。

据测定，有植物遮荫的地方，光照强度仅有阳光直射地方的 1% ~ 5%，浓密的枝叶像一层厚厚的绒毯，可降低太阳的辐射强度，同时也降低温度，凡是有植物覆盖的墙面温度通常可降低 2 ~ 7℃；有建筑物墙面绿化的建筑，其室内空气温度较无绿化建筑物室内温度约低 3 ~ 5℃，降温效果明显。同时，墙面被绿色植被覆盖后空气相对湿度可提高 10% ~ 20%，在炎热夏季这极利于缓解人们疲劳。

外墙面绿化技术是随着“低碳时代”理念的到来，在世界范围正在蓬勃兴起的一项高新技术。外墙面绿化设计是建筑践行“低碳”承诺的重要手段之一，对于改善建筑室内外环境、降低能耗有着积极的意义，同时也是“绿色三星”建筑中关于可持续发展思路有益应用。绿化系统主要由支撑框架、种植介质、植物和灌溉系统组成。在上海市委党校二期工程的空中绿化设计中，绿化外墙、绿化屋顶是绿色建筑形态的重要组成部分，是绿色建筑的重要表皮。仅就上海市委党校二期工程而言，无论是墙面垂直绿化还是屋顶绿化，对于建筑节能都有主要作用（图 4-27）。

图 4-27　上海市委党校二期（教学楼与学员楼）工程空中绿化效果示意图

一、自然生态型教学楼东立面绿化墙面实施要点

教学楼东立面种植墙面总面积约 430m^2（图 4-28.1 绿化墙面竣工时远眺图；图 4-28.2 绿化墙面竣工一年后远眺图；图 4-28.3 绿化墙面支架实景近观图；图 4-28.4 绿化墙面实景近观图；图 4-28.5 种植墙面、种植墙面框架及种植单元详图）。其节能基本原理为：通过一道植物形成的绿色界面和其后的空气间层来实现夏季隔热和冬季保暖。即：“夏季的墙体绿化界面可遮挡大部分直射阳光，减轻阳光直射导致的墙体升温；另外，绿化界面升温后，

其与其后土建结构墙体之间的空气间层也可适当地阻挡热量传导，还可通过空气的流动耗散部分热能，从而大幅度降低结构外墙温度，也能降低室内空调能耗。冬季时空气间层可起到保温作用，绿化界面又是热的绝缘体，这两个层次共同作用，既提高了外围护结构的保温性能又能降低建筑能耗。”

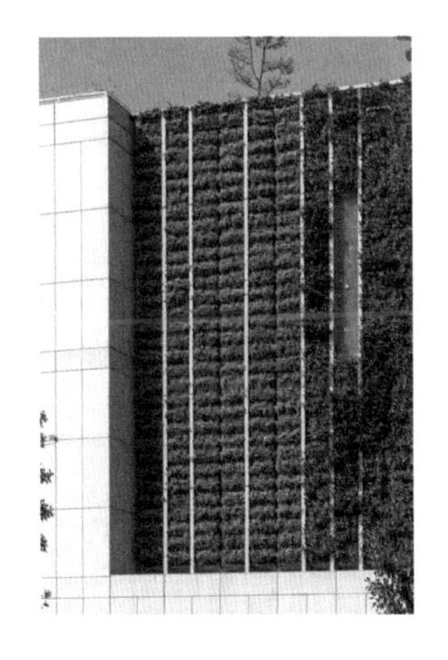

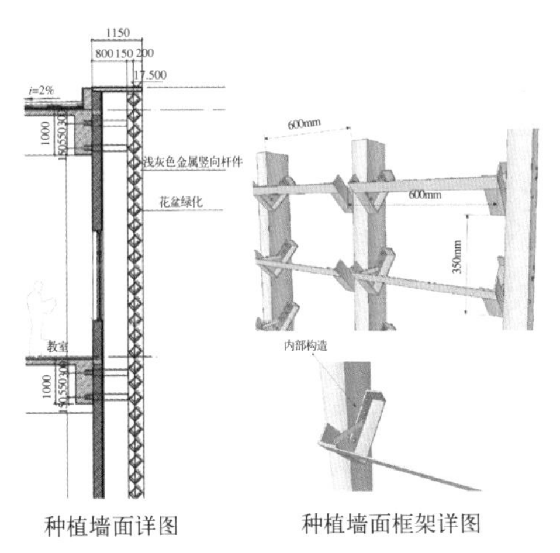

种植墙面详图　　种植墙面框架详图

种植单元详图

图 4-28　绿化墙面

通过间距变化的竖向钢架形成韵律，窄的竖向单元宽度为 600mm，宽的竖向单元为 1200mm，高度为 16.1m，挑出墙面距离为 1.2m，选用不同颜色的植物类型（图 4-28.6、图 4-28.7 绿化花盘单元及浇灌系统图）。

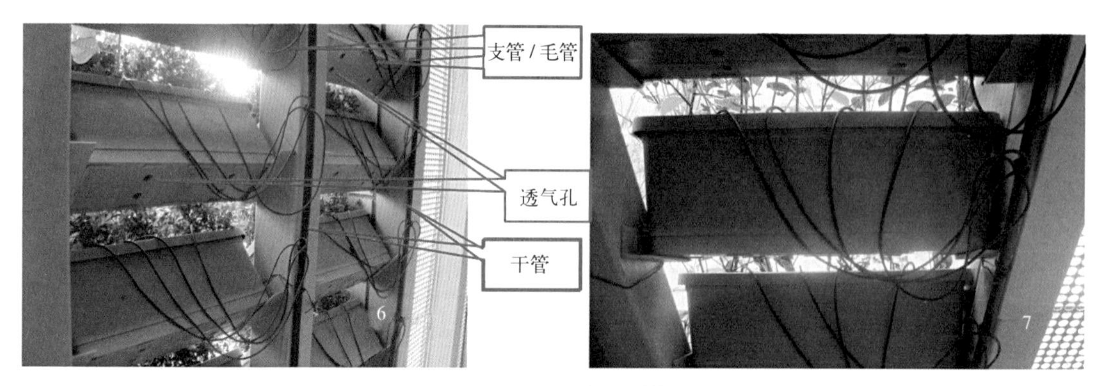

图 4-28　绿化墙面（续）

总体而言，教学楼东立面种植墙面构造层次依次为（图 4-29）：

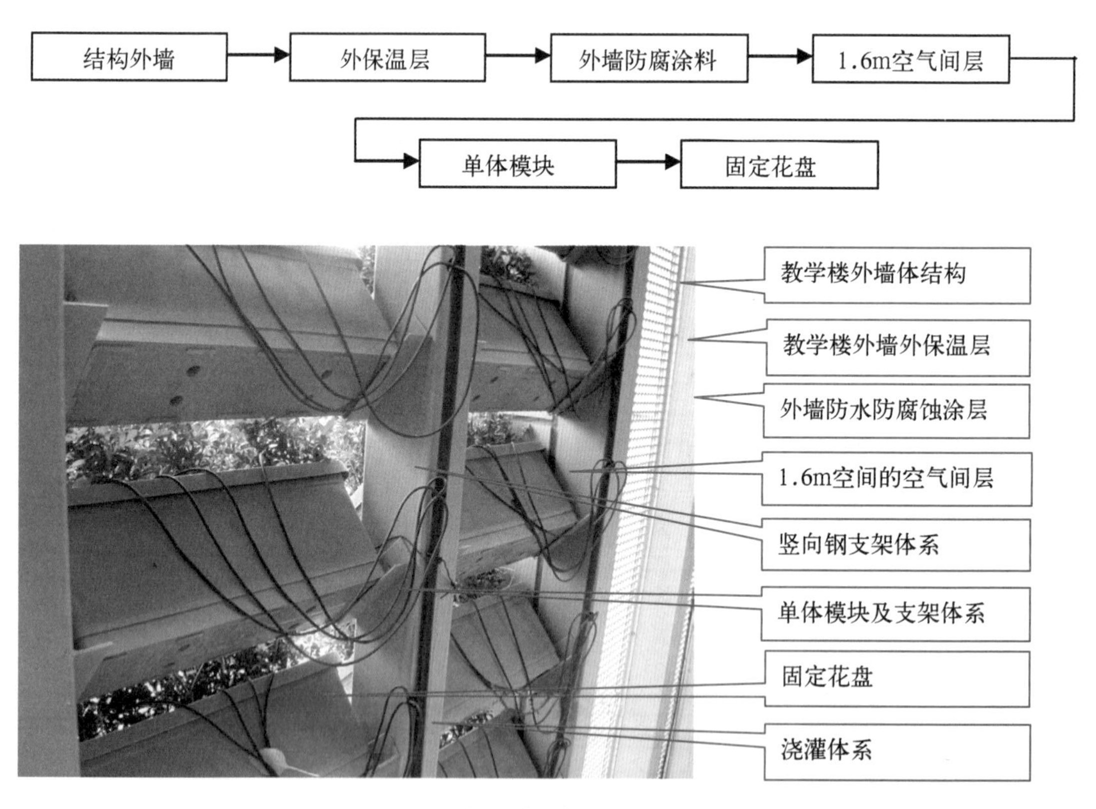

图 4-29　绿化墙面构造层次实景图

上海市委党校二期工程的墙面垂直绿化系统主要由竖向支架、种植介质（营养土）、植物和浇灌系统组成（表 4-2）。

墙面垂直绿化系统构成汇总　　表4-2

序号	垂直绿化系统	设计要求	图例	备注
1	支撑框架	竖向钢架按设计要求布置，间距600mm或1200mm；在间距1200mm的两根竖向钢管之间架设1根隐形钢管，种植盒体安装完成后将隐藏于植物后面。竖向钢管见设置横向"V"形支架，呈60°放置，种植盒体搁置在"V"形支架上，利用自身重量稳定地固定在钢支架上，同时用铆钉螺丝将盒体与钢支架锚固	浇灌系统；V形支架；水平支架；垂直钢管	
2	植物选择	应选用耐寒、耐旱常绿小灌木。宽的竖向单元选用浅色植物，如绿叶六道木；窄的竖向单元选用深色植物，如花叶络石。形成绿色墙面的微妙变化	深色植物实景；浅色植物实景	
3	介质	考虑到钢结构支架受力工况，选择植物介质时，应优先考虑选择密度较小，蓄水能力强，不易疏松脱落的专用"轻质介质土"	种植盒体内含介质土实景	
4	灌溉系统	滴灌技术是通过干管、支管、和毛管上的滴头，在低压下向土壤经常缓慢的滴水，直接向土壤供应已过滤的水分和养料等。上海市委党校二期工程绿化墙面采用先进的滴灌装置进行灌溉。每个种植盒体背部开设一个方形空洞，用于灌溉系统的滴箭插入		

二、自然生态型报告厅外墙面绿化实施要点

上海市委党校二期工程的报告厅绿化墙面总面积约1300m^2，攀爬植物依附体"穿孔铝板单元"的尺寸为2000mm×1000mm，总高度为10.6m，与土建墙面距离为1.2m（图4-30）。其节能基本原理为：通过一道植物形成的绿色界面和其后的空气间层来实现夏季隔热和冬季保暖。

报告厅绿化墙面的绿化系统主要由支架体系、攀爬植物、种植介质和灌溉系统等四部分组成。绿化墙面的构造层次为支设在井格形钢支架上的单元穿孔式模块覆以爬藤植

物（图 4-31.1、图 4-31.2 井格形钢支架远眺实景；图 4-31.3、图 4-31.4 井格形钢支架近观局部实景）。

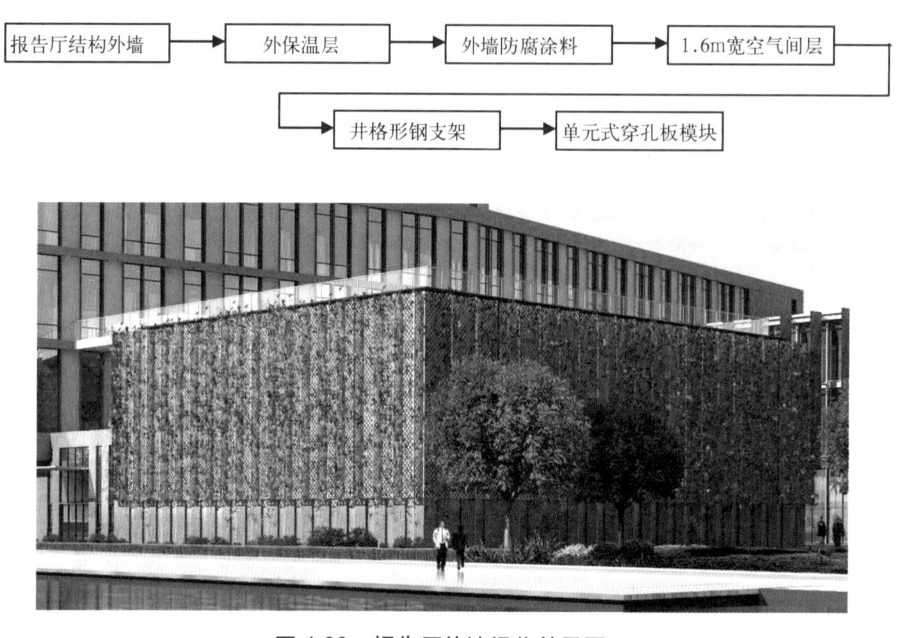

图 4-30　报告厅外墙绿化效果图

图 4-31　井格形钢支架

报告厅绿化墙面支撑体系“井格形钢架”的竖向主龙骨间距 2.0m，横向次龙骨间距 1.0m（图 4-31.4）；穿孔铝板固定在钢架上，作为植物攀爬的载体（图 4-31.4）。设计对攀爬植物选型建议：“选 2 ～ 3 种色彩略有差异的攀爬植物”，如人们熟知的红叶爬山虎、中华常春藤、金边扶芳藤等。攀爬植物的种植介质置于钢结构底部平台处，因结构受力原因，设计建议采用专用轻质种植介质土源。报告厅绿化墙面因在攀爬墙面与土建墙面之间有 1.2m 间距，可供工作人员通行，故对绿化植物的灌溉可直接人工进行。

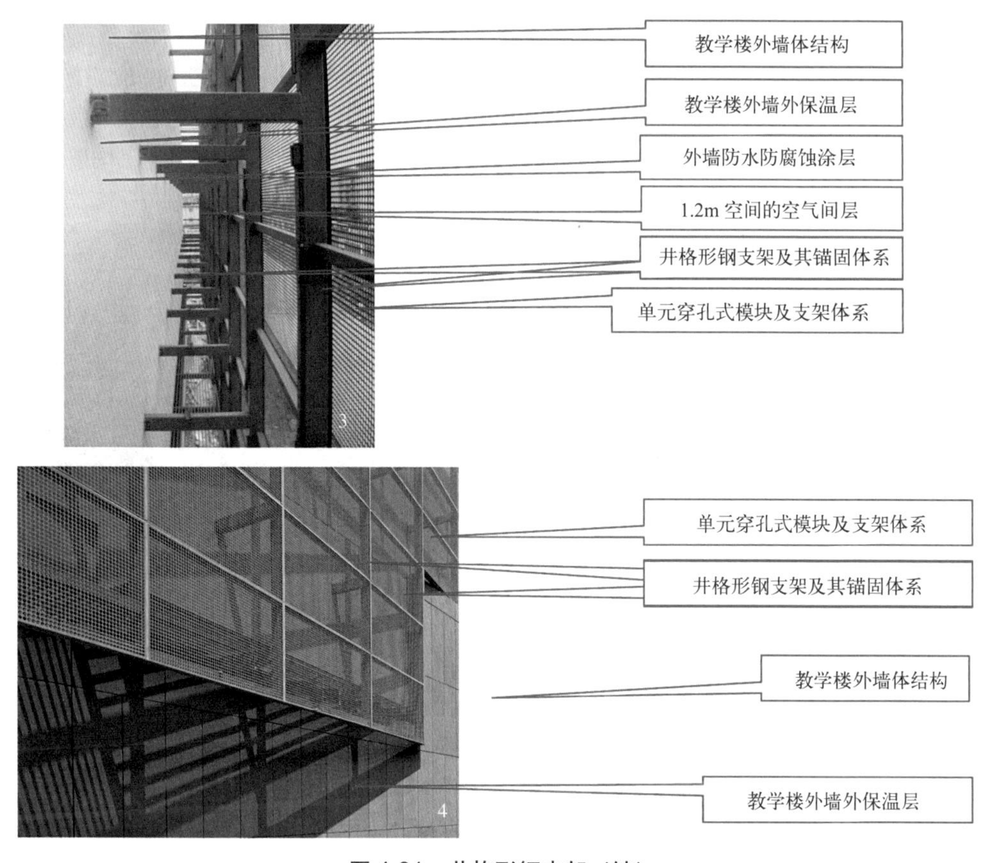

图 4-31　井格形钢支架（续）

三、自然生态型屋顶绿化实施要点

屋顶绿化对增加城市绿地面积，改善日趋恶化的人类生存环境空间，改善城市高楼大厦林立，改善众多道路的硬质铺装而取代的自然土地和植物的现状，改善过度砍伐自然森林，各种废气污染而形成的城市热岛效应、沙尘暴等对人类的危害，开拓人类绿化空间，建造田园城市，改善人民的居住条件，提高生活质量，以及对美化城市环境，改善生态效应有着极其重要的意义。屋顶绿化不但降温隔热效果优良，而且能美化环境、净化空气、改善局部小气候；还能丰富城市的俯视景观，能补偿建筑物占用的绿化地面，可大大提高城市的绿化覆盖率，是一种值得大力推广的屋面形式。

据统计，屋顶绿化在夏天可使屋顶结构面层的表面阳光辐射温度降低 10 ～ 20℃，能够较好地改善城市热环境，对于缓冲和削弱极端温度（极端天气）作用突出。屋顶绿色植物具有很强的空气净化和清新能力，有滞尘、杀菌、吸收低浓度污染物、增加空中负离子等功效。采用屋顶绿化的建筑顶层房间不用电能就可降温 2 ～ 3℃，节能潜力明显。

“目前上海屋顶绿化面积已达约 70 万 m^2，可绿化面积增长空间很大；如都能利用起来，不仅可拓展申城绿化面积，也可让上海城市上空的 CO_2 量减少 85%”。

上海市委党校二期工程屋顶绿化总面积约 3320m^2（包括木地板和卵石地面），主要分布于 500 人报告厅屋顶、教学楼的三层屋顶部分以及连廊屋顶部分（图 4-32.1 屋顶绿化平面分布示意图；图 4-32.2 500 人报告厅屋顶绿化实景图；图 4-32.3 南教学楼屋顶绿化实景图；图 4-33.1 南教学楼屋顶刚完工期间绿化远眺；图 4-33.2、图 4-33.3 连廊屋顶刚完工期间绿化北向南远眺；图 4-33.4 连廊屋顶绿化近观；图 4-33.5 屋顶绿化养护施工片段；图 4-33.6 架空木地板地面施工构造示意图；图 4-33.7 屋顶架空木地板与绿化施工片段；图 4-33.8 屋顶绿化施工构造示意图）。

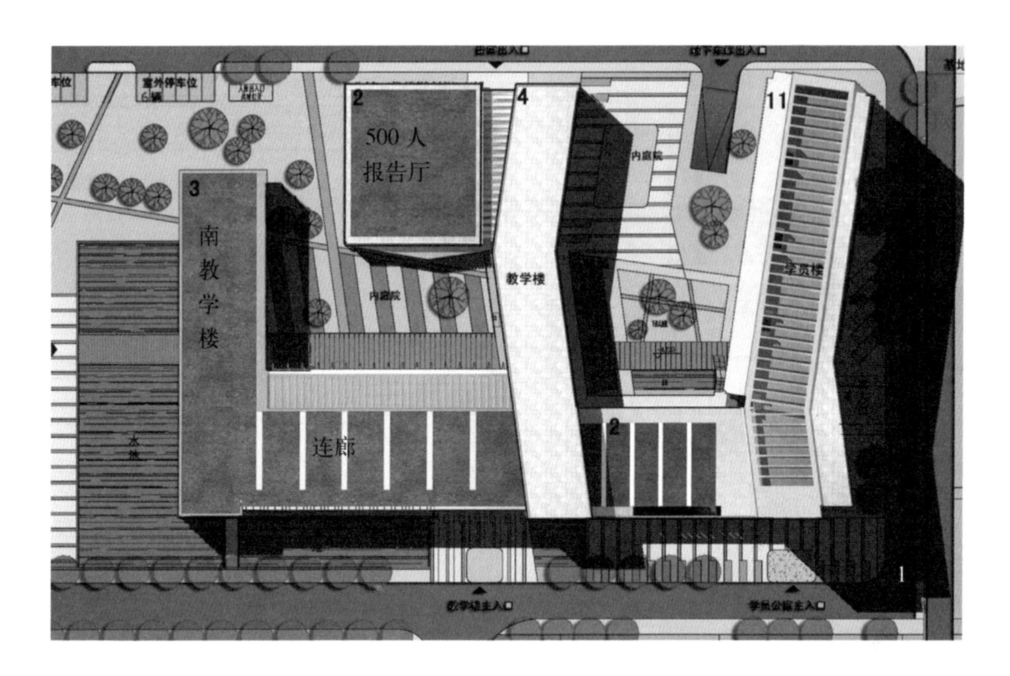

图 4-32　上海市市委党校二期（教学楼与学员宿舍楼）工程屋顶绿化分布示意图与实景图

屋顶绿化涵盖木质走道、块石点缀小道，小型灌木、草坪。其布局看似随意，确又独具匠心。既改善了校园空间环境，同时也增加了校园绿化面积，有利于“绿色三星”建筑标示的申请，还是课间小憩温馨场所，做到了人文关怀与绿色环保的有机统一。

但是，作为屋顶绿化工程的核心，屋面防水工程质量与设计、施工和材料三方面都有密切关系。可以认为防水材料是基础，设计是前提，施工则是关键。为了确保上海市委党校二期工程屋顶绿化，避免渗漏发生，除设计布置了完善的雨水能在最短时间内排除的技术措施外，工程监理应督促承包商选择质量可靠的防水材料、设计方设计出合理的防水构造，并把好屋面绿化防水施工质量关。

木质地板
木质龙骨
40厚C20细石混凝土防水层（内配4@200双向）
设分仓缝不大于6×6m
干铺塑料膜隔离层一道
40厚挤塑聚苯乙烯保温板
3厚APP改性沥青防水卷材
轻质泡沫混凝土找坡，最薄处30
2厚涂膜隔气层
20厚1：3水泥砂浆找平
现浇钢筋混凝土屋面
6

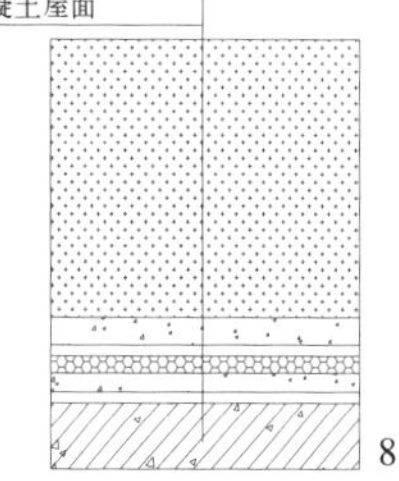
300厚种植土工布过滤层
塑料板排水层
40厚C20细石混凝土防水层（内配4@200双向）
设分仓缝不大于6×6m
干铺塑料膜隔离层一道
40厚挤塑聚苯乙烯保温板
3厚APP改性沥青防水卷材
轻质泡沫混凝土找坡，最薄处30
2厚涂膜隔气层
20厚1：3水泥砂浆找平
现浇钢筋混凝土屋面
8

图 4-33　屋顶绿化

上海市委党校二期工程非常重视防水设计与施工工艺、防水材料与结构及基层、施工时间与环境之间的匹配、协同和优化，以求得最佳的防水效应。设立了先柔性、后刚性等至少两道防水层以及通畅的排水系统（图 4-34.1 绿化屋面基层柔性防水层施工片段；图 4-34.2 绿化屋面防水层施工片段；图 4-34.3 绿化屋面刚性防水层施工片段）。

图 4-34　绿化屋面防水层施工片段

培植土的厚度取决于承重楼板的允许荷载，并考虑所用材料的容重和维护绿化的状况。上海市委党校二期工程在设计之初就以对房屋结构进行了特殊沉重与防水技术处理(设计荷载＞ 350kg/m^2)。屋顶绿化培土厚度随种植植物而异：一般经常踩踏或行走的草皮等低矮地被植物，栽培土厚度为 16 ～ 25cm；灌木土层厚度为 40 ～ 50cm；乔木栽培土层厚 75 ～ 80cm，最厚不超过 110cm。草地与灌木之间以斜坡过度选择耐旱、抗寒性强的矮灌木和草本，选择阳性、耐瘠薄的浅根性植物；或者选择抗风、不易倒伏、耐积水的植物种类；

或者选择以常绿为主，冬季能露地越冬的植物，并尽量选用乡土植物为主，适当引种绿化新品种为次。结合上海地区气候特征，上海市委党校二期工程屋顶绿化主要选择四季常青的佛甲草，同时适当搭配色调略异的不同圆叶景天、松叶景天等植被。在植物灌溉上，采用人工进行，并充分利用天然雨水回收利用。

培植土要有适当的体积，这比适当的厚度更为重要。为确保培植土有必要的体积，上海市委党校二期工程屋顶绿化用土设计要求厚 30cm，且在种植土与屋面之间铺设土工布及塑料网格布作为渗透过滤层。经结构验算并征得设计认可，实测平均厚度约 40cm，填土总量约 1500m^3，且均为上海市委党校二期工程基础施工开挖时的余土，大量节约了土方外运或外借土方造成的重复运输而引起资源浪费，也未因外借土方而额外增加社会环境负担。在实施屋顶绿化时有意将草坪、灌木和小型乔木的培植连成一体形成小土坡。同时，为了尽量减轻培植土的重量，并有利于植物的生长，培植土里掺入了约 10% 减轻培植土重量的材料，如泡沫塑料制品、珍珠岩等。

另外，在上海市委党校二期工程的绿色建筑应用上，为有效指导屋顶绿化施工与维护以及绿色建筑的能效分析与论证，特在连廊屋顶设置了微型自动气象站（图 4-35）。该自动气象站用于对大气温度、相对湿度、风向、风速、雨量、气压、太阳辐射、土壤温度、土壤湿度、能见度等众多气象要素进行全天候现场监测。具有手机气象短信服务功能，可以通过多种通信方法与气象中心计算机进行通信，将气象数据传输到气象中心计算机气象数据库中，用于对气象数据统计分析和处理，也为绿色建筑的维护与保养措施提供理论依据。

图 4-35　屋顶微型自动气象站实景

总之，发展空间绿化不但有利于改变空中景观（美化环境）、体现现代大城市风采，保护生态、调节气候、净化空气，增加遮阳覆盖、降低室温，改善城市热岛效应，吸尘降噪、生态环保（是天然的氧吧，有利于人们的身体健康）等环保效应；而且经济效益也同样显著：能有效降低城市排水负荷（避免城市积水），节水节材、保护屋顶结构和延长防水层的使用寿命，节能降耗（使室内冬暖夏凉，舒适宜人），可大幅度降低城市绿化投资成本。由此可见：空间绿化技术是绿色城市未来发展方向之一。

第五节　利用自然光实施要点

众所周知，采用外窗遮阳可大大降低夏季空调能耗。但对于既要考虑夏季隔热、又要兼顾冬季保温的夏热冬冷地区而言，使遮阳体系的配置在多维因素的制约下最大化发挥效力，归纳成一体化遮阳体系的适宜性指标及可操作措施，即成为迫在眉睫的现实课题。

中共上海市委党校、市行政学院二期（综合教学楼与学员宿舍楼）工程建筑外遮阳系统可按照“固定与可调外遮阳百叶系统”和“形体自遮阳系统”特点分为两类。对前者而言，竖向遮阳百叶在满足遮阳需求的同时，也是建筑外立面效果的重要组成部分，对于建筑立面竖向韵律的形成至关重要。对后者而言，建筑形体本身的凹凸进退形成了强烈的光影，在取得形体自遮阳效果的同时也丰富了建筑形体效果和空间层次。另外，上海市委党校二期工程还采取诸如“地下车库通过设置异型天窗采光”、“无法采集自然光的暗房间通过主动式导光系统进行采光”等技术，在能够有效改善室内光照的同时，达到节能减排的可持续发展目的。

一、固定与可调外遮阳百叶系统实施要点

针对上海市委党校二期工程的不同部位，按照“能否降低建筑综合能耗及空间功能特征为权衡控制的标尺”来归纳总结工程所对应的遮阳体系适宜性指标及可操作措施。在立项伊始，设计就采用计算机建筑整合虚拟分析软件，分别对“有无遮阳、内外遮阳、固定与可调外遮阳各个情况进行分析，选择建筑节能效果最优的配置，并对遮阳构件安装方式和遮阳构件控制模式”进行深入的探讨。与此同时，结合具体空间功能需求及整体形态的和谐美观，按“遮阳系统与立面表皮进行一体化设计，在建筑物静态立面元素上加以动态遮阳构件，进而形成有灵动的韵律感”的设计理念，将各种具体的遮阳措施灵活组织，共设计了“玻璃自遮阳、建筑形体自遮阳、固定或可调外遮阳”等至少5种不同的遮阳措施体系。这也是现代先进的科学技术为“建筑兼顾节约能耗和享受自然”而需要精心推敲之处。

在上海市委党校二期工程教学楼中庭西立面的固定外遮阳百叶系统的影响面积约550m^2，其设计原理为“为避免西向长时间日照并减小大玻璃幕墙引起的眩光，采用金属固定外遮阳”；位于教学楼③～⑨轴的2～3层立面；金属百叶尺寸：600（W）×11600（H），并按间距1400mm布置，为竖向大尺度的金属穿孔百叶悬挂于大玻璃幕墙之外，形成强烈的竖向韵律感（图4-36）。

半透的穿孔百叶板互相叠合，层次丰富，在阳光的照射下，熠熠生辉（图4-37.1自室外西侧内庭近观；图4-37.2自室外西侧内庭远眺；图4-37.3、图4-37.4自教学楼中庭内侧近观；图4-37.5、图4-37.6固定遮阳百叶系统施工片段）。其有效地改善了中庭采光环境，且可明显改善中庭室内公共空间的热舒适性。

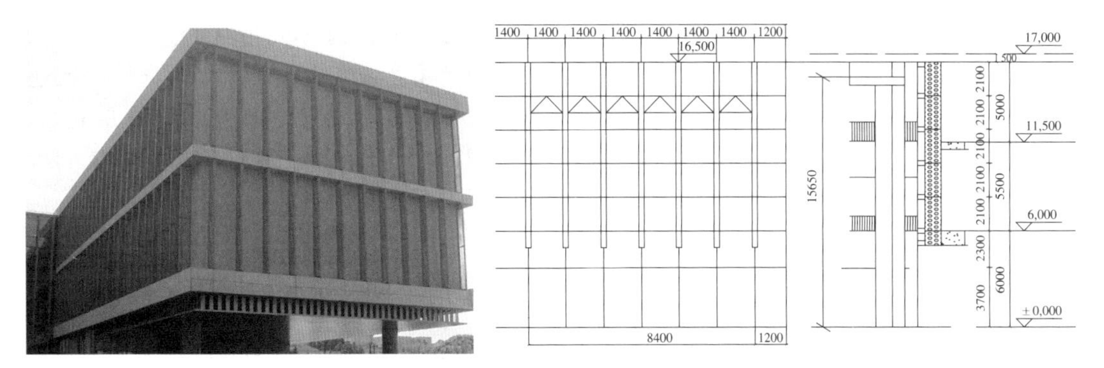

图 4-36　西立面固定金属百叶窗外遮阳实景与立剖面图

图 4-37　教学楼中庭西立面固定外遮阳百叶系统

在上海市委党校二期工程教学楼南立面设置的可调外遮阳百叶系统影响面积约650m^2，其设计原理为“采用电动控制装置，根据阳光角度设置旋转调节，每3片竖向遮阳为1组并配置1只控制器。”位于教学楼Ⓐ～Ⓜ轴 / ①～④轴 / Ⓜ～Ⓐ轴的2～3层立面，金属百叶尺寸：550（W）×5000（H），并按间距1400mm布置，在强烈的水平向层间板之间设置竖向可调外遮阳百叶，穿孔百叶的角度可根据阳光角度旋转调节（图4-38）。

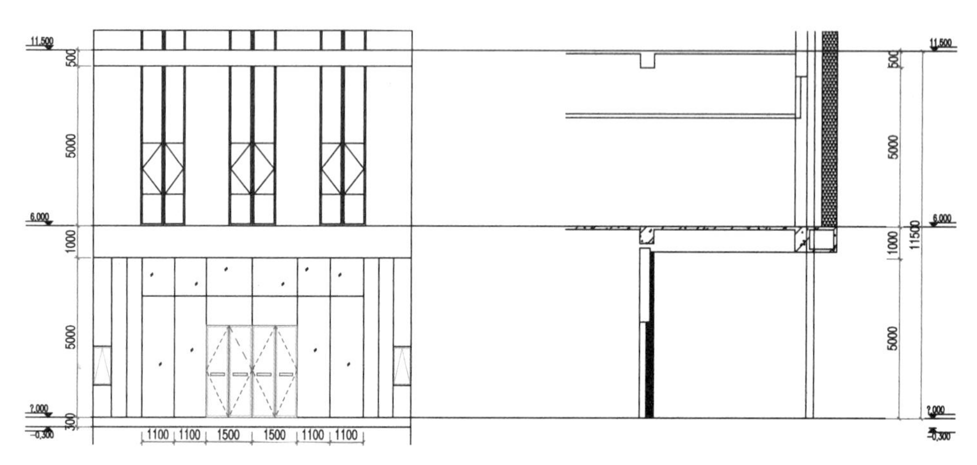

图4-38　南立面可调金属百叶外遮阳立剖面图

遮阳百叶形成强烈的光影，使建筑立面更加丰富（图4-39.1 教学楼南立面可调外遮阳系统远眺实景；图4-39.2 教学楼南立面可调外遮阳系统近观实景），也有效改善了相应教室内部的热舒适性。

图4-39　教学楼南立面可调外遮阳系统实景

在上海市委党校二期工程教学楼入口处的出挑屋檐形体遮阳位于教学楼东侧入口大堂，屋檐出挑6.1m。其设计原理为“教学楼入口屋顶处设置大挑檐，为一韧劲面向入口大堂通高 3 层的玻璃幕墙提供了顶部水平挡板及侧向竖直挡板的遮阳作用”（图 4-40.1 教学楼入口剖面图；图 4-40.2　教学楼东门出挑屋檐实景；图 4-40.3 教学楼南门出挑屋檐实景）。

图 4-40　教学楼入口处的出挑屋檐实景图

在上海市委党校二期工程学员楼入口处的出挑连廊形体遮阳位于教学楼东侧入口大堂，遮蔽影响面积约 100m^2，其设计原理为“教学楼与学员楼之间的连廊，创造出 1 层入口处的灰色空间的同时，为灰色空间的大堂立面提供高效遮阳”。分布形式有学员活动室（2 层）的面积约 15m × 15m，学员楼入口大堂（1 层）的南侧玻璃幕墙完全处于此出挑顶板的影响范围内，极大地改善了相应室内公共空间的热舒适性（图 4-41.1 学员楼入口剖面图；图 4-41.2 学员楼出挑屋檐实景图）。

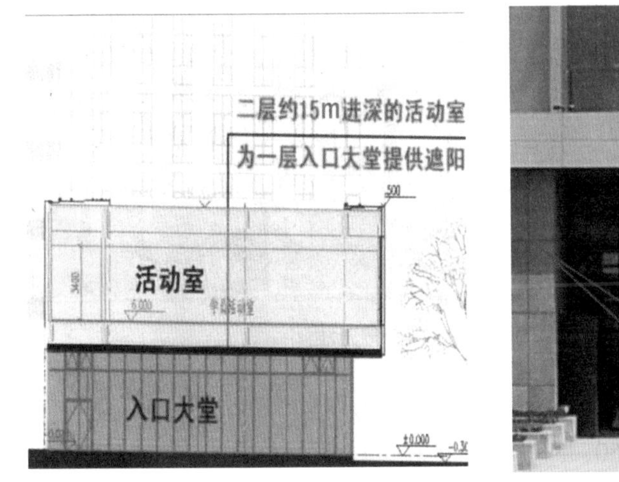

图 4-41　学员楼入口剖面图及出挑屋檐实景图

上海市委党校二期工程的学员楼宿舍为出挑阳台形体遮阳系统，位于学员楼 2 ~ 11 层 4+1 套间，阳台出挑 2.4m，其设计原理为“学员楼标准层设置阳台，相当于下层套间的水平遮阳板”（图 4-42.1 学员楼阳台遮阳示设计效果意图；图 4-42.2、图 4-42.3 学员楼阳台遮阳实景图）。

图 4-42 学员楼阳台遮阳示设计效果示意及实景图

休息等候区设置玻璃纤维织物卷帘内遮阳：采用浅色玻璃纤维，操作形式为手动或电动（图 4-43.1 玻璃纤维织物卷帘内遮阳自室外近观实景；图 4-43.2 玻璃纤维织物卷帘内遮阳自室内近观实景）。

图 4-43 休息等候区设置玻璃纤维织物卷帘内遮阳实景

中庭整体部位采用玻璃自遮阳：外窗（含透明幕墙）玻璃均采用 6Low-e+12A+6 中空玻璃，其东、南、北向遮阳系数为 0.50，西向遮阳系数为 0.45（图 4-44.1、图 4-44.2 玻璃自遮阳室外近观；图 4-44.3 玻璃自遮阳室内近观）。

另外，上海市委党校二期工程因多功能复合，空间布局丰富。形成了诸多形体穿插、咬合、叠加关系，从而产生了许多有顶无围护的半室外空间（图 4-45.1 教学楼西侧无围护半室外空间近观；图 4-45.2 教学楼西侧无围护半室外空间以及门厅远眺；图 4-45.3 教学楼东侧连廊侧无围护半室外空间以及门厅远眺；图 4-45.4 教学楼东侧连廊侧无围护半室外空间以及门厅近观）。在形成自遮阳的同时，营造了丰富多样的空间系统。

图 4-44　玻璃自遮阳系统实景图

图 4-45　形体自遮阳体系实景

上海市委党校二期工程不同单元空间的遮阳体系由适宜的遮阳措施灵活组合，使建筑在最大化实现节能的同时，也保证了立面整体风格的协调统一，有效实现了遮阳与建筑一体化目标。

二、主动式导光采光系统实施要点

对于无法自然采光的暗房间，主动式导光系统无疑大大改善了室内的空间效果。天气晴朗、光线强烈的情况下，导光装置会将光线折减部分后导入室内，使光线更加柔和；阴雨天等光线不良的情况下，球形的采光罩可大角度地采集自然光，使室内的自然光照度达到一定的标准。导光装置还设有调节按钮，可人为控制光线导入量，从而满足室内不同使用功能的要求。另外，因整个导光系统是密封的空气管，故在冬季其能够做到最小的热量损失，在夏天则可防止室外热量传入（图 4-46.1 主动式导光系统采光示意；图 4-46.2 上海市委党校二期工程导光系统采光罩实物图）。

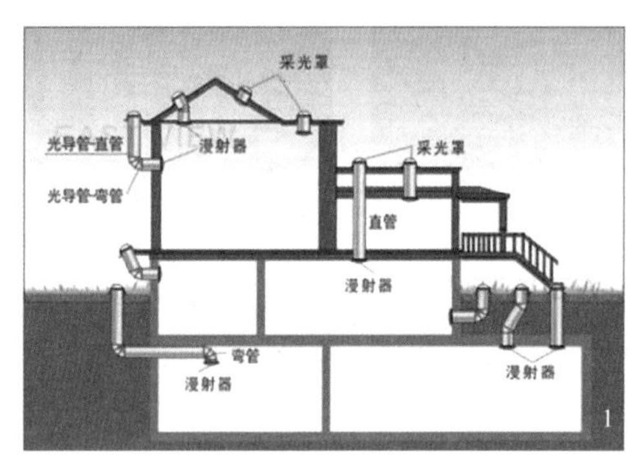

图 4-46　主动式导光管采光示意图与上海市委党校二期工程导光系统采光罩实物图

图 4-46 为上海市委党校二期工程导光系统安装过程及漫射器调试实景图。其中图 4-47.1 导光装置安装过程实景，图 4-47.2 漫射器实景，图 4-47.3、图 4-47.4 采光系统调试实景。

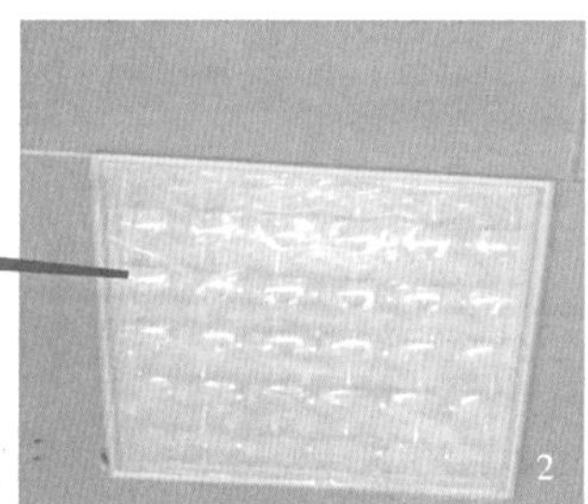

图 4-47　上海市委党校二期工程导光系统安装过程及漫射器调试实景图

主动式导光系统室内采光工作面照度和导光输出照度可通过“工作面照度计算公式”、“输出照度公式”等经验公式计算确认。

$$E=\frac{\{(P_{出}\times s)\ (\mathrm{d}\Omega)\}\times\cos\beta}{d^2} \tag{4-1}$$

式中　E——计算点照度（lx）；

s——漫射器面积（m^2）；

β——光线与竖直方向的夹角；

$P_{出}$——出漫射器平均照度（lx）；

$\mathrm{d}\Omega$——立体角元；

d——漫射器到计算点的距离（m）。

$$P_{出}=\frac{(P_0\cdot T\cdot S\cdot R^{a}+P_0\cdot S'\cdot T\cdot R'\cdot R)\cdot T''}{S}$$
$$n=\frac{H}{D\cdot\cos\alpha\cdot\mathrm{tg}\theta} \tag{4-2}$$

式中　$P_{出}$——出漫射器平均照度（lx）；

D——光导管的直径（m）；

T——采光罩的透光率；

R'——采光罩内壁的反射率；

θ——入射光线与水平方向的夹角；

H——光导管的长度（m）；

R——光导管内壁的反射率；

T''——散光器的透过率（m）；

α——入射光线与水平圆周上半径的夹角。

相对于传统的门窗洞口采光、采光罩 / 带照明、电气照明等其他照明系统，导光照明系统具有明显的比较优势（表 4-3）。

不同的采（发）光系统采（发）光效果对比表　　表4-3

序号	对比项目	侧窗采光	天窗采光	采光带采光	采光罩采光	导光照明	传统电气照明	LED照明
1	入射光线	有影响	有影响	有影响	有影响	无影响	无影响	无影响
2	吊顶影响	无影响	有影响	有影响	有影响	无影响	无影响	无影响
3	家具褪色	褪色	褪色	褪色	褪色	不褪色	不褪色	不褪色
4	保温隔热	差	差	差	差	好	差	好
5	眩光	有	有	有	有	无	有	无
6	防水	好	难处理	难处理	难处理	好	好	好
7	防尘	好	差	差	好	好	好	好
8	安全	差	差	较好	好	好	差	较好
9	维护	需要	需要	需要	需要	不需要	需要	少维护
10	寿命	长	长	短	中	中	短	长
11	造价	低	较高	较高	较高	较高	低	高
12	节能减排	好	好	好	好	好	差	较好
13	环保	较好	好	好	好	好	较差	较好

主动式导光系统由“采光区”、“传输区”、“漫射区”三部分组成；其直接导集室外自然（阳）光，能过滤 90% 以上的有害紫外线，导入室内的光线达到全光谱、无频显、无眩光。据调查，安装合格的导光管采光系统后，可降低建筑物内 80% 以上的白天照明能

耗和 10% 以上的空调制冷能耗，同时可减少 CO_2 和其他污染物的排放，也可减少白天因停电引起的安全隐患和用电引起的火灾隐患（图 4-48）。

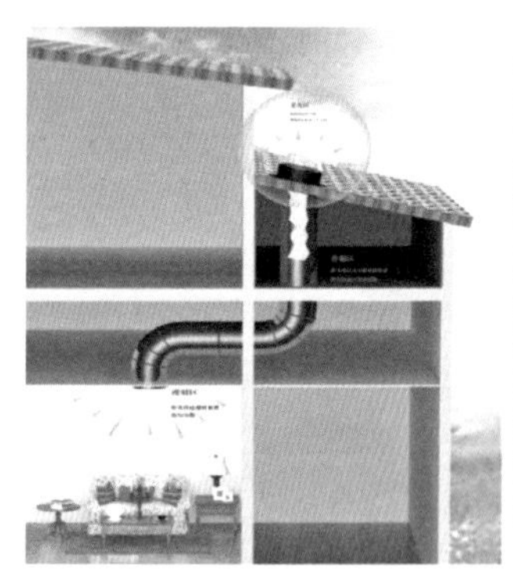

导光管采光系统又叫光导照明、日光照明、自然光照明等。系统主要分三大部分：
一、采光区：利用透射和折射的原理通过室外的采光装置高效采集太阳光、自然光，并将其导入系统内部；
二、传输区：对导光管内部进行反光处理，使其反光率高达 99.7%，以保证光线的传输和距离更长、更高效；
三、漫射区：由漫射器将比较集中的自然光均匀、大面积地照到室内需要光线的各个地方。从黎明到黄昏甚至阴天或雨天，该照明系统导入室内的光线仍然十分充足。

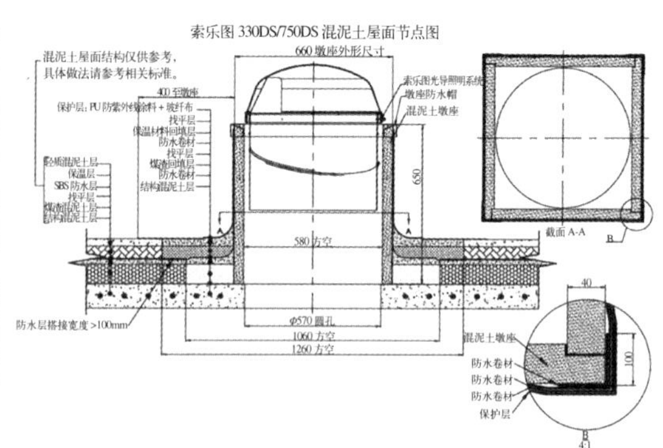

图 4-48　主动式导光系统原理及主要配件组成示意图

上海市委党校二期工程综合教学楼的主动式导光系统采用“索乐图 330DS 封闭式阳光大师系列”品牌。其主要零配件包括采光器、防雨装置，标准管、弯管、延长管、固定环、漫射器、装饰环、防盗装置、调光装置及其自动调光控制系统等（表 4-4）。另外，在墩座式防水帽处应设置“F1：防水帽保温套”，防水帽保温套有助于减少其内部冷凝水。保温套与防水帽底座粘结，导光管从开口处插入，在内部空间和防水帽间形成保温带。

主动式导光系统主要配件汇总表　　表4-4

序号	名称		图例	备注
1	采光区	采光器	包括密封条，采光罩环等	采用丙烯酸树脂注塑成型，防震、抗冲击，使用寿命长（理论抗老化使用期在 25 年以上）；可见光透视率约 92%，紫外线隔离率约 99.7%
2		采光密封条	透气式	黏胶衬层密封条可阻止灰尘和小虫，使湿气能够排出
3		防盗装置	安全棒；防盗螺丝	防止偷窃采光装置：1. 安装在采光器上的防盗螺丝；2. 采光器内地的防盗安全棒
4		防雨板		防雨装置，又称采光罩环。采用高冲击强度 PVC 材料注塑成型，将冷凝水从管道内引出。采用丁基橡胶胶带密封，使透气最小
5		防雨套圈	又称“FCM”	防雨装置，又称墩座式防水帽。随屋顶楼板施工时一起浇筑的防水墩座及墩座上方的防水帽，主要起防水和保护导光管的作用

续表

序号	名称		图例	备注
6	传输区	延长管	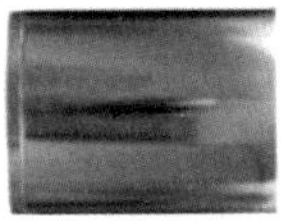 又称“E13：七彩无极限导光管”	用铝板制作，直径610mm，采用“Spectralight@ 专利技术”。其光线反射率为99.7%，是目前全世界最高的反射管道。导光管内壁为炭黑涂层，吸收太阳光谱中的紫外线，其独特的光谱反射后无偏差，经多次导光反射／漫射后输入到室内的所有颜色是生动准确的，显色接近100%
7		标准管	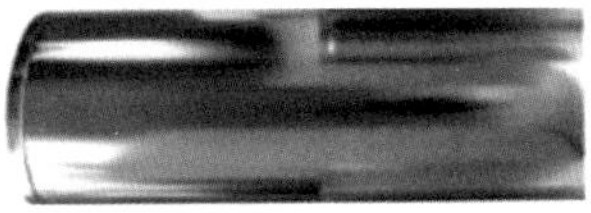	
8		软弯管	 又称“AK：16英寸顶／底部角度管”	七彩无极限顶部角度管与底部角度管主要使用部位：需要绕开结构障碍物时。其可伸缩调节长度，每套0°～30°任意角度可调节，亦可多套使用，最大可弯折90°
9		硬弯管	 又称“AK：16英寸顶／底部角度管”	
10		调光装置	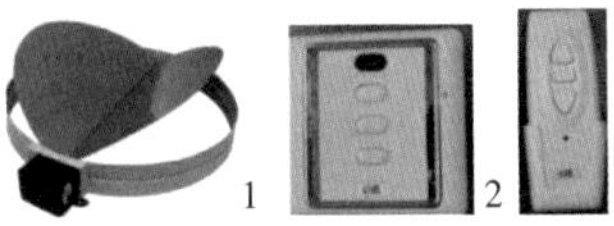 1 2 3	可遥控或手动控制（1. 调光装置；2. 其手控控制面板；3. 遥控制面板）
11		防盗网		不锈钢材料，防止入室盗窃
12		漫射器	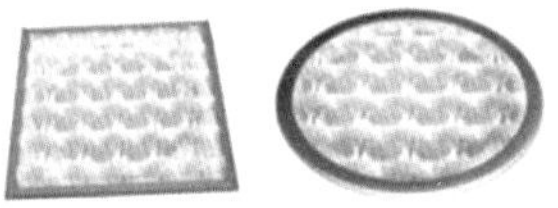 L1：梦幻系列	漫射器位于封闭式室内吊顶处，有圆形或方形；高透光性／扩散性；显色性好：光线柔和，无眩光；隔热、隔声性能突出。其采用“菲涅尔透镜@技术”；可提供独一无二的天空视觉感。开放式泡沫密封装置最大限度地防止灰尘与小昆虫进入；表面光滑的白色漫射器装饰环采用CC1类材料聚碳酸浇注成型。新管口采用凹凸设计，使漫射器可直接卡入21英寸（610mm）加长管上
13	漫射区	固定环		
14		装饰环	 白色装饰环	
15		密封装饰套圈	 又称“开放式泡沫密封装置”	
16		圆转方连接器	 又称“PTS：圆转方”	其上端连接圆形的七彩无极限导光管或角度管，下端连接方形的梦幻漫射器；M公制596mm×596mm
17		密封圈	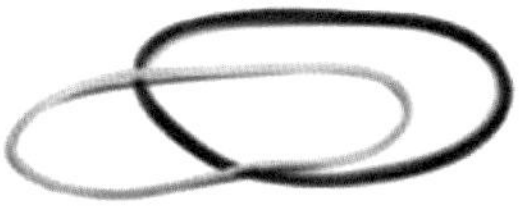	硅胶或EPDM材质定制（位于采光罩以及漫射器等部位）

续表

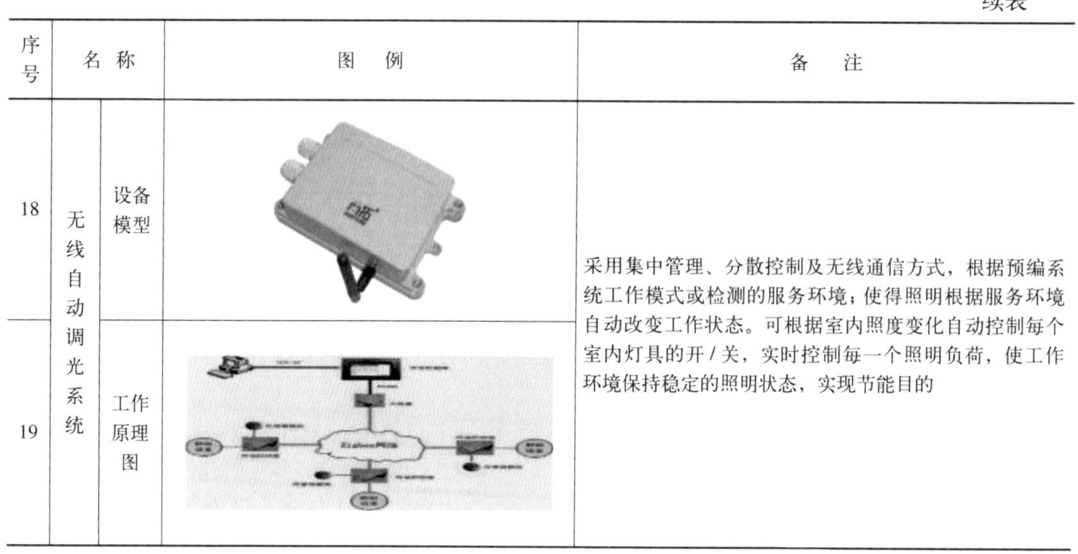

序号	名称		图例	备注
18	无线自动调光系统	设备模型		采用集中管理、分散控制及无线通信方式，根据预编系统工作模式或检测的服务环境；使得照明根据服务环境自动改变工作状态。可根据室内照度变化自动控制每个室内灯具的开 / 关，实时控制每一个照明负荷，使工作环境保持稳定的照明状态，实现节能目的
19		工作原理图		

主动式导光系统安装施工的关键：工程监理除了要对所有进场材料进行见证，确保有关材料、特别是导光罩与导光管的控制把关外。对于导光管无尘控制，防雨结构、导光结构与土建结构的防水处理上以及导光管道自密封处理上（图 4-49），也是工程监理在导光系统施工期间重点监控与巡视部位。

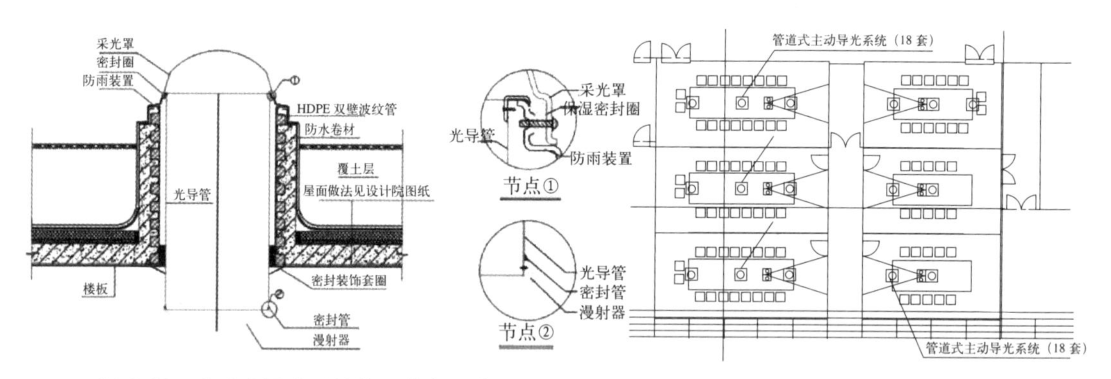

图 4-49　主动式导光系统施工节点示意图

图 4-50　管道式主动导光系统平面布置图

上海市委党校二期工程在综合教学楼三层大教室选用 18 套“索乐图 330DS 封闭式阳光大师系列”管道式日光照明系统，应用面积约 300m^2（图 4-50）。采用主动式导光系统后，教室的采光效果均有明显改善，且全部达标（经采光改善后，教室各点采光系数均满足 > 2.2% 的设计要求）。

此系统中光线收集罩分布于屋顶绿化之中，也成为室外景观的一部分（图 4-51.1 主动式导光系统施工过程片段远眺；图 4-51.2 主动式导光系统实景远眺；图 4-51.3 导光系统调光装置全开采光效果实景图；图 4-51.4 导光系统调光装置关闭采光效果实景图）。

图 4-51　主动式导光系统布置图

总之，管道式导光照明系统对上海市委党校二期工程的意义不仅仅在于改善大型教室的照度，为室内作业提供舒适健康的光照环境，节省照明能耗，减少排放，而且还可借助来校学习的有关学员以及国家“绿色三星”认证来将其节能示范作用，进行最大限度的社会化传播。

三、自然采光系统实施要点

自然光具有人工光源无法比拟的多样性，每天不同时段的光线，其角度和色温持续发生变化，不同的季节和气候条件下的光线也有不同的性格，其在空间形成灵动的光与影。从设计角度来看，自然光是室内空间的重要塑造手段，它不仅仅是为了满足建筑内部使用功能的要求，更是成为建筑师营造空间氛围的独特材料。在自然光引入部分，可通过采用优化空间布局、合理设计窗墙比、改善玻璃性能等措施来提高外围护采光性能。此外，通过设计下沉式庭院及地下室天窗，以使地下室采光显著优化。

通过位于上海市委党校二期工程中庭部位的教学楼两部分屋顶之间的高差，使自然光渗入中庭内部。光线进入的通道经过精心设计，使光线经过反射后只在顶部形成靓丽的光斑，而不会直射入室内形成眩光。随着时间的推移和季节的变换，光斑不断地改变形态，成为中庭里一道舞动的风景（图 4-52.1 中庭顶部侧向采光窗近观；图 4-52.2 中庭顶部侧向采光窗远眺；图 4-52.3 中庭顶部侧向采光窗施工片段近观；图 4-52.4 中庭顶部侧向采光窗自学员楼顶远眺；图 4-52.5 中庭顶部侧向采光窗近观）。

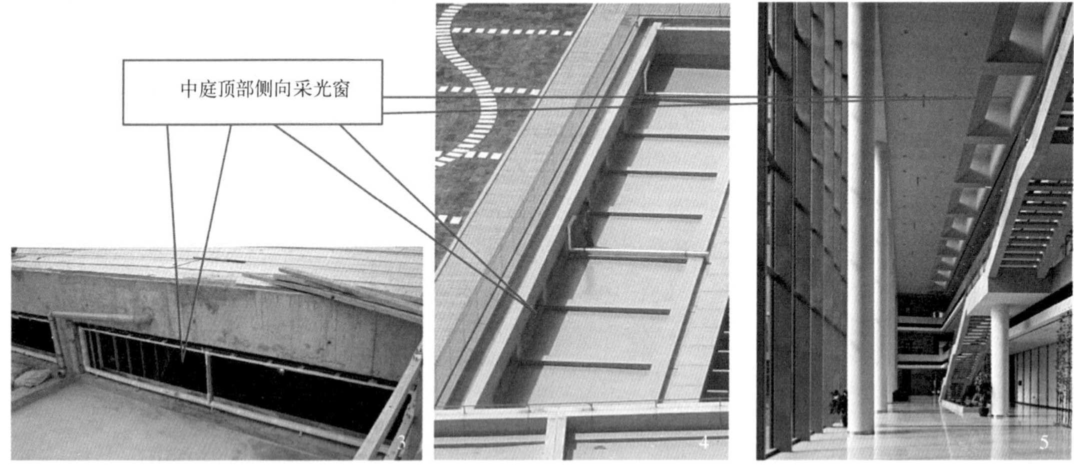

图 4-52　中庭顶部侧向采光窗及光斑实景图

在上海市委党校二期工程立项之初，建设单位就全力探讨地下空间采用自然光照明的可能性。因为，相比地上空间而言，地下空间最欠缺的就是自然光。一旦自然光进入地下空间，可使地下空间焕发出生气和活力。在上海市委党校二期工程中，地下空间采光设计分为“异形采光天窗”、“下沉采光庭院”等两大类。

上海市委党校工程地下室共设置了 7 只异型采光天窗，总面积约 30m^2，其位于教学楼④～⑨轴内庭院的地下车库顶板上方（图 4-53.1 地下室天窗平面分布图；图 4-53.2 地下室位于报告厅与中庭之间红色部分天窗空间布置图）。

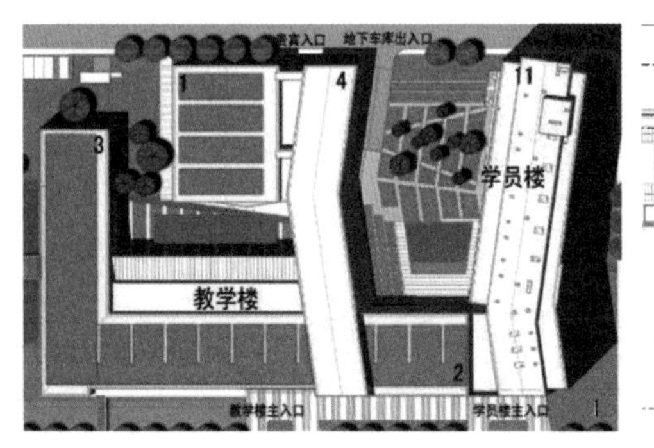

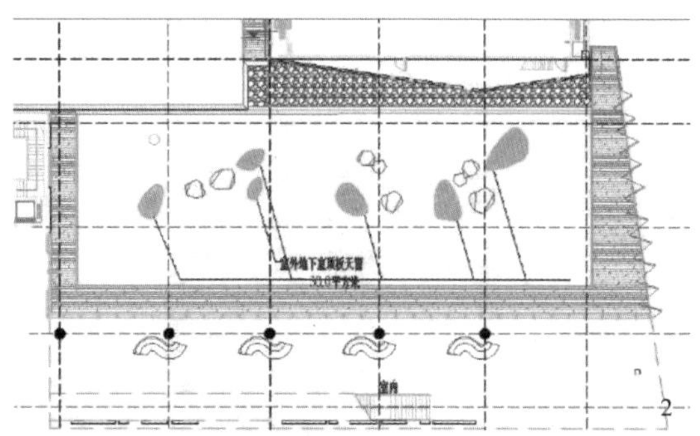

图 4-53　室外天窗平面 / 空间分布示意图

这对改善 4.6m 层高的地下室深处无自然采光的不利状况极其有利（图 4-54.1 采光孔模板支设施工；图 4-54.2 采光孔拆除模板施工；图 4-54.3、图 4-54.4 采光孔玻璃光罩施工；图 4-54.5 采光孔平地远眺景观效果；图 4-54.6 自地下车库仰望采光孔，采光孔在天气晴好时地下室采光效果；图 4-54.7 采光孔在天气多云转阴或一般时地下室采光效果；图 4-54.8 采光孔在教学楼 2 层上远眺时景观效果）。

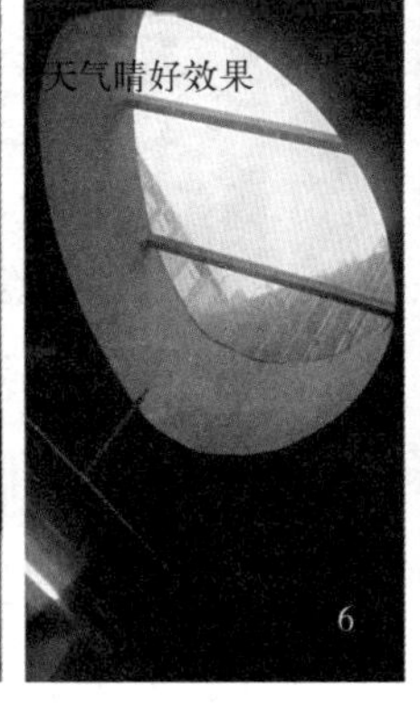

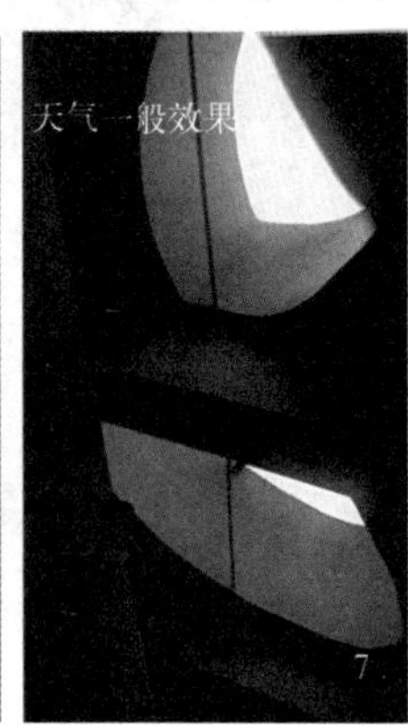

图 4-54　地下室异形采光孔施工及实景效果图

图 4-54　地下室异形采光孔施工及实景效果图（续）

上海市委党校二期工程的下沉采光庭院设置在教学楼与学员楼之间。在项目立项伊始，该区功能就定位为："地下一层围绕此庭院布置的室内空间功能为休息区和主题展区"。为此，设计将这两个功能区朝向庭院的立面设置为落地玻璃幕墙，以充分利用下沉庭院为休息区及展厅带来良好的采光及景观图（图 4-55.1 下沉庭院室外布置示意图；图 4-55.2、图 4-55.3 下沉庭院立面（玻璃幕墙）近观与远眺实景图；图 4-55.4、图 4-55.5 下沉庭院剖面与光照分析示意图）。

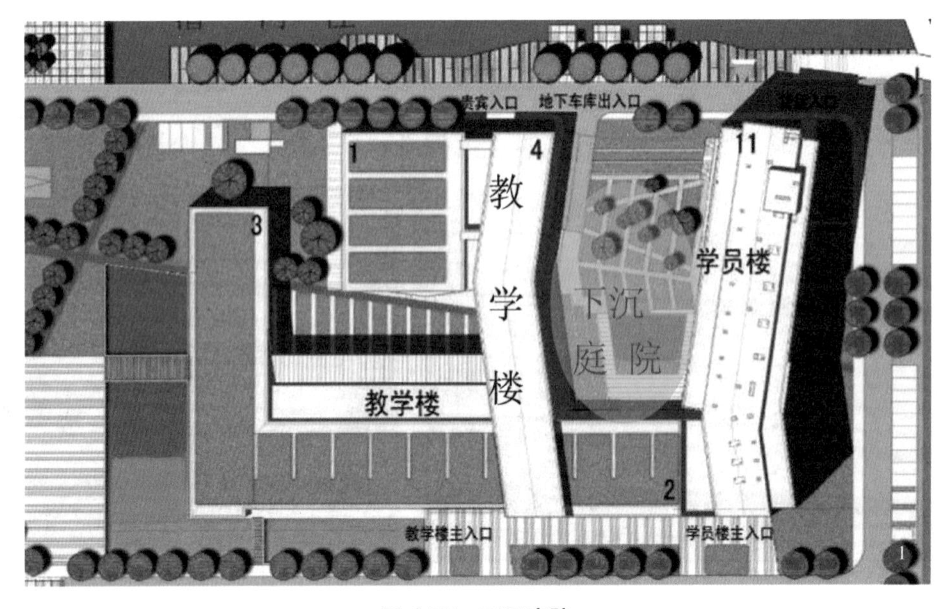

图 4-55　下沉庭院

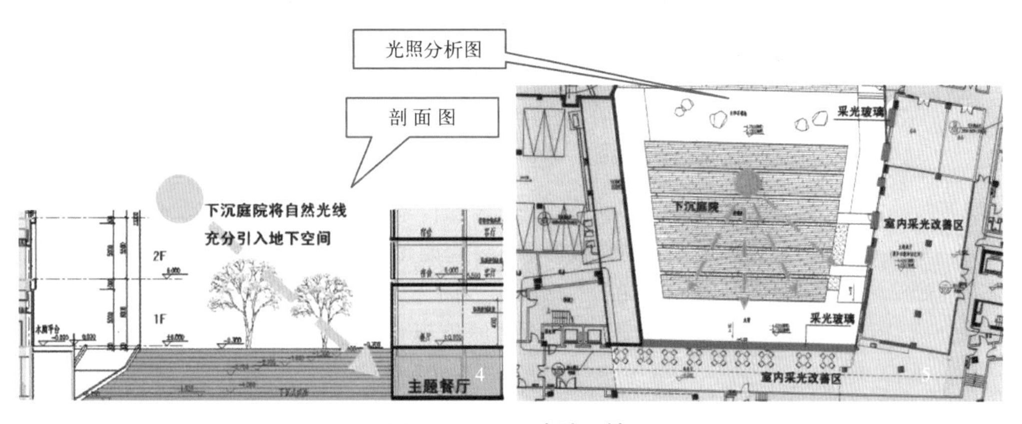

图 4-55　下沉庭院（续）

上海市委党校二期工程的 500 人大报告厅的南立面是通透的玻璃幕墙形式应用面积约 $28.0\text{m} \times 3.0\text{m}=84\text{m}^2$；其与报告厅主体会场之间另外设置一面可折叠收放的活动式木质板隔墙。这既保证了报告厅能在常规情况下，不受外界光线影响，又在必要时可灵活开启，以实现自然光及自然通风要求（图 4-56.1 报告厅平面布置实景图；图 4-56.2 报告厅平面布置示意图；图 4-56.3 报告厅活动式板墙开启时光线直射效果图；图 4-56.4 报告厅南侧活动式板墙开启效果图）。

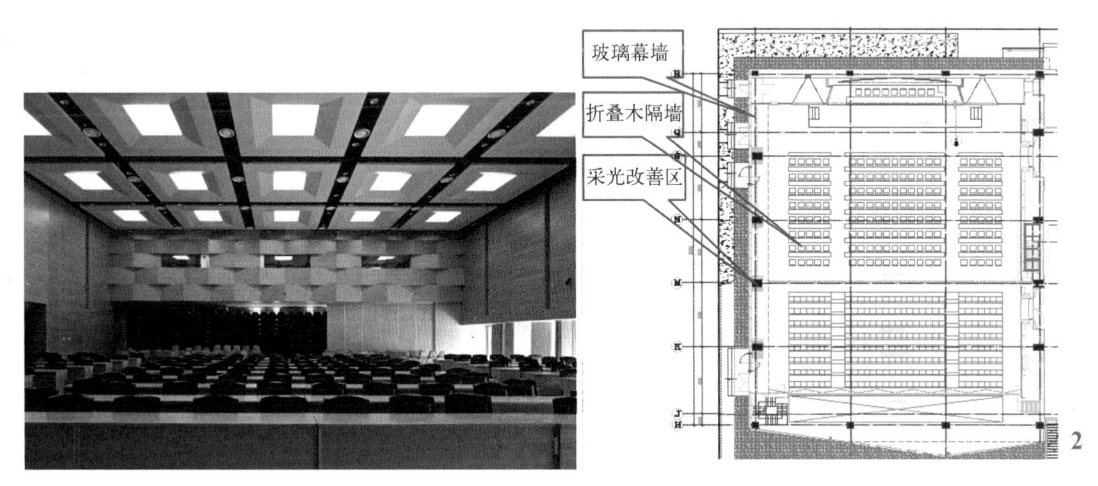

图 4-56　报告厅平面布置示意与实景效果图

图 4-56　报告厅光线直射与活动式隔墙开启实景图（续）

反光板对于创造室内舒适的光、热环境有其独特功效。仅就普通水平反光板而言，使用它会降低室内总采光量，但可通过增加室内深处照度来改善室内采光均匀度。同时又可避免近窗口处因太阳直射产生眩光的可能。在上海市委党校二期工程学员楼 2 ~ 11 层学员宿舍套房外侧，均设置出挑反光板，其构造原理示意见图 4-57.1、图 4-57.2，平面布置示意见图 4-57.3。

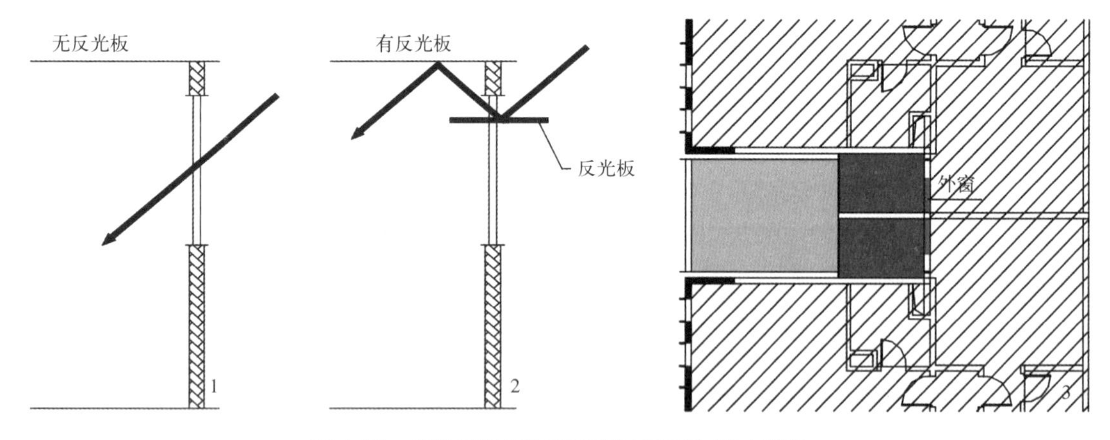

图 4-57　出挑反光板构造原理及平面布置示意图

通过不同标高位置的反光板将室外光线经两次反射后，引入凹进的套间门厅，以改善室内光照度。图 4-57.1 示意“通过楼板标高处水平挑出板进行 1 次反光”，图 4-57.2 示意“通过楼板标高处以及阳台门顶标高处水平挑出板进行 2 次反光”。

总之，上海市委党校二期工程在对地上、地下等不同区域采取的各类改善室内光环境的措施是有效的。据统计，共有 82.4% 的功能区采光状况符合设计要求（表 4-5），且总体满足《绿色建筑评价标准》第 5.11 条及第 5.5.15 条的规定。

上海市市委党校二期工程自然采光房间窗地比达标情况汇总表 　　表4-5

房间类型	自然采光 计算面积（m^2）	自然采光 达标面积（m^2）	自然采光 达标比例（%）
一层	3286.7	2290.7	70
二层	2103.8	1333.8	63
三层	1829.4	1810.4	99
四层	1080.1	934.1	86
五～十层	3564	3545.0	99
十一层	596.5	577.5	97
地上功能区	12460.5	10396.5	83
地下功能区	431.5	228.5	53
总计	12892.0	10625	82

注：1.本统计应用原理为“以窗地比核查上海市委党校二期工程采光效果”。
2.本表有关数据来自于《市委党校二期工程——上海市委党校二期工程新技术集成运用研究报告》。

第六节　地源热泵节能系统实施要点

地源热泵节能系统又可称之为“建筑设备系统综合节能新技术体系”。上海市委党校二期工程的空调冷热源以及生活热水的热源采用地源热泵形式。根据全年使用的冷热平衡验算后，共设置每小时处理水量为100t/h的常规地源热泵闭式冷却塔2台，并通过调整冷却塔的使用时间来满足土壤的热平衡；与此同时，上海市委党校二期工程共设408孔深100m、间距5m且最小应＞4m、水平埋深≥2m的地埋管管孔（图4-58）。经模拟验算，该套综合节能新技术体系运行约2.6年即可收回高出空气源系统的初投资，运行约1年即可收回高出冷水机组＋锅炉系统的初投资。

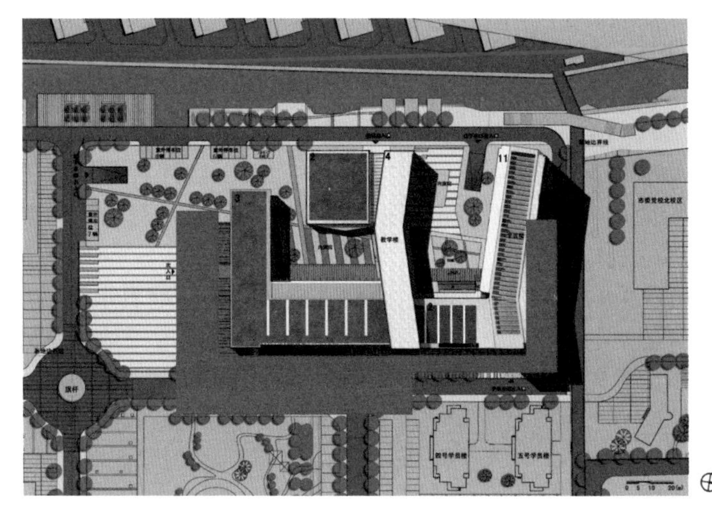

图4-58　地埋管平面布置示意图（红色部分）

地源热泵系统是一种新型环保能源利用系统，其主要原理是利用浅层地热能源（也称地能，包括地下水、土壤或地表水等的能量），既可供热又可制冷的高效节能的可再生能源利用技术，即转移地下土壤中热量或者冷量到所需要的地方，并利用地下土壤巨大的蓄热蓄冷能力，冬季地源把热量从地下土壤中转移到建筑物内，夏季再把地下的冷量转移到建筑物内，一个年度形成一个冷热循环系统，实现节能减排的功能（图 4-59 红箭头代表供热，灰蓝箭头代表制冷）。

图 4-59　地源热泵热、冷交换示意图

地源热泵通过输入少量的高品位能源（如电能），实现由低品位热能向高品位热能转移。一般在空调系统中，地能分别在冬季作为热泵供热的热源和夏季制冷的冷源，即在冬季，把地能中的热量取出来，提高温度后，供给室内采暖；夏季，把室内的热量取出来，释放到地能中去。通常地源热泵消耗 1kW· h 的能量，用户可以得到 4kW· h 以上的热量或冷量。

一、地源热泵技术起源、发展及工作原理

在空调业内，地源目前仅指地壳表层（< 400m）范围内的低温热资源，其热源主要来自太阳能，极少能量来自地球内部的地热能。“地源热泵”的概念最早于 1912 年由瑞士专家提出。而该技术的提出始于英、美两国，且美国于 1946 年建成全世界第一个地源热泵系统，发展到美国为当今世界上应用地热源最多也是技术最先进的国家。从地源热泵应用情况来看，北欧国家主要偏重于冬季采暖，而美国则注重冬夏联供。由于美国的气候条件与中国很相似，因此研究美国的地源热泵应用情况，对我国地源热泵的发展有着借鉴意义。

根据地源热泵所取用的热源形式不同，可将其大致分为“地表水源热泵”、“地下水源热泵”和“土壤耦合热泵”等 3 大类（图 4-60（*a*））。而根据地源热泵室外系统或热媒的可循环性可分为“开式系统”和“闭式系统”两大类（图 4-60（*b*））。

地表水源热泵、地下水源热泵和土壤耦合热泵等 3 大类热泵系统均有其自然环境适用优缺点（表 4-6）。

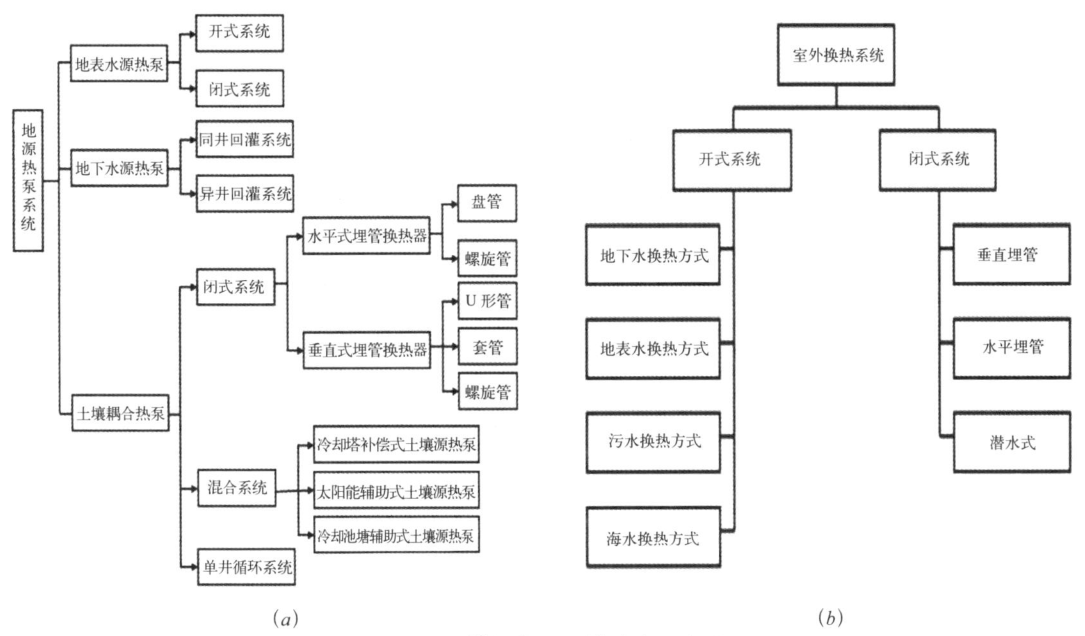

图 4-60 地源热泵系统分类示意图

(a) 地源热泵系统；(b) 室外换热系统

不同类型地源热泵自然环境适用性及示意图对比表 **表4-6**

序号	名称		适用环境	自然环境适用性		示意图例	备注
				优 点	适应性		
1	地表水源热泵	开式系统	以地表水体（如小溪、池塘、湖泊、河流、海洋等）作为热源。冬季气温降低或夏季升高较多时，热泵性能系数会降低；另外水流量或体量也会限制其适应性。为提高制冷或制热效能，还应另配其他冷/热源	直接将地表水源引入换热器，与蒸发器换热后再排回地表水中	对水质要求高，否则换热器易出现结垢、腐蚀、微生物滋生等不良现象。温度稳定性较差		水质要求高，应进行净化处理
		闭式系统		将换热盘管置于地表水中，通过盘管内循环介质与水体进行换热后，循环介质热泵机组蒸发器。比埋管系统投资小，水泵能耗低，高可靠性，低维修要求、低运行费用，在温暖地区，湖水可做热源	可避免结垢等不利影响，费用也有增高；温度稳定性较差；在浅水湖中，盘管容易被破坏，由于水温变化较大，会降低机组的效率		介质通常为加了防冻液的水溶液

续表

序号	名称		适用环境	自然环境适用性		示意图例	备注
				优 点	适应性		
2	地下水源热泵	双管	通过建造抽水井将位于地下深处水体引出，作为热泵机组换热器的热源，换热后再回灌至地下深处。冬季吸取地下水热量给建筑供暖，夏季向地下水释放热量来实现各建筑供冷	优点是受季节影响小，非常经济，占地面积小。所用水的水质良好；水量丰富；符合标准	应将所抽水全部回灌至抽水地层；这受地质工况制约，也可能影响地下环境	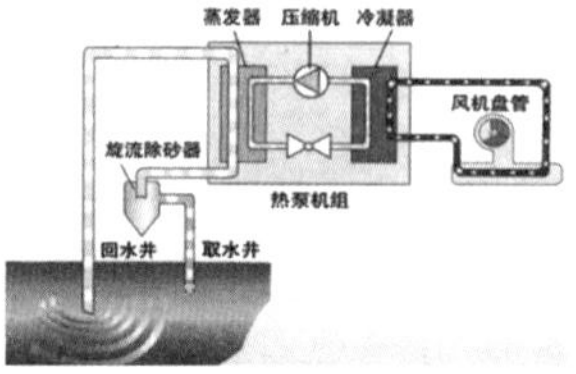 蒸发器 压缩机 冷凝器 风机盘管 旋流除砂器 热泵机组 回水井 取水井	水质要求高，应进行净化处理
		单管		受季节影响小，投资比双管低，非常经济，占地面积小。所用水的水质良好；水量丰富；符合标准	抽取的热源水使用后直接排入地表水；过量抽取地下水会导致地面沉降；且可能污染地面水体	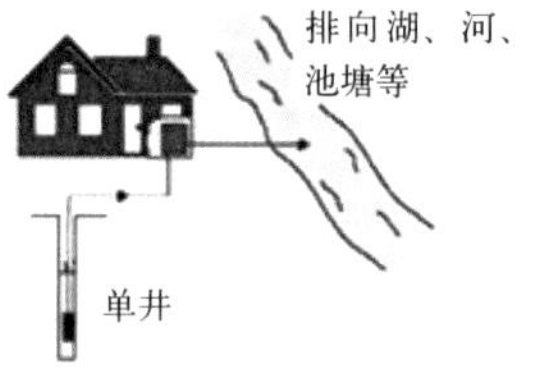 排向湖、河、池塘等 单井	对余水排放有较高要求
3	土壤源热泵	水平埋管	以水或其他换热介质作为冷热能的载体，通过埋设在地下的换热管与岩土进行热交换，冬季将岩土体中的热量取出用于供暖，夏季把室内的热量释放到岩土体中	对水质无特殊要求，且不受地下水资源和地层结构限制。初投资低于垂直埋管。安装费用比垂直式埋管系统低，应用广泛，使用者易于掌握	占地面积大；受地面温度影响大，温度稳定性较差；水泵耗电量大		为减少污染地下水环境风险，应以静水作为换热媒介
		垂直埋管		对水质无要求；工程量小；占地面积少；恒温效果好；实际工程中普遍采用；管路及水泵用电少	钻井费用较高；初期投资较高；无法完全解决热富集现象		
		螺旋埋管		与水平埋管类似，对水质无特殊要求，且不受地下水资源和地层结构的限制。安装费用比垂直式埋管低但高于水平埋管，应用较多，使用掌握较容易	占地面积大；受地面温度影响大，温度稳定性较差；水泵耗电量大	 蛇行埋管	
4	复合地源热泵系统		考虑到排进岩土体中的冷热量平衡关系，将土壤源热泵与冷却塔或锅炉结合，保证全年进入岩土体中的冷热量平衡	可避免岩土体因释放与接收能量不平衡而造成岩土体温度升高或降低。适用于空间小，不能单独采用地下埋管换热系统的建筑，冷却塔和闭环式系统相结合制冷，节省成本；事实证明该系统是高效率、低费用的	初期投资高		适用于冷热负荷相差较大地区

地源热泵空调系统的工作原理涵盖“制冷模式”、“制热模式”等两部分，进行“制冷工况”⇄“供暖工况”循环（图 4-61）。

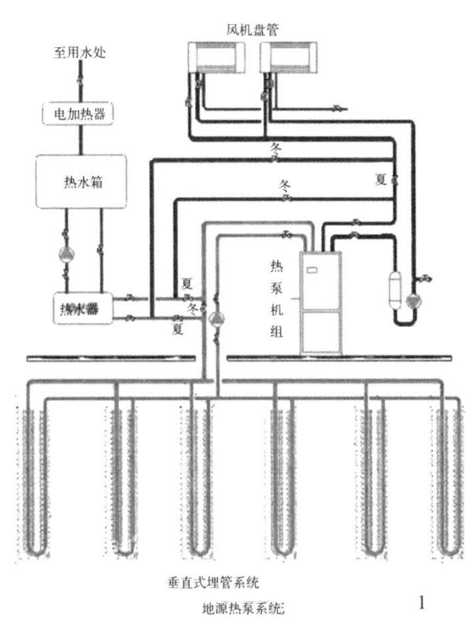

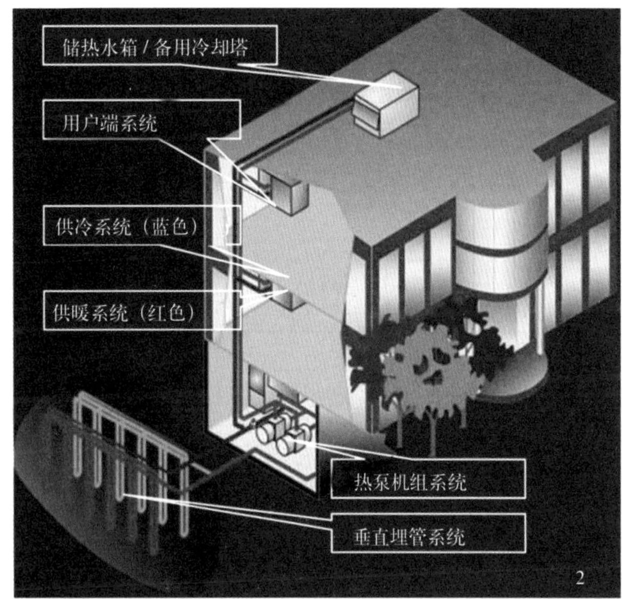

图 4-61　地源热泵系统运行示意图

第一部分为“制冷模式”：在制冷状态下，地源热泵机组内的压缩机对冷媒做功，使其进行气—液转化的循环。通过蒸发器内冷媒的蒸发将由风机盘管循环所携带的热量吸收至冷媒中，在冷媒循环同时再通过冷凝器内冷媒的冷凝，由水路循环将冷媒所携带的热量吸收，最终由水路循环转移至地表水、地下水或土壤里。在室内热量不断转移至地下的过程中，通过风机盘管，以 13℃以下的冷风形式为房间供冷。

第二部分为“供暖模式（地源热泵制热模式）”：在供暖状态下，压缩机对冷媒做功，并通过换向阀将冷媒流动方向换向。由地下的水路循环吸收地表水、地下水或土壤里的热量，通过冷凝器内冷媒的蒸发，将水路循环中的热量吸收至冷媒中，在冷媒循环的同时再通过蒸发器内冷媒的冷凝，由风机盘管循环将冷媒所携带的热量吸收。在地下的热量不断转移至室内的过程中，以 35℃以上的热风形式向室内供暖。

与此同时，通过类比分析研究认为，比较适合于我国国情、且可大力推广的应是地埋管土壤源（耦合）地源热泵系统（表 4-7）。

四种地源热泵适用性（受限制可能性）分析表　　　　**表4-7**

类型 受限制项目	地埋管 土壤源耦合地源热泵	地下水源热泵	闭式 地表水源热泵	开式 地表水源热泵
水资源法规	不受限制，国家鼓励	受限制，审批严格	受限制，需审批	受限制，需审批
地理纬度	适应我国长江流域及以北地区	适用我国长江流域及以北地区	受影响，要求地表水冬季温度＞7℃，夏季＜30℃	受影响，要求地表水冬季温度＞7℃，夏季＜30℃

续表

类型 受限制项目	地埋管 土壤源耦合地源热泵	地下水源热泵	闭式 地表水源热泵	开式 地表水源热泵
建筑物与地源间隔	不受影响，在建筑物四周垂直埋管即可	长期抽水会造成地面沉降，井位密度和井距都有严格要求	不改变热源水体总量，布管位置不受限制	取水间隔不宜过远
寿命及可靠性	不受影响，地下埋管可使用50年	水井的取水量受地下水位的变化影响很大，水井的使用寿命受很多因素影响	受热源水体总量及其流动性影响明显；热交换盘管的使用寿命比土壤源盘管低	取水量受地表水位的变化影响，输水管道的使用寿命比土壤源盘管低得多
结论	经过类比，埋管式土壤源耦合地源热泵最适合于我国国情。固然其他3类型也有其独特长处；但是，就我国的软硬件条件来看，还是存在一定的不公平和不可执行性，不宜在我国广泛推广			

总之，地源热泵系统在严寒地区与热带地区均可应用，其能量来源于自然能源，且不向外界排放任何废气、废水、废渣，是一种理想的“绿色空调”，被认为是目前可使用的对环境最友好和最有效的供热、供冷系统，可广阔应用在办公楼等公共建筑以及住宅等民用建筑领域。与传统供暖及空调系统相比，地源热泵系统有比较明显的优势：(1) 稳定可靠（地能或地表浅层地热资源的温度一年四季相对稳定，土壤与空气温差一般为17℃）；(2) 高效节能（地源热泵比传统空调系统运行效率要高约40% ~ 60%，节能和节省运营费用约40% ~ 50%）；(3) 无环境污染（污染排放物与空气源热泵相比，至少减少40%以上，与电供暖相比至少减少70%以上）；(4) 一机多用（地源热泵系统可供暖、制冷，还可供生活热水，一套系统可替换原来的锅炉加空调的两套装置或系统）；(5) 维护费用低（地源热泵系统运动部件要比常规系统少，因而减少维护，系统安装在室内，不暴露在风雨中，也可免遭损坏，更加可靠，延长寿命）；(6) 使用寿命长（地源热泵的地下埋管选用聚乙烯和聚丙烯塑料管，寿命可达50年，比普通空调的使用寿命长35年）；(7) 节省空间（无冷却塔、锅炉房和其他设备，省去了锅炉房、冷却塔占用的面积，但是起补偿供暖与制冷所用的冷却塔等有关设备除外）。

但是，地源热泵系统虽然具有比常规空调系统更高的能源利用效率，在运行中节约一定的运行费用，但其建设初期投资费用往往也高于常规空调系统，这也是地源热泵系统在实际应用过程中的一个阻碍。

二、上海市委党校二期工程应用埋管式土壤源地源热泵系统理论依据

上海市委党校二期（综合教学楼与学员宿舍楼）工程拟建场地在深度100m范围内的土层均为黏土和砂质土，地埋管钻井施工难度小，地下水含量丰富，有利于换热器的传热，可减少换热器设计容量（表4-8）。另外，工程所处地块周边场地较开阔有利于“地埋管土壤源耦合”热泵技术的应用。

地埋管地源热泵系统拟埋管场地的地层特性表 **表4-8**

层序	土层名称	底层埋深	湿度	状态	密实度	压缩性
①$_1$	填土	1.20 ~ 3.50	湿		松散	
①$_2$	浜填土	3.40 ~ 4.20	很湿		松散	

续表

层序	土层名称	底层埋深	湿度	状态	密实度	压缩性
②	黏土	2.70 ~ 4.60	湿～很湿	可塑～软塑		中等～高等
③	淤泥质粉质黏土夹黏质粉土	6.10 ~ 7.60	饱和	流塑		高等
④	淤泥质黏土	15.00 ~ 17.00	饱和	流塑		高等
$⑤_1$	粉质黏土	20.10 ~ 23.70	饱和～很湿	流塑～软塑		高等
$⑤_2$	粉砂	26.90 ~ 29.50	饱和		稍密～中密	中等
$⑤_3$	粉质黏土	27.80 ~ 39.00	很湿	软塑		中等
⑥	粉质黏土	28.90 ~ 30.30	湿	硬塑～可塑		中等
$⑦_1$	黏质粉土夹粉质黏土	34.50 ~ 37.00	饱和		稍密～中密	中等
$⑦_{2-1}$	粉砂	47.50 ~ 48.50	饱和		密实	中等
$⑦_{2-2}$	细砂	70.00 ~ 75.00	饱和		密实	中等
⑨	粉砂	未穿透	饱和		密实	中等

上海市委党校二期工程的地源热泵技术采用“地埋管土壤源耦合”热泵技术，并从“项目所在地土壤特性”、“项目负荷情况”、“垂直地埋管间距”等三个方面分析研究该系统在上海市委党校二期工程中的适用性后总结为：

1. 土壤源热泵技术：空调冷热源以及生活热水的热源采用地源热泵形式。根据全年冷热平衡计算，为常规地源热泵设置 2 台处理水量为 100t / h 的闭式冷却塔，通过调整冷却塔的使用时间来满足土壤的热平衡。上海市委党校二期工程共设 408 个地埋孔，孔深 100m，相邻两孔间正常间距 5m，最小间距为 4m，水平管埋深 2m。地源热泵系统运行 2.6 年左右可收回高出空气源热泵系统的初投资，运行 1 年左右便可收回高出冷水机组 + 锅炉系统的初投资。

2. 热回收型热泵系统技术：按照生活热水所需热量选用两台带热回收功能的地源热泵机组，每台机组制冷量为 733.3 kW、制热量为 753.8 kW、热回收量为 677.7kW。另设置一台常规的地源热泵机组满足空调系统剩余的冷热量，机组制冷量为 733.3 kW、制热量为 753.8 kW。冬季及过渡季生活热水热源由热泵机组提供，夏季利用机组的冷却水回收热量，加热生活热水。采用可再生能源的同时，充分利用热回收技术，最大限度地利用能源。

三、埋管式土壤源地源热泵系统施工监控要点

上海市委党校二期工程的地源热泵空调及生活热水供应系统由室内空调、生活热水、高效高温全热回收螺杆式地源热泵机组（3 台，753.5kW/ 台，用于解决供热与制冷）、板式热能交换器 4 台套（热交换功率等效于 225kW/ 台套，用于生活热水制热）、冷却塔（2 台，一用一备，用于解决夏季热能聚集的耗散，达到不污染地下贮热层的目的）、蒸汽加热（备用于冬季生活热水加温及供热管网的杀菌消毒）以及远程实时智能化建筑节能监管技术信号传输控制等数个分区和子系统构成。为了最大限度地发挥地源热泵系统的节能优势，应在各子系统土建与设备安装验收合格后，尽快成立地源热泵系统调试小组，组织各子系统

的调试以及系统联合调试事宜，通过调试解决各子系统之间的匹配与兼容性。

（一）室外地埋管地下换热器系统实施监控要点

上海市委党校二期工程地下换热器主要布置于雨水回收景观池、绿化带及道路等区域（见图 4-58），共设 100m 深的垂直埋管孔 408 孔、51 个水平环路，每个环路连接的地下换热器为同程连接（图 4-62）。

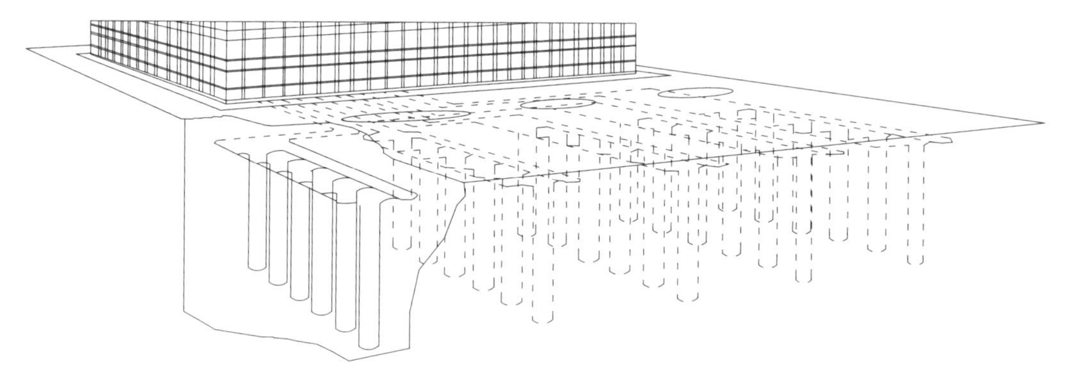

图 4-62　地源热泵地埋管系统垂直布管示意图

根据工程特点，采用垂直埋管形式，打井口径 130 ～ 150mm，单孔实际打井深度 101m、有效深度 100m，井内安装单 U 形管，钻孔平均间距定为 4 ～ 5m。地埋管换热器安装主要包括钻孔、试压、下管、回填等主要施工工艺流程（图 4-63）。

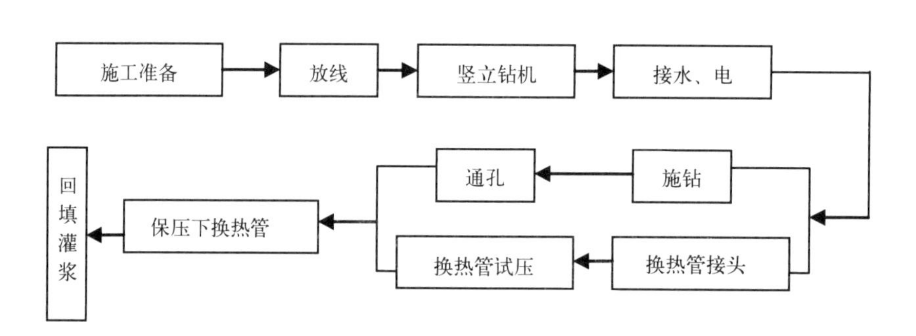

图 4-63　地埋管换热器安装施工流程

1. 在施工准备阶段实施要点

熟悉现场地质工况及施工图纸，对施工人员进行针对性的节能环保、施工质量与安全以及有关埋管设备等的技术交底工作。

安排专业设备如土壤热泵系统用小型钻机、国产回填泵、PE 材质换热管专用焊机进场，准备专用 PE 管材（地埋 PE 管管材检验和储存装卸运输和搬运时应小心轻放，不能受到剧烈碰撞和尖锐物体冲击，不能抛、摔、滚、拖，避免接触油污，在储存和施工过程中要严防泥土和杂物进入管内，存放处避免阳光直射）、专用回填料等，同时准备破除道路路面的 60 型挖掘破路机以及专用泥浆池以预防泥浆外溢，每口井采用单 U 形管布管方式（表 4-9）。

地源热泵地埋管施工主要设备与材料配置表　　表4-9

序号	材料设备名称	性能特征	图例	备注
1	土壤热泵系统用小型钻机	穿孔直径 50 ~ 200mm，最大钻孔深度 170m，具有防塌方技术、钻孔垂直度精确等多项专利技术，保证打井质量及效率；可在打孔后直接将预制好的单 U 形管道下到孔内，施工速度快，质量好，设备使用简便		钻井机 SH30-2A
2	国产回填泵	专为地源热泵的井下换热器设计，适用于各类流质回填材料，科学地泵入压力及流速，使回填的材料密实无空隙，保证井下换热器的换热效率		自孔底注入填料向上反填方式，确保无回填空隙，凝固后有良好的导热能力
3	PE 材质换热管专用焊机	保证井下及埋地水平管焊缝严密性，提高系统可靠性。应用洁净棉布沾上酒精擦净管材、管件待连接面和热熔承插连接工具的加热面上的污物		焊接口清污是上海市委党校二期工程埋管使用质量的关键
4	PE 管材	单 U 形 PE 管材，高密度管件（PE100）；管件和管材的内外壁应平整、光滑，无气泡、裂口、裂纹、脱皮和明显痕纹、凹陷；管件和管材颜色应一致，无色泽不均匀		采用高密度 PE 管（SDR11，1.6MPa）
5	专用回填料	可确保回填层无空气空隙，传热系数达到 2.08 ~ 2.42，并保证回填料的环保性，保证井下换热器的换热效率		为含有 10% 膨润土、90% 的 SiO_2 砂子的混合物配方

注：回填材料的导热能力对地下管路的换热能力有着重要影响。回填料施工完毕后与地埋管接触最紧密，其配比与选择，决定了其传热性能且直接影响换热效果。选择回填料时，除考虑传热外，还要考虑其凝固强度等级。因地质结构不同、膨胀能力不同，产生的挤压力也差别很大。选择合适的回填料还可以防止挤压破坏地下换热管。所以，依据地质报告选择回填料也是保证土壤热泵成功应用的重要一环

严格按照设计要求，并参照现场建筑基准点和已有建筑物进行放线，按施工图纸标定换热器孔位，并根据现场基础桩基位置对钻孔进行纠偏后设置标桩，以保证打孔位置准确和整齐。

2. 成孔实施要点

以钻孔点定位塔架底盘后用水平尺对钻机底盘横向、纵向进行找平，水平度≤0.5mm/m；底盘定位后，安装塔架竖杆，利用铅锤和直尺测量塔架的垂直度，保证塔架竖杆垂直，从而有力保证钻孔的垂直度，防止钻孔时因倾斜而出现井与井之间窜孔；安装钻机头、钻机提升装置和钻头充水（泥浆）等附属装置；按要求挖好沉淀池及泥水沟，并使其畅通。对钻机及附属装置接电、接水管，对每台设备进行点试，确定转向。

开钻前须确定转向无误，并重新校核塔架底盘，竖杆的水平和垂直度；施钻过程中应按5m/h的速度为宜，密切注意钻机及附属设备的运行情况，发现异常应及时处理，防止拉断钻杆和接头丝扣、跌落钻头等现象发生，并时刻注意地层地质变化，做好记录；施钻过程中钻机长和操作手应定时对钻机及附属设备进行巡回检查，及时做好维护和保养工作，提高工作效率；当孔钻到要求深度后，应对孔反复进行通孔，为下换热管创造顺利条件。

3. 沉放地埋换热管实施要点

将两根换热管的其中各一端口焊接至U形弯头上，选择其中一根的另外一端口封堵死，另一根的另外一端口则安装试压组件。换热管之前按设计要求进行水压试验。在试验压力下，稳压至少15min，稳压后压力降不应大于3%，且无泄漏现象。将其密封保持有压状态，准备下管（图4-64.1 垂直地埋管道闭水试验片段；图4-64.2 垂直地埋管道闭水试验恒压观测片段）。

图4-64　沉管前地埋管闭水试验片段实景

为确保换热效果，防止支管间发生热回流现象，两根换热支管之间应保持距离，下管前采用分离定位管卡将两根换热管进行分离定位，分离定位管卡的间距为3m。沉管采用下管机下管，速度要均匀，防止下管过程中损坏管道，如果遇有障碍和不顺畅现象，应及时查明原因，待做好处理后才能继续下管，最后地面上要保留约1m的换热管，将换热管进行固定，防止下滑到井内，造成管道无法使用，甚至废井。换热管道到位后，提起下管钻杆，提杆过程中应防止换热器上浮，如发现上浮立即采取措施，确保管下到位。沉放换热管在确定无泄漏现象后卸压并卸载压力表组件，将两端管口必须封堵，以免外界杂物流入管中（图 4-65）。

图 4-65　沉管完毕地埋管闭水试验片段实景

地埋管孔回填方式采用从地下反浆回填的方法灌回填料，回填料主要成分为膨润土、砂，按特定的比例混合而成，另外添加一定比例的高导热系数填料石英砂。回填泵采用进口高压力的柱活塞泵，由孔底部位注入填料向上反填，逐步排除空气，确保无回填空隙，保证了传热效果。国产泵则因压力较小难以实现，回填到一半时无法继续回填，另一半只能改为人工回填（图 4-66.1 沉管结束实景；图 4-66.2 注 / 反浆回填原理示意；图 4-66.3 注浆回填结束实景片段）。

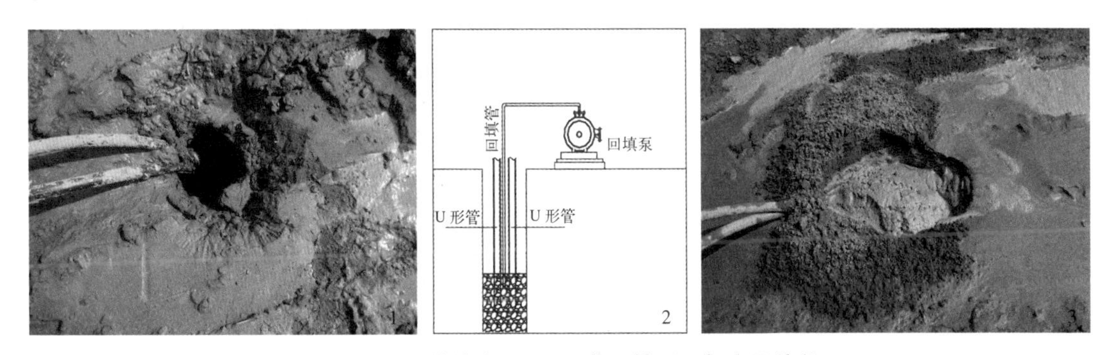

图 4-66　沉管结束及注 / 反浆回填原理与实景片段

回填料灌料时应高压机械回填，且自孔底注入填料向上反填方式，确保无回填空隙，回填料凝固后有良好的导热能力。若人工回填，压力不够空隙较多，严重影响传热效果，无法达到设计参数，系统供冷、供热均无法实现。回填完后应及时将留在地面的管口进行封堵保护并进行标记，防止后续施工造成损坏。

4. 水平环路集管连接实施要点

水平环路施工时，涉及管道连接的主要方式有“PE 管 -PE 管”热熔承插连接、“PE 管 -PE 管”热熔对接方式连接以及“PE 管 - 金属管道”法兰连接等管道连接方式。

热熔承插连接应采用质量可靠的热熔机具，便携式熔接工具适用于 $dn \leqslant 63$mm 管道及系统最后连接，台式熔接机具适用于 $dn \geqslant 63$mm 管道预装备连接。应测量和核对管件承口长度，在管材插入端标出插入长度；应用洁净棉布沾上酒精擦净管材、管件待连接面和热熔承插连接工具加热面上的污物；用热熔承插连接工具加热管材插口外表面和管件承口内表面，加热时间、加热温度应满足热熔承插连接工具生产企业和管材、管件生产企业的要求；加热完毕，连接件应迅速脱离加热器，并应用均匀外力将管材插口插入管件承口内，至管材插入长度的标记位置，且应使管件承口端部形成均匀凸缘；热熔承插连接保压、冷却时间应满足热熔承插连接工具生产企业和管材、管件生产企业的要求（表 4-10）。

PE管热熔连接技术要求 表4-10

管子外径（mm）	熔接深度（mm）	加热时间（s）	保持时间（s）
20	15	5	15
25	18	5	15
32	20	8	20
40	22	12	20
50	25	18	30
63	28	24	30

注：若环境温度低于5℃，加热时间应延长50%。

管材外径 $dn \geqslant 63$mm 的 PE 管均可采用热熔对接方式连接，该方法经济可靠，其接头在承拉和承压时都比管材本身具有更高强度。热熔连接温度：200 ～ 210℃。使用该方法时，设备仅需热熔对接机，步骤如下：在热熔对接连接工具上，应校直对应的待连接件，使其在同一轴线上，错边不宜大于壁厚的 10%；应用热熔对接连接工具上的铣刀铣削待连接的端面，使其与管道轴线垂直，并应保证待连接面能吻合；应用洁净棉布擦净管材或管件待连接端面，以及热熔对接连接工具加热面上的污物；用热熔对接连接工具加热连接的端面，加热时间、加热温度应满足热熔对接连接工具生产企业和管材、管件生产企业的要求；加热完毕，待连接件应迅速脱离加热器，并用均匀外力使待连接件端面完全接触，在接头处形成均匀的∞形凸缘；热熔对接连接保压、冷却时间应满足热熔对接连接工具生产企业和管材、管件生产企业的要求（图 4-67）。

图 4-67 PE 管热熔连接施工实景片段

在进行电熔连接时，应用刮刀均匀刮除管材连接部位表皮，管材端口外部宜进行坡口，坡角不宜小于 30° 且管材表面坡口长度不宜大于 4.0mm；应测量和核对管件承口长度，并应在管材插入端标出插入长度；应用洁净棉布擦净管材、管件待连接面上的污物；管材插入管件承口内至管材插入长度的标记位置；通电的电流、电压和时间应满足电熔连接工具生产企业和电熔管件生产企业的要求；电熔连接冷却时间应满足电熔连接工具生产企业和电熔管件生产企业的要求。

PE 管与金属管道法兰连接，应按金属管道法兰连接要求，将一个钢质法兰片焊接在待连接的钢管端部；就将另一个钢质法兰片（背压活套法兰）套入待连接的聚乙烯（PE）或耐热聚乙烯（PE-RT）法兰连接件（跟型管端）端部；应按聚乙烯（PE）或耐热聚乙烯（PE-RT）管道连接要求，将法兰连接件（跟型管端）平口端与聚乙烯（PE）或耐热聚乙烯（PE-RT）管道进行热熔连接或电熔连接；应将法兰垫片放入金属管道端钢质法兰片与法兰连接件（跟型管端）端面，并应使连接面配合紧密；安装螺栓，应对称位置均匀紧固螺栓。

5. 水平环路集管铺设实施要点

室外换热器分区施工开始后，应将各分区汇总管道的位置及走向标出，对管道走向在放线后进行管沟开挖；水平管沟开挖深度 2.00m，水平管中心相对室外标高 - 1.80m。在含水地层或软土、不稳定地层内开槽，应排水、设置沟槽支撑或采取地基处理等措施。开挖沟槽时要严格控制槽底标高和防止扰动槽底原状土，槽底超挖部分要用细砂回填密实。槽底有孤石等坚硬物体时，要在清除后用细沙回填进行处理；按图纸要求将各分区内的 U 形管连接成系统，并分别引至机房主机安装或设计制定总管连接位置。施工时管道热熔或电熔连接时必须按设计要求进行；竖直地埋管换热器与集管装配完成后，回填前应进行第二次水压试验。在试验压力下，稳压至少 30min，稳压后压力降不应大于 3%，且无泄漏现象。试压合格后继续将系统密封、保压（图 4-68）。

图 4-68 水平敷设 PE 地埋管道施工片段实景

水平管道回填时首先调整水平管的间距、平整度。施工时水平管上回填 250mm 厚砂层，淋湿夯实，再上部用原土回填并进行夯实。总管的连接及试压：各分区管道连接并试压完毕后，将各分区分集水器连接到总分集水器。水平管沟回填前，进行的三次水压试压，试验压力 0.8MPa，在试验压力下，稳压至少 2h，且无泄漏现象。然后进行回填，回填方式同各分区水平管道（图 4-69.1 水平集管试压及临时排气孔施工片段；图 4-69.2 水平集管试压第三次稳压片段）。

图 4-69　水平集管闭水试验实景片段（第三次）

总分集水器管道连接到热泵机房，所有管道系统连接安装完毕后，进行系统注水冲洗、排气，系统冲洗约 30min，直至出入水口的流量、清澈度都基本一致，并不再有气泡产生，必要时可用水泵进行冲洗、排气。系统管道全部安装完毕，且冲洗、排气及回填完成后，进行第四次水压试验，试压压力 0.1MPa，在试验压力下稳压 12h，稳压后压力降不应小于 3%。在管道系统最高点处加自动放气阀，最低点处加手动排水阀（图 4-70.1 管道冲洗施工片段；图 4-70.2 水平管与集管施工完毕片段；图 4-70.3 第四次管道试压稳压片段）。

图 4-70　水平集管闭水试验实景片段（第四次）

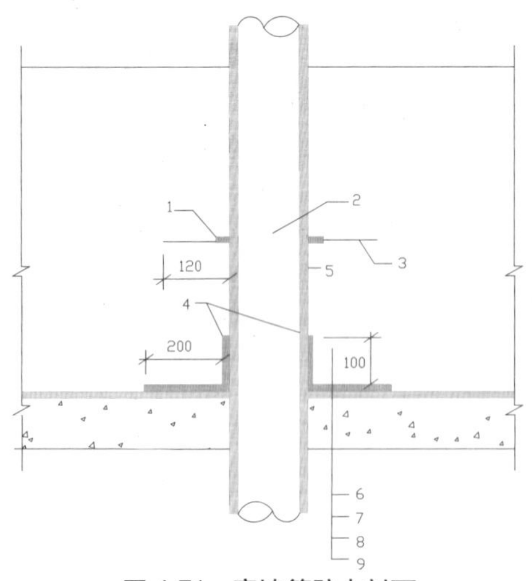

图 4-71　穿墙管防水剖面

1—缓膨胀雨水膨胀腻子条，与止水环紧密贴；2—接地套管；3—厚钢片止水环；4—专用自粘胶带；5—钢管；6—抗渗等级S8，C40自防水钢筋混凝土底板；7—自粘卷材加强层；8—自粘防水卷材；9—混凝土垫层；

6. 穿墙管铺设实施要点

管道穿越墙体应设置钢套管；按设计或规范要求，预埋套管管径比管道规格大 1 ～ 2 号。穿越墙体的套管长度要以和墙体两面（含抹灰面）齐平为标准；套管预埋使用膨胀水泥固定；其缝隙要用石棉绳等材料填实，水管穿防火墙处设阻火圈；之后作满水试验，以 24h 不渗不漏为合格（图 4-71 穿墙管剖面示意图；图 4-72.1 水平穿墙管微膨胀水泥封堵施工片段；图 4-72.2 水平穿墙管微膨胀水泥封堵施工完毕实景；图 4-72.3 水平穿墙管防水层施工片段；图 4-72.4 水平穿墙管防水层施工质量工程监理检查见证片段）。

图 4-72　穿墙管施工及工程监理见证片段

（二）室内空调机房系统安装实施监控要点

1. 设备进场检查与搬运实施要点

设备到场后工程监理应让业主、施工方及供货商根据到货清单进行验货，设备验收合格后应集中临时存放，并有防灰尘污染、雨淋及防砸措施，应定期对设备进行保养及维护。设备搬运应严格按搬运方案执行。

2. 设备安装实施要点

中共上海市委党校、上海行政学院二期（综合教学楼与学员宿舍楼）工程设备主要有热泵机组、水泵、补水定压装置等；设备基础完成后，检查设备基础是否满足图纸、设备随机技术文件及规程、规范的要求，如有偏差，要及时进行整改，确保设备正确安装。设备安装工艺流程为：设备基础验收→设备开箱检查→现场运输→设备安装就位→找平找正→质量检验。设备安装施工期间，应重视并做好产品保护工作。特别提出，在进行补水定压装置时，水泵安装基础应采用减振台座，进出口根据设计文件装设软接头以达到减振效果（图 4-73.1 补水水泵减振安装示意图；图 4-73.2 补水水泵减振安装工程实例图示；图 4-73.3 补水水泵安装竣工图示）。

安装前，要仔细核对到货的设备的规格、型号是否与设计图纸相符，并对照现场实际情况确定安装位置，吊装运输时根据先内后外的原则，合理地安排吊装顺序，以减少人力和机械的消耗。仔细核对预留基础及预留孔洞是否符合设备要求，安装时要用水平仪仔细检查设备的水平度，并用楔铁找平，找平后，用水泥砂浆浇灌设备的地脚螺栓孔眼，适度拧紧地脚螺栓，地脚螺栓加弹簧垫片。安装完毕后，应做满水试验，将定压装置完全充满水，经 2 ~ 3h 后，检查拼接缝是否有漏水现象，发现漏水要重新安装并再进行试验，试验完毕将水排净。

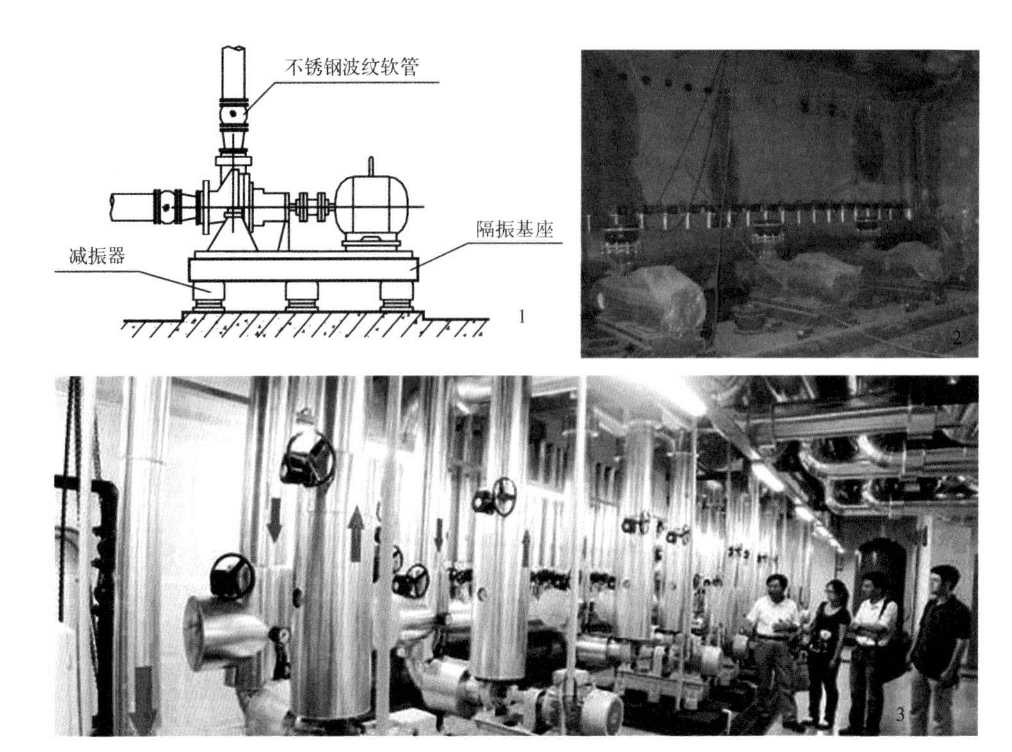

图 4-73　地源热泵补水装置安装示意图（施工片段）与水泵减振示意图及竣工图示

3. 管道安装实施要点

机房内管道当管径 $dn \leqslant 50$mm 时采用镀锌钢管，当管径 $dn > 50$mm 时，采用无缝钢管；管道材质、规格及连接方式严格按照施工图、技术要求进行施工。各种管材及管道的附件，如弯管、三通、管箍、变径管、阀门、仪表等应符合制冷及采暖工程的双重要求，且有合格证明及材质证明（表 4-11）。

管材规格执行标准　　表4-11

公称直径 *DN*（mm）	20	25	32	50	70	80	100
无缝钢管直径 *D*（mm）	25 × 3	33 × 3.5	38 × 3.5	57 × 3.5	76 × 4	89 × 4	108 × 4
公称直径 *DN*（mm）	125	150	200	250	300	350	400
无缝钢管直径 *D*（mm）	133 × 5	159 × 5	219 × 8	273 × 9	325 × 9	377 × 10	426 × 10

管道安装施工应严格按照规定流程执行（图 4-74）。

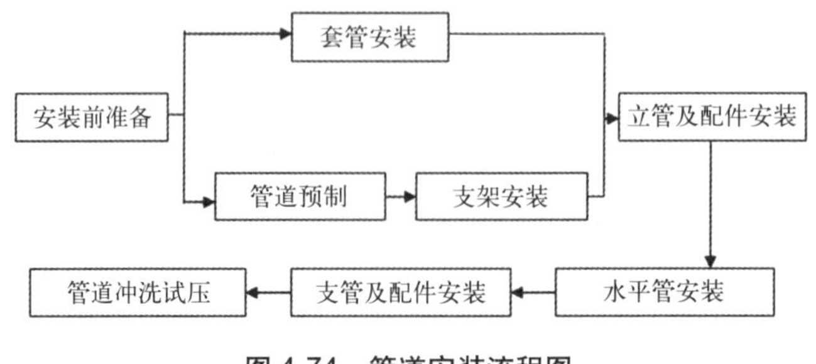

图 4-74　管道安装流程图

冷/热站（交换机房）内管道管径较大，管路中部件较多。为确保安装可靠性，管道支架的具体形式采用门字形支架与吊杆等方式。门字形支架采用12号～20号槽钢制作(图4-75)。

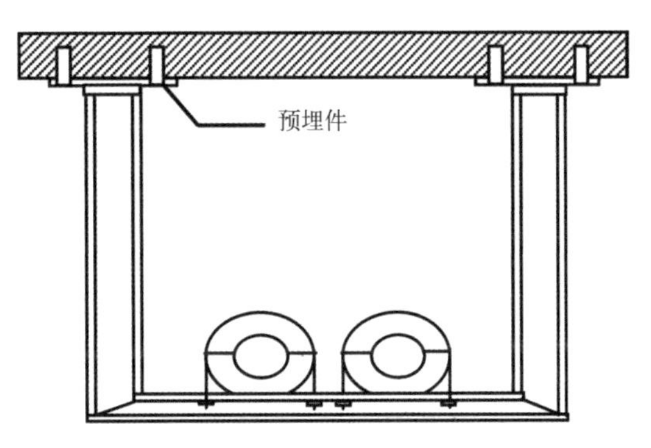

图4-75 冷/热站（交换机房）内管道及支架实景片段及施工剖面示意图

槽钢上焊以钢板，再与钢板（预埋件）焊接，焊接时采用四面满焊，卡子钻孔时采用机械钻孔方式，禁用气割。支吊架的最大跨距见表4-12。

冷/热站（交换机房）内管道支架最大跨距统计表 表4-12

公称直径（mm）		15	20	25	32	40	50	70	80	100	125	150	200	250	300
支架最大间距（m）	L_1	1.5	2.0	2.5	2.5	3.0	3.5	4.0	5.0	5.0	5.5	6.5	7.5	8.5	9.5
	L_2	2.5	3.0	3.5	4.0	4.5	5.0	6.0	6.5	6.5	7.5	7.5	9.0	9.5	10.5
	对于大于300mm的管道参考300mm的管道														

注：1. 适用于工作压力不大于2.0MPa，不保温或保温材料密度不大于200kg/m^{3}的管道系统。
2. L_1用于保温管道，L_2用于不保温管道。

另外，冷/热交换机房内管道的布置直接影响系统的工作效果及观感质量，也是空调机房安装成功关键之一，所以机房内管线的布置要考虑："管道的布置首先要保证系统的功能，根据小管避让大管、高压管避让低压管的原则合理布置管路走向；管路布置时充分考虑水流开关、电磁流量计及压力表、温度计等仪表的安装位置，保证仪表的使用功能，确保获得准确的参数读数；各设备及阀门等部件必须预留充分的操作及检修空间，以保证系统维护管理的方便；机房内要有充分的空间，以利于检修设备、材料等的运输；管道安装整体要求注意平直美观，增强机房观感；自控系统配合进行电磁阀、流量计等自控元器件的安装"因素。

4. 管道冲洗试压实施要点

管道冲洗、试压是隐蔽前的最后两道工序，也是极其重要的一个环节。清洗前要检查管路上是否有预留孔（如压力表接孔等）未采取必要的封堵措施，以免冲洗水流出污染其他专业的成品、半成品及原材料。阀门的启闭要满足冲洗的要求，避免使冲洗水流入末端设备。清洗时要注意排掉的水要接至就近的排水井或排水沟，以保证排泄和安全。排水管从管道末端接出，排水管截面积不能小于被冲洗管道截面积的60%。冲洗要以系统内可能达到的最大压力和流量进行，直到出口处的水色和透明度与入口处目测一致为合格。试压保温完毕后，在系统联动试车前，还要对全系统进行一次系统冲洗，以保证系统内的清洁畅通。管道冲洗完毕，整个管路分系统进行压力试验，以检查管路的强度及严密性。上海市委党校二期工程采用清洁水进行试压，试验压力以施工图说明中所规定的压力为准。压力试验时所用的压力表必须使用合格产品，并且压力试验管路要对该表进行必要的保护。关断阀门要严密。向管路内充灌水时，要打开管路各处的排气阀。水灌满后，关闭排气阀和进水阀，用手摇试压泵或电动试压泵加压，压力要逐渐升高，加压至试验压力的一半时，要停下来对管路进行检查，无问题时再继续加压。到达试验压力以后，再重点检查焊缝、法兰、管件连接处，以确保工程质量。压力试验严格按设计文件和技术要求进行。

5. 设备及管道防腐实施要点

非镀锌水管、设备的支吊架等刷底漆前，要清除管道表面的灰尘、污垢及锈斑，保持干燥，必要时采取机械除锈；水管外表面、管道支、吊架等在除锈后，刷两道红丹防锈漆，明装部分再涂两道银粉；非镀锌支吊架在除锈后，刷防锈漆与调和漆各两遍；明装非保温管道在表面除锈后，刷防锈漆两遍，干燥后根据功能的不同刷相应的面漆。防腐不能在低温或潮湿环境下进行，喷涂防腐油漆时要使漆膜均匀，不能出现堆积、漏涂、皱纹、气泡、掺杂及混色等缺陷。

6. 设备及管道保温实施要点

空调水管道及其上的阀门、零配件等需用难燃材料B1级橡塑保温材料（$\lambda \leqslant 0.037$W/(m·℃)，$r \geqslant 65$kg/m^3)，厚度δ为：$DN \leqslant 32$，$\delta = 20$mm，$40 \leqslant DN \leqslant 100$，$\delta = 25$mm，$125 \leqslant DN \leqslant 300$，$\delta = 32$mm，$DN>300$，$\delta = 40$mm。地源侧水管地上部分管道及阀门等部件亦采用难燃材料B1级橡塑保温材料（$\lambda \leqslant 0.037$W/(m·℃)，$r \geqslant 65$kg/m^3)，保温厚度δ为：$DN \leqslant 300$，$\delta = 25$mm，$DN>300$，$\delta = 32$mm。

在进行设备及管道保温工作之前，应全面检查管道与墙面及其他管道、设备间的距离，发现不够保温位置时，需整改的要整改。选择符合管径要求的管套。管道已经通过试压，并且管道的油漆已经干燥，没有退油现象。保温前须将管道及设备表面的灰尘、锈蚀等清除。橡塑复合隔热材料接触面及两端、与管道设备的接触面须用专用胶水粘接密封。橡塑复合隔热材料端面涂专用胶水时，不得有灰尘。胶合接缝要轻，要推压而不要拉扯。下料时，尺寸要准确。测量时，用相同厚度的细条来测量且不要拉伸细条。板材切割时，要多留5mm的空间误差。

在进行设备及管道管道保温时，应将福乐斯保温管套沿纵向剖切轻轻拉开，套入水管后，用手进行紧逼，然后用胶水密封管套纵缝。管套与管套之间连接时，必须在管套的端面（环缝）上涂上保温胶水，管套的纵缝要求错开，且纵缝一般不得垂直向下，管套与管套之间用胶水将接缝密封。管套与木环之间连接时，必须在管套端面和木环端面，分别涂上保温胶水，进行紧逼。

保温材料专用胶水用前要摇匀，不要时要密封罐口。使用时，用短而硬的毛刷在材料两端的粘接面上涂上一层薄薄的、均匀的胶水。待胶水自然晾干，时间为3～10min，用手指轻触涂胶面，若手指不会粘在材料表面，且材料表面无粘手的感觉就可进行粘接。粘接时只需将粘接口的两表面对准握紧一会儿即可。

另外，在进行管道保温时应注意：管道的管件（三通、弯头等）和部件（阀门等）保温的厚度与直管相同。在现场按实物形状加工，开料尺寸要准确，接缝不大于 1 mm，且要用胶水进行填充粘合。绝对不允许有露空现象。弯头的保温安装，量出内弯半径 R1 和用相同厚度的细条量出管道周长 L。在板材的水平和垂直方向上预留 12mm 的修剪长度，并在板材上以 R_1 和 $R_1+L/2$ 划弧。沿两弧线切下弧面，并以此为模板切第二个弧面。在大弧面上涂胶水，由两端向中间粘合，压紧接口后，再把弯道口反过来，使内壁连接牢固。弯道内接口涂胶水，架于弯道上，胶干化后粘合接触面。修理弯道接面为正圆面。

对于法兰盘保温，应量出装上保温材料后的直管直径和法兰直径。在板材上以此两尺寸，作同心圆 2 个，切下两个以此 2 个同心圆所得的圆环，切开圆环安于管材上。用等厚度的细条量出法兰周长 L，以 L 的两橡塑海绵环的间距这两个尺寸切一板材；接口涂胶水，干化后，整套入法兰外侧粘合，且板材与圆环、圆环与管材间均须涂胶水粘合。建议此保温方法中的圆环在板材接触处用 45° 角粘合，此粘合方法更为美观。

至于法兰阀门保温，应量出法兰环周长，量出阀门长度（包括两橡塑海绵圆环厚度），阀门颈直径，在橡塑材料板材上画出以上三个尺寸，涂胶、粘接保温。而渐缩管保温安装时，应量出焊接点的距离且两边长出 25mm 的长度为 L_1；用同厚度的板材条量出大管周长 L_2 和小管周长 L_3；量出大管和小管焊接点 25mm 处到渐缩曲面的距离 L_4、L_5；将 L_2 与 L_3 的差分为 4 份，从每个 4 分线上切去一份，其中的一份的 1/2 要分配在两个接口处。从小管到大管间要切去的长度是均匀的，因此由 L_5 线上周长差自 1/4 份到 L_4 上变为 0。

风机盘管进出口处的保温，必须要把保温材料包扎在水盘范围内，以防冷凝水滴在顶棚上。管道保温工作必须在管道试压合格和进行除锈刷油漆处理后方可进行。

外露管道保温完毕，在管道保温层外加一层金属保护层，不仅外形美观，而且保温效果好，保温层不易脱落，使用寿命长。机房内管道保温完成后，也应在保温层外增加一层金属保护外壳，以加强保温效果，延长保温层使用寿命，增加制冷机房的美观。

（三）地埋管地源热泵系统实施重、难点措施要点

1. 防渗漏及防管道堵塞实施要点

(1) 针对管道螺纹连接口渗漏的防治方法。螺纹加工时，严格按标准进行，螺纹应清洁、规整，断丝或缺丝不大于螺纹全扣数的 10%；连接牢固，接口处根部外露螺纹为 2 ~ 3 扣，不允许因拧过头而用倒扣的方法进行找平。管道要根据输送的介质选择相应的填料，以达到连接严密；管道安装完毕后，要严格按施工规范进行严密性试验或强度试验。

(2) 针对管道焊接接口渗漏、外观不美观防治方法。为防止焊缝尺寸过大，要根据表 4-13 进行对口；根据管壁厚度，正确选择电流和焊条；焊接时将焊口清理干净，将凹凸不平处铲平，明装管道焊口处用电动磨光机进行打磨，确保外观质量要求；管道焊接前对焊接人员进行专项技术交底，让施工人员做到有章可依；增加焊接管理力度，对关键部位的焊接实行随机检查，对发现的不合格焊接部位及时进行整改，杜绝不合格的焊口进入到下一个施工工序。

焊缝坡口技术控制指标汇总表 表4-13

项次	厚度 T（mm）	坡口名称	坡口尺寸			备 注
			间隙（mm）	钝边 P（mm）	坡口角度 α（°）	
1	1 ~ 3	I 形坡口	0 ~ 1.5	—	—	内壁错边量 ≤ 0.1T，且 ≤ 2mm；外壁 ≤ 3mm
	3 ~ 6		1 ~ 2.5			
2	6 ~ 9	V 形坡口	0 ~ 2.0	0 ~ 2	65 ~ 75	
	9 ~ 26		0 ~ 3.0	0 ~ 3	55 ~ 65	
3	2 ~ 30	T 形坡口	0 ~ 2.0	—	—	

针对管道堵塞防治方法：进行管道安装时将管口封堵，特别是立管；施焊时及时将熔渣清理干净；系统安装完毕，要对管道进行吹扫清洗。

2. 提高保温性能实施要点

（1）针对管道保温效果欠佳防治方法。按标准选用合格保温材料，并抽样检查；保温材料使用时应保持干燥；木托与保温层应连接紧密，无空隙；保温层穿墙时应用保温材料将套管填充严实，并做封闭处理；防潮层注意不被破坏。

（2）地埋管换热器管道的施工对于室外温度有一定要求。当室外温度低于 0℃时，将无法保证地埋管焊接强度，故焊接温度应≥ 0℃，≥ 5℃更佳。冬季施工地埋管需采取以下冬季施工措施：尽量在一天内气温比较高时段（11 时～ 15 时）进行焊接施工；当全天气温都＜ 0℃，则需将其施工区域进行围挡，并采取加热措施使焊接的环境温度高于 0℃才能进行施工。管道试压需要在 11 时～ 15 时时间段内进行，试压检验合格后应及时将系统泄压，并在管道上面覆盖草帘等措施进行保护。冬季沟槽施工宜在地面冻结前进行：先在地面挖松约 30cm 厚的一层土作为防冻层且每日收工前留一层松土防冻。

3. 管道防垢除垢实施要点

（1）防止地埋管内产生水垢的主要措施有。地下换热器内的换热剂采用经水处理设备处理后的软化水。在系统冲洗过程中，因机房内的管道为钢管，而地埋管均为 PE 管，为防产生污染，冲洗时应将机房内的管道与室外地埋管系统分开，在两块系统冲洗完，符合国家标准后才能将两个系统连接成完整的地埋管系统。

（2）地埋管内水垢产生后的主要处理措施有。如果产生水垢，因为空调系统运行最高温度不高于 50℃，在温度低于 60℃时，水垢都比较松散，系统循环可以带走一部分。另外，如果采用新技术新工艺中的地下换热器特制的 U 形接头，接头上部有一个沉淀腔，可以对水垢进行沉淀。根据德国等欧洲发达国家相同工程的系统运行经验，可以确保系统正常运行 50 年。

4. 保证地埋管换热效果实施要点

（1）地下换热器施工采用专业施工工艺。专业土壤热泵系统用小型钻机，最大打孔深度 170m，孔径 200mm，可在打孔后直接将预制好的单 U 形管道下到孔内，施工速度快，质量好，设备使用简便，在地热系统打孔埋管领域该设备在世界范围内享有盛誉。

（2）采用单 U 形管专用接头。单 U 形管专用接头为专利技术，合资产品，与垂直管道电熔连接，接口强度甚至大于管材本身的强度，确保地下埋管为一个整体，不存在机械连接存在的漏水隐患和采用金属管件存在腐蚀而影响使用寿命的问题。同时在保证 U 形弯强度的前提下将管线阻力降至最低。而且可有效容纳系统的沉积物,保证使用效果（图4-76）；

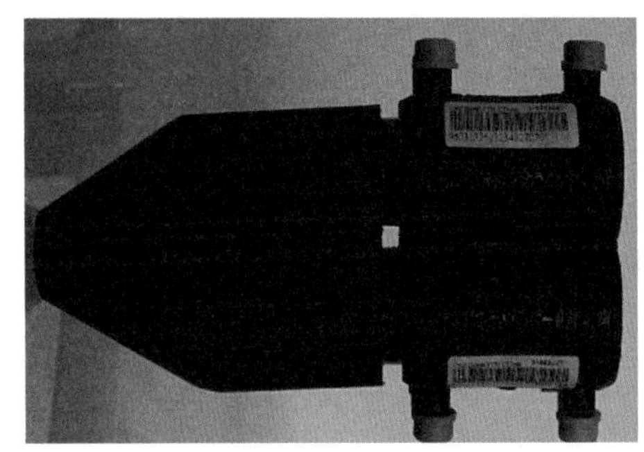

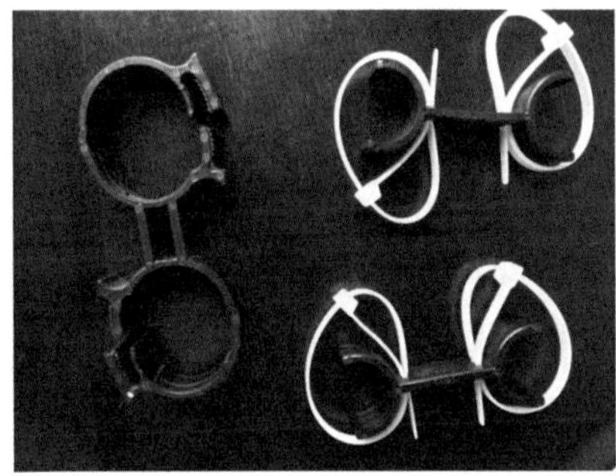

图4-76　地埋管单U形管专用接头以及管间分离定位管卡实景

（3）分离定位管卡。为保证换热效果，防止支管间发生热回流现象，四根换热支管之间需保持距离，下管时采用分离定位管卡进行分离定位，间距为3m。

（4）回填料及回填技术。回填料的热工性能好坏直接影响到地下换热器周围温度场的分布和局部换热量的大小。因此要求回填料有较好的传热性能,并要求有较好的可塑性、耐压性；根据做热响应实验显示的地质条件，上海市委党校二期工程地下基本都是黏土，由此采用由膨润土、砂按特定的比例混合而成的混合回填料，另外添加一定比例的高导热系数填料石英砂。这种型号的回填料高于黏土的导热系数，解决了打井回填对地质层导热系数的破坏问题。

另外，在工程实施期间，还采用从地下反浆回填的方法灌回填料；回填泵采用进口高压力泵，由孔底部位注入填料向上反填，逐步排除空气，确保无回填空隙，保证了传热效果。

四、地埋管地源热泵系统调试实施监控要点

（一）地源热泵生活热水系统运行的有关监控要求

1. 系统各用水点设计温控要求

热媒进水温度为58℃；热媒出水温度为53℃；热水出水温度为56℃。最高层(44.3m处)用水点出水温度应≥45℃（即按规范规定，用水点的最低水温与热水贮水罐的出水水温温差≤10℃）。

2. 热媒循环与热水循环的控制监控

热媒循环又称一次侧循环。每个区有单独的两套热水制水设备，当热水贮水罐中部的温包温度达到56℃时，热媒循环管网停止循环（即停止热媒循环泵和热媒进水管上的电磁阀），该组配套的热水贮水罐出口的电磁阀开启；当热水贮水罐中部的温包温度<50℃时，热媒循环网开始循环（即开启热媒循环泵和热媒进水管上的电磁阀），该组配套的热水贮水罐出口电磁阀关闭。

热水循环又称二次侧循环。本区的两套热水制水设备并联共用一组（2台，一用一备）热水循环泵。当有热水贮水罐出水的电磁阀关闭时，才停止热水循环泵，并给出报警信号。

3. 蒸汽热媒的使用监控

当地源热泵供应的热源需要检修维护时，切换至备用蒸汽热媒，汽-水板交的二次侧进水处阀门打开，此阀门当且仅当需使用蒸汽热媒时手动打开（平时关闭），并将热水管

网系统与地源热泵连接处的两个阀门关闭。

4. 热水贮水系统消毒监控

军团菌的繁殖温度为 20 ~ 45℃，故上海市委党校二期工程的贮水系统产生军团菌的概率较低；但仍应定期采用蒸汽热源对热水管网及贮水罐进行消毒。拟定于每学期清洗一次热水管网及贮水罐：每年 8 月和 1 月（即学校放假期间）用 60℃的高温水清洗一次。此频率可视运行后，管网出现杂质的频率相应调整。

（1）仅清洗热水贮水罐：清洗时可关闭每个分区的一组板交和热水贮水罐，另一组运行，温包的控制温度可由原先的 56℃调整至 65℃，本管路上的电磁阀处于关闭状态，整个贮水罐达到 65℃时间≥ 30s。

（2）清洗热水贮水罐及管网：温包的控制温度可由原先的 56℃调整至 60℃，整个热水循环管网温度达到最高的持续时间≥ 30s。

5. 生活热水水源运行监控

一台带热回收的地源热泵机组设定为生活热水优先。在夏季优先启动这台机组制冷，充分利用热回收满足生活热水的热量需求。当生活热水不需要加热时，再启动地源热泵侧循环水泵满足主机冷却需求。当生活热水贮水罐中部温感达到设定温度（55℃）时，地源热泵机组热回收循环水泵停止运行，同时启动地源侧冷却水泵。

（二）地源热泵系统调试监控要点

1. 系统调试前应检查监控项目

地源热泵系统调试之前，造册登记应检查项目并监控：机组安装环境合理性；机组安装基础、减振和维修空间的适合性；机组外部供电、电缆进线，电路连接符合性；机组内部供电接线可靠性；机组空调侧、地源侧、水源侧水系统连接、动力泵系统连接、管件连接符合性；中央空调系统其余相关配套设备运行正常性；检查冷却塔安装环境符合性（若空调系统安装了辅助冷却塔系统）。机组外部水系统阀门已打开，水质清洁符合要求，管路清洗需要用户（业主）提供安装方的清洗证明。确保不漏项。

2. 系统具备调试条件的监控要点

（1）环境与安装合理性：检查机组维修空间符合要求。检查机组安装基础不会被水淹，应有排水沟，机房应有强制通风设施，保证机房相对干燥。机组安装水平 <1/1000 内并应有良好的减振措施。

（2）水源侧、地源侧、空调侧水管路连接：应按机组显示的接管方向连接，严禁反向连接。除承包商或业主指定的专业人员外，禁止在机组上焊接。机组与水管系统连接处应安装柔性接头。机组进水管上应安装温度表、压力表、水过滤器、截止阀，出水管上应安装温度表、压力表、水流开关、截止阀。在冷冻水、冷却水管上应安装水流量保护器，并敷设好至控制箱的连接线，留有足够接线。在冷冻水管最高部位，管道弯头等易集气处安装自动放气阀。水系统必须保证机组在符合运行工况条件下有一个恒定的流量。水系统应安装膨胀水箱，应保证任何时候膨胀水箱的联通管路不会被截死。接入机组蒸发器的进出水管应有独立的支撑体系，其自身重量不能由机组承担。要求水源侧、地源侧管道安装方提供管路保压数据报告及证明。

（3）外部供电应满足条件：供电电压为 380V ± 10%，供电相数为 3 相，供电频率为 50Hz，配电系统功率因素在 0.9 ~ 0.94 之间，相间不平衡 <3%。供电电缆与机组之间的连接，

必须由安装方电气持证人员来操作连接至空调机组主开关的接线桩头上，在开机调试时由调试人员来验收。电缆应从机体上给定的位置进入电箱，并做好滴水弯、防雨帽。

3. 系统调试过程监控要点

（1）调试前的准备要点

确认调试条件全部符合要求并检查完成，要求用户（业主）专人配合。检查机组外观，检查静态系统压力，查看系统有无油迹，机组有无明显损伤，特别是盘管、框架、控制柜等易受撞击部分外观应完好。接下来应请用户（业主）陪同了解配电情况，包括电缆、空气开关和接触器等，应均符合马达功率和满载电流要求，并检查进线电源的每一接线连接牢固和进线电压值符合要求。

检查水源侧、地源侧、空调侧水系统连接，检查水系统的水质情况，要求提供水系统清洗证明，试运行水泵，观察进出水压力差，顺便检查温度计，并确认中央空调系统其他相关设备运行正常。检查水系统制冷、制热切换阀门开启位置正确。在机组送电前，先将水流开关接好。之所以要在送电前接线，是为了避免在接线中发生短路，击毁主板保险丝；另外，接线时先接水流开关侧，再将两根线分别对地绝缘，避免接上主板后使主板对地短路。

制冷剂从储液器释放至系统应缓慢。检查系统中压缩机、进出口阀门，管路截止阀门的开启状态，必须保证压缩机吸排气阀、管路阀门在开启状态。检查压缩机马达电机接线，接线盒内接线柱螺母的紧固性，同时测量马达对地绝缘良好，绝缘要求≥ 100MΩ，还需要检查风机马达的绝缘度，同时检查系统中其他螺栓的紧固性，防止机组运行时振动引起松脱造成制冷剂泄漏。拉开压缩机保险丝，合上总电源对压缩机预热 8h 以上，并检查静态温度和压力值，作为传感器的检查参考。检查机组各个压缩机视油镜里冷冻机油的油质和油位情况。检查机组各个制冷剂系统的视液镜的指示颜色，确定是否更换干燥过滤器芯。

检查室外温度传感器，解开绑扎带，注意温度传感器不能与金属外壳接触。校验机组设备中，各传感器、压力表、温度表的准确性，若有不正确的及时调校。检查机组的电源相序，电动冷凝风机接触器使冷凝风机启动，根据风机的风向判断机组进线相序是否正确，若发现转向有误，及时调整。核定机组星 - 三角（Y- △）转换时间。检查或清洁接触器各触点，必须保证接触良好，运行时无交流声。做好远程控制程序的空白试验及其在不同工况条件下的模拟实验，检查机组动作的监控程序。开机调试前记录配置设备的规格和型号、编号。

（2）调试期间的主要监控要点

检查水泵运行正常，确认水系统无空气，保证膨胀水箱补水正常。检查水温传感器值，测量和记录进出水压力，作为出水流量的参考值，及时调整机组进入水管路的阀门以保证机组蒸发器的正常水流量并没有异常响声。在机组预热时间达到 8h 后，对双系统及以上的机组在调试时先锁闭其他压缩机，只单独开启一个系统，密切监视电流变化，测量机组运行时电压值，检查电压降。开机后应观察膨胀阀的振动情况，若发现振动过大，应将缠在一起的毛细管解开，避免相互摩擦。检查压缩机排气温度，喷液控制工作是否正常，确保喷液电磁阀启停温度范围符合要求。检查压缩机油位、油起泡程度。测量记录各种电机运行电流，三相平衡情况。重复以上步骤，锁闭运行过的系统，单独开启未运行过的系统，密切监视电流变化，测量机组运行时电压值，检查电压降。

在机组运行状态稳定时，测量回气过热度，确定过热度以机箱内压力为准，必要时调整过热度，严禁压缩机回气端有结霜或结雾现象。在机组运行稳定时检查油位，保持视油镜 1/3 位置以上，不能有大量泡沫为好。检查视液镜，观察供液量是否充足，观察系统中含水量指示以蓝绿色为好。测量机组高低压，冷冻水进出水温，对照标准工况，分析系统运行情况。机组首次测量过热度后，在自动方式下再运行 1h，重新检查过热度，过热度检查应在 100% 负荷下进行。

确认每个制冷系统停机时逻辑正常，压缩机抽空时间在 4s 左右，停机后反转在 4s 内。在单个制冷系统调试均正常后，再开整机，检查机组运行数据并做好详细记录用作调试结果的分析用。有多台机组的现场，每台机组单独检查、调试正常后，开启所有机组，检查整个系统的工作情况，检查机组运行数据并做好详细记录用做调试结果的分析用。重新检查电脑设置数据，确保每个数据设置符合要求，切实达到远程实时智能化建筑节能监管目标。

机组运行正常后，应完整填写好调试报告，请用户（业主）签字确认。做好对用户的基本开机现场培训工作。机组压缩机运行 100h 后需清洗油过滤器和压缩机吸气滤网。

4. 系统调试结果分析要点

记录调试过程中的报警，分析报警产生的原因，根据现场条件合理地调整参数，消除报警。分析调试过程中的各种数据，综合评价机组工作状态的优劣。分析调试过程中记录的各种数据，综合评价配套系统和设备运行状态的优劣，向用户（业主）建议，提高整个地源热泵系统的运行可靠性。

（三）取得初步效果

为确保该系统满足设计要求的节能减排目标，应先进行分区、分子系统调试，合格后再联合调试。实时总结地源热泵系统调试期间出现的不足并及时修正，就能使其发挥最佳效能。在党校二期工程中，通过对地源热泵系统的调试，消除了施工中供热水系统的热水循环与热媒循环动力泵反接错误；纠正了设计方在板交的热效传递与转换的设计错误，以及设备供应商提供的成品贮水罐冷热水管路形成类闭环而降低热效转换的错误；解决了远程控制信号传递失真的弊端，最大限度地消除了地源热泵系统运行期间的信息化与自动化操控偏差。这些都为上海市委党校二期工程在 2011 年 9 月 1 日正式启用创造了条件，取得了较好的社会声誉与经济效益。也为类似工程的调试监控工作提供了有益参照。

第七节　利用自然风实施要点

在我国建筑节能大力推广的背景下，充分利用建筑自然通风等方式来降低大型建筑的空调系统能耗，越来越受到设计单位、建设单位工程建设各参建方，特别是业主的高度重视。在中共上海市委党校、上海行政学院二期（综合教学楼与学员宿舍楼）工程设计理念中，充分利用了自然通风与混合通风技术及建筑构造体系技术。在一定气候条件下，自然通风可以满足房间一定的舒适度，保持室内空气的清洁度，降低能耗，更有利于人的生理和心理健康。

根据研究者调查统计发现，人们对室外的自然风有更好的接受性。建筑的自然通风与混合通风技术的综合运用成为上海市委党校二期工程建筑节能的研究课题之一。

一、利用自然通风技术成效

建筑群的布局对自然通风的影响效果很大，上海市委党校二期工程建筑群采用庭院式布局，建筑的宽度不大，可充分利用自然通风与机械通风相结合的混合通风方式来降低建筑的空调系统能耗。在上海市委党校二期工程的建筑通风建设中，重点基于对自然通风与混合通风技术及建筑构造体系展开深入的研究。除了对自然通风的充分利用，建筑还结合机械通风技术来使室内环境的舒适性得到进一步的改善。

（一）通过数值模拟的方法，有效增加建筑外窗、透明幕墙开启面积，如在中庭的上部增加侧面开启等，合理进行气流组织，优化公共空间自然通风效果。通过对开启面积的分析及优化，除报告厅外公共间过渡季节自然通风状况下室内风速约为 0.2m/s，室外气温在 14 ~ 22℃时，室内大部分空间温度分布可以满足舒适性要求，过渡季节至少有 60% 以上的时间可完全关闭空调系统。

（二）报告厅的自然通风效果较其他房间较差，人员密度较高且人数变动很大，报告厅采用全空气空调系统，过渡季节可利用旁通装置实现 50% 新风运行。因此，其过渡季节及夏季的夜晚可利用自然通风与机械通风相结合的混合通风方式，以减少空调能耗。

（三）考虑到教室有一定的隔声要求，且自然通风风速过大会导致纸张吹起，影响学习的环境，不推荐自然通风的方式。本项目教室采用全空气空调系统，可实现过渡季节 30% ~ 40% 新风运行。因此，推荐教室在过渡季节及夏季夜晚采用机械通风方式，降低空调机组的运行时间，减少能耗。

（四）在系统运行调试过程中，可以参照模拟结果，来控制空调系统的启停，同时对室内温度进行监测，不断调整和修正模拟结果，得出空调启停的最佳控制策略，有效节省系统运行能耗的同时保证室内人员的舒适。

此外，在夜间可充分利用晚间通风的效果，进一步降低空调系统运行初期的能耗，以更好地达到建筑节能的效果。

上海市委党校二期工程建筑群采用庭院式布局，建筑的宽度不大，可充分利用自然通风与机械通风（中庭顶部设计机械通风系统）相结合的混合通风方式来降低建筑的空调系统能耗。在夜间可充分利用晚间通风的效果，进一步降低空调系统运行初期的能耗(图 4-77)。

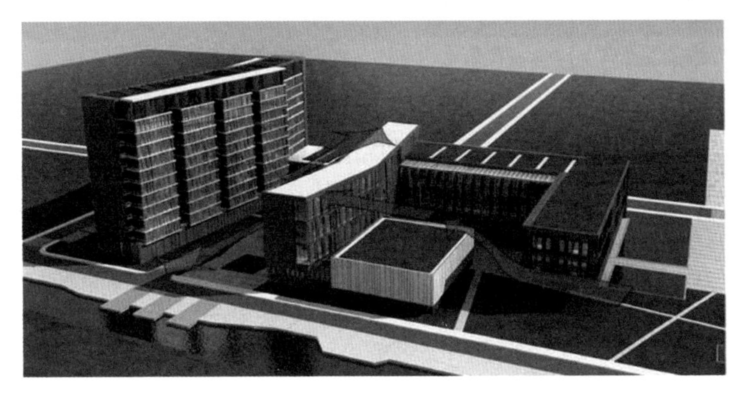

图 4-77 综合教学楼与学员宿舍楼室外自然风走向示意

二、自然通风技术应用简介

(一)中共上海市委党校二期项目自然通风研究技术选择及主要内容

由于自然通风的复杂性，国内外行业内学者一直在探寻自然通风的研究方法。当前比较流行的用于研究自然通风的主要方法参见表 4-14。

自然通风研究技术比较汇总简表　　表4-14

序号	研究方法	基本原理	主要（优缺）特点	备注
1	理论分析法	利用流体力学的射流原理，伯努利方程的质能守恒方程分析自然通风	此法可简单快速地预测室内风速、温度分布	
2	实验研究现场测试法	风洞模型借助相似理论模拟建筑表面及建筑周边的压力场和速度场；热浮力实验模型主要是模拟热压驱动下的自然通风物理过程；示踪气体法根据示踪气体的质量守恒方程来研究自然通风	该法能够准确预测室内温度分布和气流速度分布	包括：“风洞模型；热浮力实验模型；示踪气体法”
3	网络法	利用能量平衡概念组成热网格和换气网格，建立温度节点线性方程组和全压节点非线性方程组。	该法简单，计算量相对较小，但计算粗糙，准确度较低	
4	计算流体力学法	在计算机上模拟实验，结合实际边界条件对控制方程进行离散求解；以此预测建筑内各个区域的空气流动状况及温度分布，分析房间不同位置的热舒适性状况	该法能够准确预测建筑内各个区域的空气流动状况及温度分布，分析房间室内不同位置的热舒适性状况	
5	混合法	将网络法、节点法以及计算流体力学方法进行合理组合；运用时先用网络模型计算单体区域流动边界条件，再用计算流体力学方法进行进一步的计算分析	这一方法综合了网络法和计算流体力学方法的优点	网络法和计算流体力学相结合的方法

注：中共上海市委党校、上海行政学院二期（综合教学楼与学员宿舍楼）工程的自然通风与混合通风技术的主要备选研究方法是“网络法和计算流体力学相结合的方法”，且以计算机辅助的“计算流体力学方法”为主。

计算流体力学（Computation Fluid Dynamics，简称“CFD”）是用电子计算机和离散化的数值方法对流体力学问题进行数值模拟和分析的一个分支，也是目前国际上一个强有力的研究领域，是进行传热、传质、动量传递及燃烧、多相流和化学反应研究的核心和重要技术。其广泛应用于航天设计、汽车设计、生物医学工业、化工处理工业、涡轮机设计、半导体设计以及大型建筑的建筑节能（空调系统与自然通风）设计等诸多工程领域。随着计算机技术的高速发展，计算流体力学已从高端的航空航天领域应用到建筑空调通风领域，作为现状的数值流体计算技术，正在逐步取代传统的模型实验方法。

上海市委党校二期工程的自然通风与混合通风技术及建筑构造体系就是采用“计算流体力学方法”进行分析研究的。其主要研究内容包括两部分：

第一是：风压作用下，对主要公共空间（门厅、餐厅、休息厅、报告厅）春、秋季自然通风进行模拟计算，并分析室内气流分布，进而对室外可开启外窗、透明玻璃幕墙的位置及面积进行优化，以达到良好的室内通风效果。

第二是：风压、热压共同作用下，对主要公共空间（门厅、餐厅、休息厅、报告厅）春、秋季自然通风进行模拟计算，分析室内温度分布，并对其节能效果进行分析，减少空调能耗。

（二）中共上海市委党校二期项目自然通风研究模拟结论

在充分调研了上海市委党校二期工程及其周边建筑空间分布状况后，在考虑建筑外窗及透明玻璃幕墙的开启方式与程度，以及上海市各季度10m高空全年风速（平均约3.2m/s，参见表4-15）分布情况后，建立与上海市委党校二期工程相适应的包括“物理模型、数学模型及其边界条件”的自然通风节能研究模型。

上海市典型气象年气象参数　　表4-15

季节	春季	夏季	秋季	冬季	全年
主导方向	东南	东南	东	西北	东南
风速（m/s）	3.2	3.2	3.5	3.1	3.2

注：1. 本表参数来源《海华大厦工程新技术集成运用研究报告》；
2. 上海属于北亚热带季风气候，春、夏季盛行东南风（东南风为主，东风次之），冬季盛行偏北风（西北风为主，北风次之），秋季盛行偏东风（东风为主，东北风次之）。

上海市委党校二期工程的自然通风节能研究模拟过程中设定：春夏季由东南风主导，秋季主导风向为东风，冬季主导风向为西北风，不同建筑高度的风速剖面符合简单的幂指数分布规律。本项目的具体模拟结果参见表4-16。

中共上海市委党校二期项目自然通风节能研究模拟结论汇总　　表4-16

模拟工况	具体建筑空间	模拟结论	备注
春季自然通风	一层建筑中区底层休息厅	休息厅外门全敞开时穿堂风效果良好，可根据需要调整玻璃门的开启角度和部位，适当增加或减少通风量，以最大限度满足舒适度要求	上海春季主导风向为东南风，平均风速3.2m/s。春季建筑表面迎风侧及综合教学楼屋顶基本为正压，学员宿舍楼屋顶为负压。模拟气流条件：公共空间每层高出（楼）地面15.m处室内气流分布
	500人大报告厅	一层通过增加部分北侧开启扇，使自然通风效果有所改善，大部分区域气流流速可达0.2m/s；但二层气流仍无法改善，在过渡季节应采取机械辅助通风与自然通风相结合的方法	
	综合教学楼门厅	本部分为挑空设计，高三层，东侧入口有可完全开启的大门，在西侧玻璃幕墙上部设开启扇。因此，一层入口处通风良好，在开启扇打开后，其上部走廊区域的通风效果改善明显	
	餐厅	本区域南北两侧均有外门窗；气流自南侧外窗进入，带动气流流动，最终自北侧流出，且大部分空间风速约0.2m/s；在增加南侧玻璃幕墙上部开启高度后，室内气流的流动更均匀	
	学员宿舍楼门厅、走廊	本区域主要依靠入口大门及与之连通的走廊通风。模拟结果显示门厅过渡季节室内自然通风风速约0.2m/s，而走廊通风效果更差，应采用机械辅助通风手段予以解决	

续表

模拟工况	具体建筑空间	模拟结论	备注
秋季自然通风	一层中区休息厅	因综合教学楼部分的遮挡，一层休息厅通风效果比春季差，但仍可满足换气要求	上海秋季主导风向为东风，平均风速 3.5m/s。春季建筑表面迎风侧及综合教学楼屋顶基本为正压，学员宿舍楼屋顶为负压。模拟气流条件：公共空间每层高出（楼）地面 15.m 处室内气流分布
	500 人大报告厅	因外门及外窗为南北开启方式，在东风盛行的秋季通风效果更差，应采用机械辅助通风方式	
	餐厅	与春季通风效果类似，室内风速约 0.2m/s	
	学员宿舍楼门厅	与春季通风效果类似，室内风速约 0.2m/s	
	教学楼门厅	在室外吹来气流的方向（东侧）有可开启的外门，西侧有高窗，室内气流可形成很好的通路。自然通风效果比春季更好	

注：在上海市委党校二期工程中，500人大报告厅室内人员密度较大，且通风开启面积较小，通风气流不通畅，室内散热量积聚，温度较高；当室外温度为14℃时，室内最高温度为19℃，可满足室内舒适度要求；而当室外温度为18℃、22℃时，室内最高温度分别达到23℃、28℃，通过自然风很难将室内散热量带出；由此可见，报告厅过渡季节可利用自然通风的时间较少；上海市委党校二期工程报告厅空调系统采用全空气系统，过渡季节可实现50%新风运行，有效弥补了自然通风的不足。其余房间气流通畅，室内温度较室外一般高约1℃，通风效果良好，在过渡季节，利用自然通风完全可以满足室内环境热舒适的要求。

在上海地区，全年制冷期约 150 天、采暖期约 90 天；过渡期基本为 4 月、5 月、10 月和 11 月，过渡期气温在 14 ~ 22℃之间。从统计数据得知：通过自然通风满足上海市委党校二期工程的公共空间室内环境热舒适要求的总小时数约为 850h（含周末）；而在过渡季节，上海市委党校二期工程综合教学楼与学员宿舍楼的作息时间（含周末）总小时数约为 1338h。上海市委党校二期工程通过自然通风，避免空调运行的小时数约占过渡季节总时数的 63.5%，节能效果显著（表 4-17）。

上海地区过渡季节逐时干球温度分布表 **表4-17**

温度范围（℃）	< 14	14 ~ 16	16 ~ 18	18 ~ 20	20 ~ 22	> 22	合计（h）
小时数（h）	162	196	238	197	219	326	1338

注：1. 本表数据来源《海华大厦工程新技术集成运用研究报告》；
2. [（过渡季节利用自然通风小时数）÷（过渡季节工作总时数）] × 100%=（850 ÷ 1338 × 100%）= 63.5% 。

第八节　建筑节水主要措施

充分利用非传统水源（Nontraditional water source）是节约用水的最有效措施之一。非传统水源不同于传统地表水供水和地下水供水的水源，其包括再生水、雨水、海水等。为了节约水资源，上海市委党校在二期（综合教学楼与学员宿舍楼）工程立项建设伊始，就非常重视非传统水源的再利用，而雨水回收再利用是十分有效的节水措施。

建筑屋顶及周边地面收集的雨水经过收集、沉淀、过滤等过程后，可以被利用作为景观和灌溉用水以及清洗（图 4-78.1 雨水池回收水冲洗墙面实景片段）或路面降温用水。建筑被水体环绕 [图 4-78.2 雨水收集池平面布置图（蓝色部分）]，在水中形成静谧的倒影，营造出祥和平静的氛围（图 4-79.1 教学楼南侧雨水收集池夜景远眺；图 4-79.2 教学楼南侧雨水收集池近观；图 4-79.3 教学楼东侧雨水收集池远眺；图 4-79.4 教学楼东侧雨水收集池夜景近观）。

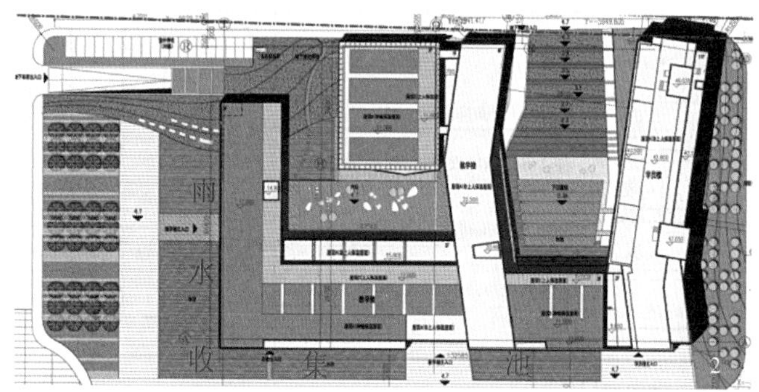

图 4-78　雨水收集池

图 4-79　教学楼南 / 东雨水收集池实景

上海市委党校二期工程通过收集和处理屋面及部分场地雨水，用于园区的绿化浇灌、水体补充和道路冲洗，其雨水收集流程图参见图 4-80。设计收集面积约 18000m^2，系统处理能力为 15m³/h，年雨水收集量 18696m³，年雨水利用量 16826m³，绿化、景观和道路浇洒雨水替代率 59%。雨水处理机房设在地下一层，内设一组提升泵、一套处理设备、一座清水池以及提升设备，室外雨水调蓄池 120t，清水池 60t。

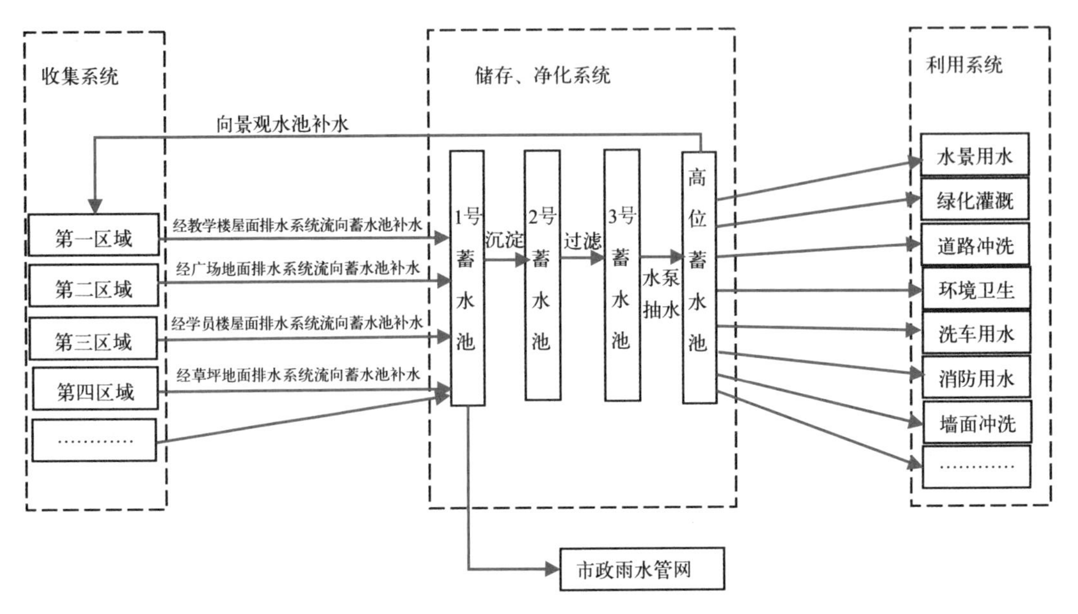

图 4-80　雨水回收利用流程图

上海市委党校二期工程的景观水池部分位置设在地下车库顶部（图 4-81）。这就对池底防水，特别是变形缝与沉降缝（图 4-82）处以及防水卷材搭接（图 4-83）处防水处理是景观水池能否正常投入使用、地下车库能否正常投入使用的关键因素之一，也是工程监理重点关注与监控点之一。这就要求地下车库顶部做景观水池，其防水无论是设计质量还是施工质量均必须将可能导致渗漏的因素考虑清楚，应根据项目使用功能、结构形式、环境条件、施工方法及材料性能等因素设计、合理选材并严格规范施工。

图 4-81　设置在地下车库顶部景观水池实景（位于南教学楼西侧与大报告厅之间部位）

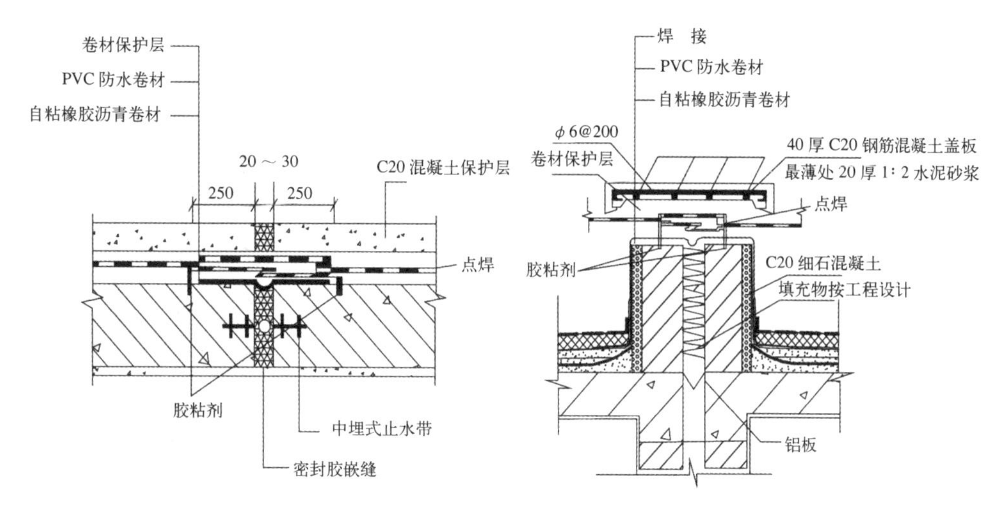

图 4-82　景观水池变形缝与沉降缝施工处理剖面示意图

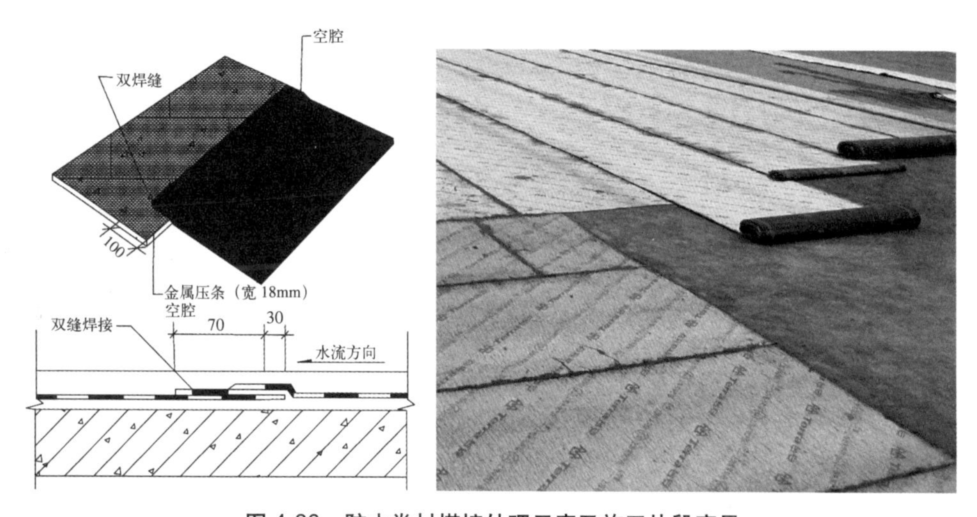

图 4-83　防水卷材搭接处理示意及施工片段实景

要避免地下车库上的景观水池渗漏，至少应按照表 4-18 的有关要求逐步落实。

车库顶的景观水池防水要求　　　　表4-18

主要步骤	具体技术实施控制要点	图　例
主要防水材料选用	防水卷材为多层纤维内增强 PVC 防水卷材，表面经特殊处理后能起较好防滑作用；可用热风焊接工艺进行焊接施工；其拉伸强度、断裂伸长率、撕裂力等指标均达到国际先进水平。 高聚物改性沥青防水卷材和胶粘剂的规格、性能、配合比必须按设计和有关标准采用，应有合格的出厂证明。卷材防水层特殊部位的细部作法，必须符合设计要求和施工及验收规范的规定，防水层严禁有破损和渗漏现象	

续表

主要步骤		具体技术实施控制要点	图例
水泥砂浆防水底基层		（1）基层表面应平整、坚实、粗糙、清洁，水泥砂浆防水层要求表面充分湿润，无积水；（2）掺入添加剂的水泥砂浆防水层不论迎水面或背水面均需分两层铺抹，表面应压光，总厚度不应小于20mm；（3）水泥砂浆的稠度宜控制在70～80mm，水泥砂浆应随拌随用；（4）结构阴阳角处，均应做成圆角，圆弧半径一般阴角为50mm，阳角为10mm；（5）防水层的施工缝需留斜坡阶梯形槎，并应依照层次操作顺序连续施工，层层搭接紧密。留槎的位置一般宜留在地面上，亦可在墙面上，但需离开阴、阳角200mm处	
防水卷材铺设	施工准备	（1）施工前审核图纸，编制防水工程施工方案交底。地下防水工程操作人员持证上岗；（2）铺贴防水层的基层必须按设计施工完毕，并经养护后干燥，含水率不大于9%；基层应平整、牢固，不空鼓开裂、不起大砂；（3）防水层施工涂底胶前，应将基层表面清理干净；（4）施工用材料均为易燃，因而应准备好相应的消防器材	
	基层清理	施工前将验收合格的基层清理干净。应平整，无空鼓、起砂，阴阳角应呈圆弧形或钝角	
	涂刷基层处理剂	在基层表面满刷一道用汽油稀释的氯丁橡胶沥青胶粘剂（改性沥青胶粘剂），涂刷应均匀，不得有漏刷、不透底、无麻点等	
	铺贴附加层	管根、阴阳角部位加铺一层卷材。按规范及设计要求将卷材裁成相应的形状进行铺贴。粘结应牢固，无空鼓、损伤、滑移翘边、起泡、皱折等缺陷	
	铺贴卷材	将改性沥青防水卷材按铺贴长度进行裁剪并卷好备用，操作时将已卷好的卷材，用直径30mm的管穿入卷心，卷材端头比齐开始铺贴起点，点燃汽油喷灯或专用火焰喷枪，加热基层与卷材交接处，喷枪距加热面保持300mm左右的距离，往返喷烤、观察当卷材的沥青刚刚熔化时，手扶管心两端向前缓缓流动铺设，要求用力均匀、不窝气，铺设压边宽度应掌握好，满贴法搭接宽度为80mm，条粘法搭接宽度100mm	
	保护层	平面做水泥砂浆或细石混凝土保护层；立面防水层施工完，应及时稀撒石碴后抹水泥砂浆保护层；卷材防水铺附加层的宽度应符合规范要求；分层的接头搭接宽度应符合规范的规定，收头应嵌牢固	
成品保护		（1）地下卷材防水层部位预埋的管道，在施工中不得碰损和堵塞杂物。（2）卷材防水层铺贴完成后应及时做好保护层，防止结构施工碰坏防水层；外贴防水层施工完后，应按设计砌好保护墙。（3）卷防平面防水层施工，不得在防水层上放置材料及作为施工运输车道	

续表

主要步骤		具体技术实施控制要点	图　例
重点关注质量问题	卷材搭接不良	接头搭接形式以及长边、短边的接宽度偏小，接头处的粘结不密实，接槎损坏、空鼓；施工操作中应按程序弹标准线，使与卷材规格相符，操作中齐线铺贴，使卷材接搭长边不小于100mm，短边不小于150mm	
	空鼓	铺贴卷材的基层潮湿，不平整、不洁净、产生基层与卷材间窝气、空鼓；铺设时排气不彻底，窝住空气，也可使卷材间空鼓；施工时基层应充分干燥，卷材铺设应均匀压实	
	防水层粘贴不良	清理不干净、裁剪卷材与根部形状不符、压边不实等造成粘贴不良；施工时清理应彻底干净，注意操作，将卷材压实，不得有张嘴、翘边、折皱等现象	
	渗漏	转角、管根、变形缝处不易操作而渗漏。施工时附加层应仔细操作；保护好接槎卷材，搭接应满足宽度要求，保证特殊部位的施工质量	

上海市委党校二期（综合教学楼与学员宿舍楼）工程景观水池经上述步骤实施后，经1年多的运行，未发现明显渗漏现象，达到了设计目标。与此同时，上海市委党校二期工程的非传统水源利用率达到了15.5%，实现了对水资源的合理节约及对非传统水源的有效利用。

第五章　绿色建筑施工主要监控措施

绿色施工是我国建筑业当前与未来发展的方向，是一种对环境保护要求更高的新施工模式。实施绿色施工，应依据因地制宜的原则，贯彻执行国家、行业和地方相关的技术经济政策，应是可持续发展理念在工程施工中全面应用的体现。本文所述的“绿色建筑施工”有其特殊的含义：是指施工承包商、工程监理单位和财务监理单位关于绿色建筑实施工作的总称，至少应涵盖“因地制宜”、“全寿命周期分析评价（LCA）”、“权衡优化（Trade-off）和总量控制”以及“全过程控制（Process Control）”等四项原则。具体到上海市委党校，绿色建筑施工的工作时间为自施工承包商及工程监理、财务监理接手上海市委党校二期工程之日始，至上海市委党校二期工程竣工验收并运营一年后的全部时间，即与上海市委党校二期工程绿色施工相关的安全控制、进度控制、质量控制以及造价控制等咨询服务的具体工作时间段为2009年5月18日～2012年5月17日。

第一节　绿色施工概述

绿色施工是可持续发展思想在工程施工中的应用体现，是绿色施工技术的综合应用。绿色施工技术并不是独立于传统施工技术的全新技术，而是用“可持续”的眼光对传统施工技术的重新审视，是符合可持续发展战略的施工技术。作为建筑全寿命周期中的一个重要阶段，绿色施工是实现建筑领域资源节约和节能减排的关键环节之一。一般而言，绿色施工是指工程建设中在保证质量、安全等基本要求的前提下，通过科学管理和技术进步，最大限度地节约资源和减少对环境负面影响的施工活动，最大程度地满足“四节一环保”即节地、节能、节水、节材和保护环境的要求。绿色施工是在建筑的全寿命周期内，最大限度地节约资源、保护环境和减少污染，为人们提供健康、适用和高效的使用空间，与自然和谐共生的建筑施工活动。绿色施工涉及生态与环境保护、资源与能源利用以及社会与经济等可持续发展的各个方面，并不仅仅是指在工程施工中实施封闭施工，无扬尘、无噪声扰民，在工地四周栽花、种草，实施定时洒水等粗浅内容，还包括了其他大量的内容，如：“施工管理、环境保护、节材与材料资源利用、节水与水资源利用、节能与能源利用、节地与施工用地保护六个方面组成，这六个方面涵盖了绿色施工的基本指标，同时包含了施工策划、材料采购、现场施工、工程验收等各阶段的指标的子集”（图5-1）。

绿色施工并不是很新的思维途径，承包商以及建设单位为了满足政府及大众对文明施工、环境保护及减少噪声的要求，为了提高企业自身形象，一般均会采取一定的降噪技术措施来降低施工噪声以减少施工扰民、减少环境污染等，尤其在政府要求严格、大众环保意识较强的城市进行施工时，这些措施一般会比较有效。但是，大多数承包商在采取这些绿色施工技术时是比较被动与消极的，对绿色施工的理解也是比较单一的，还不能积极主动地运用适当的绿色施工技术、科学的管理方法，以系统的思维模式、规范的操作方式从

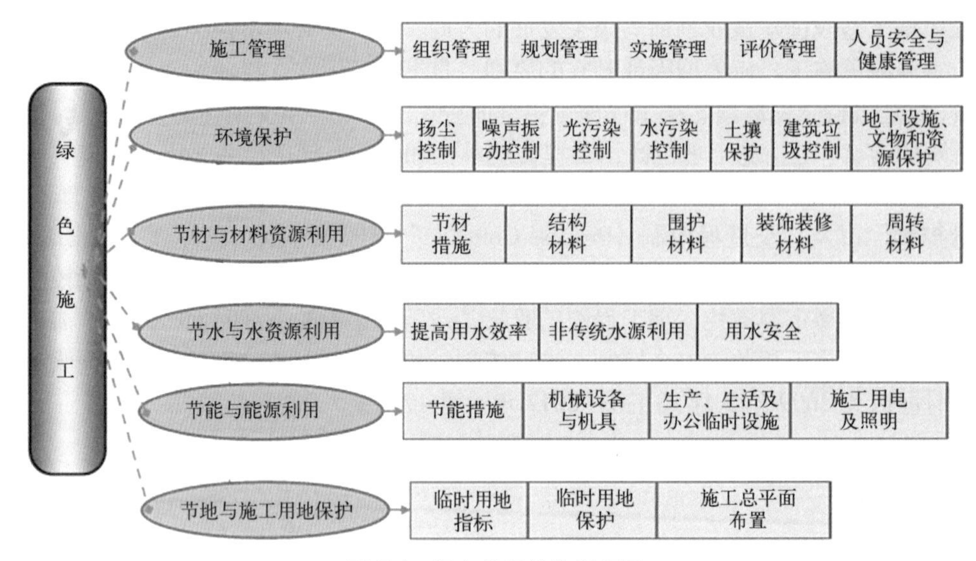

图 5-1 绿色施工总体框架图

事绿色施工。真正的绿色施工应当是将“绿色方式”作为一个整体运用到施工中去，将整个施工过程作为一个微观系统进行科学的绿色施工组织设计。绿色施工技术除了文明施工、封闭施工、减少噪声扰民、减少环境污染、清洁运输等外，还包括减少场地干扰、尊重基地环境，结合气候施工，节约水、电、材料等资源或能源，环保健康的施工工艺，减少填埋废弃物的数量，以及实施科学管理、保证施工质量等。

由此可见，绿色施工作为我国建筑业当前大力推广的以及未来发展的方向，它不但对相关绿色施工建筑企业的要求几乎是全新课题，也是一个系统工程，并非哪一家能够尽善尽美地完成绿色施工任务。它需要包括建设单位（业主）、设计单位、施工单位（承包商）、监理单位（工程监理、财务监理）、甚至是绿色建筑咨询单位（绿色建筑实施过程的技术咨询）、有关建筑材料供应单位（建材供应商）以及相关政府主管部门（如市安全与质量监督中心站）与检测检验单位等诸多单位支持与配合，才有可能取得预期的成效。

绿色建筑的建筑施工阶段也是对环境造成直接影响最明显的一个阶段，所以说在建筑业推行绿色施工，对于我国的可持续发展具有极其重要的意义。然而到目前为止，我国绿色施工的发展尚处于开始阶段，在推广绿色施工的过程中，存在着很多问题。譬如：大多数承包商注重按“承包合同、施工图纸、技术要求、项目计划及项目预算”等要求来完成项目的各项目标，而未运用现有的成熟技术和高新技术来充分考虑施工的可持续性，致使绿色施工技术并未随着新技术、新管理方法的运用而得到有效应用。施工企业更未把绿色施工能力作为企业的竞争力，未充分运用科学的管理方法、未采取切实可行的绿色施工技术措施来保护环境和节约能源等。所以，我们要在公众中宣传实施绿色施工重大意义的同时，在施工过程中还应积极采用绿色施工技术等诸如此类的新技术、新工艺。还要对项目进行科学的管理，譬如通过对项目的集成化管理，可以提高工程质量，加快进度，节约成本，也有利于绿色施工的实施。只有将绿色施工理念深深地贯入人心，建设可持续发展的、环境友好型的国家才会有实质性进展。

第二节　绿色施工的主要法律依据

根据有限资料统计，在我国，真正有意识的且是政府主管部门全力推动的、大面积进行绿色施工的项目群是北京的“奥运工程”。在上海“世博园项目群”建设期间，绿色施工技术的应用则达到了一个全新的高度，仅从“城市——让生活更美好”的办博理念就可见一斑。北京奥组委为加强和规范奥运工程的施工管理，贯彻“绿色奥运”的理念，依据国家和北京市的有关法规、标准，以及申办奥运时的承诺，特制定《奥运工程绿色施工指南》。随后建设部发布《绿色施工导则》，对全国建筑施工单位就有关绿色施工事宜提出原则要求。北京市政府、上海市政府随后也出台了具有地方特色的、极具针对性的地方绿色施工办法。这也为中国其他省份开了好头。据不完全统计，到 2012 年 12 月底为止，国内已正式实施的与绿色施工有关的法律与法规文件和规范与标准文本主要包括：

（1）《奥运工程绿色施工指南》（2003 年 11 月出台）
（2）《绿色施工导则》（建设部，2007 年 9 月出台）
（3）《上海市建设工程节约型工地考核标准》
（4）《上海市文明工地评分标准》
（5）《建筑施工场界噪声限值》（GB 12523—90）
（6）《上海市扬尘污染防治管理办法》
（7）《上海市城市环境（装饰）照明规范》
（8）《中华人民共和国水污染防治法》
（9）《污水综合排放标准》（GB 8978—1996）
（10）《上海市建筑垃圾和工程渣土处置管理规定》
（11）《建材工业节约原材料管理办法》
（12）《北京市绿色施工管理规程》（DB 11/513—2008）
（13）《中华人民共和国环境保护法》
（14）《公共建筑节能设计标准》（GB 50189—2005）
（15）北京市地方标准《绿色建筑评价标准》（DB11/T 825—2011）
（16）海南省地方标准《绿色建筑评价标准》于 2011 年 6 月 13 日评审通过
（17）山东省工程建设标准《绿色建筑评价标准》（DBJ/T 14—082—2012）
（18）福建省《绿色建筑评价标准》（DBJ/T 13—118—2010）
（19）重庆市《绿色建筑评价标准》（DBJ/T 50—066—2007）
（20）深圳市《绿色建筑评价规范》（SZJG 30—2009）
（21）江苏省《绿色建筑评价标准》（DGJ32/TJ 78—2009）
（22）广西壮族自治区《绿色建筑评价标准》（DB45/T 567—2009）
（23）上海市《绿色建筑评价标准》（DG/TJ 08—2090—2012）

（24）四川省《绿色建筑评价标准》（DBJ51/T 008—2012）
（25）江西省《绿色建筑评价标准》（DB 36/J 001—2010）
（26）广东省《绿色建筑评价标准》（DBJ/T 15—83—2011）
（27）河北省《绿色建筑评价标准》（DB13（J）/T 113—2010）
（28）天津市《绿色建筑评价标准》（DB/T 29—204—2010）
（29）《绿色建筑评价标准（香港版）》（CSUS/GBC 1—2010）
（30）湖南省《绿色建筑评价标准》（DBJ43/T 004—2010）
（31）湖北省《绿色建筑评价标准（试行）》（鄂建文 [2010]102 号）
（32）浙江省《绿色建筑评价标准》（DB33/T 1039—2007）

在上述关于绿色施工的强制性文件中，基本上是围绕“评价条目”、“控制内容”、“控制方式”等绿色施工的主要工作内容与方向予以展开，为施工承包进行绿色施工与管理提供了极好的参考价值，也为工程监理进行绿色施工的施工质量控制提供了工作方向。这有利于绿色施工规范管理，也有利于绿色施工技术的进一步提升（表 5-1）。

绿色施工与绿色建筑评价条文（部分）对比简表 **表5-1**

类比项目	评价条目	控制内容	控制方式
节地与室外环境	5.1.5 施工环境保护	土壤环境、扬尘、污水、噪声、光污染控制、场地干扰	施工管理
节材与材料资源利用	5.4.1 建筑材料有害物质限量	人造板、溶剂型木器涂料、内墙涂料、胶粘剂、家具、壁纸、聚氯乙烯卷材地板、地毯、混凝土外加剂等	材料进场
	5.4.3 当地化材料	500km 以内生产的建材 >60%	材料进场
	5.4.4 混凝土	全部采用预拌混凝土	材料进场
	5.4.5 高性能混凝土高强度钢	C50 混凝土或 HRB400 钢材 >70% 或高性能混凝土 >50%	材料进场
	5.4.6 施工废弃物	拆除、施工及场地清理，固体废物分类处理，及回收利用可再利用、可循环材料的回收率 >30%	施工管理 废品出售
节材与材料资源利用	5.4.7 可再循环材料	可再循环材料使用重量占建材总重 >10%	材料进场
	5.4.8 土建与装修一体化	一体化设计施工	施工管理
	5.4.10 废弃物再生材料	以废弃物为原料生产的建材用量占同类建材料 >30%，其废弃物掺量 >20%	材料进场
室内环境质量	5.5.4 室内空气污染控制	游离甲醛、苯、氨、氡和 TVOC 等	材料进场；装修控制；设备安装控制
运营管理	5.6.4 施工土方平衡及设施再利用	建筑施工兼顾土方平衡，施工道路等设施能在建成后的运营过程保持延续	施工管理

注：本表有关对比项的依据来源于《绿色建筑评价标准》GBT 50378—2006。

第三节　绿色施工基本内容

绿色施工是建筑全寿命周期中的一个重要阶段，实施时应进行总体方案优化，应对施工策划、材料采购、现场施工、工程验收等各阶段进行控制，加强对整个施工过程的管理和监督，在规划、设计阶段，应充分考虑绿色施工的总体要求，为绿色施工提供基础条件。

实施绿色施工，必须要实施科学管理，提高施工承包企业管理水平，使企业从被动地适应转变为主动地响应，使企业实施绿色施工制度化、规范化。这将充分发挥绿色施工对促进可持续发展的积极作用，增加绿色施工的经济性效果和社会性效益，增加承包商采用绿色施工的积极性，而施工承包企业通过ISO14001认证是提高企业管理水平，实施科学管理的有效途径。一般而言，绿色施工管理主要包括组织管理、规划管理、实施管理、评价管理和人员安全与健康管理五个方面（表5-2）。

绿色施工管理的主要内容简表　　表5-2

序号	管理类型	主 要 内 容
1	组织管理	（1）建立绿色施工管理体系，并制定相应的管理制度与目标。 （2）项目经理为绿色施工第一责任人，负责绿色施工的组织实施及目标实现，并指定绿色施工管理人员和监督人员
2	规划管理	（1）编制绿色施工方案。该方案应在施工组织设计中独立成章，并按有关规定进行审批。 （2）绿色施工方案应包括以下内容： ①环境保护措施，制定环境管理计划及应急救援预案，采取有效措施，降低环境负荷，保护地下设施和文物等资源。 ②节材措施，在保证工程安全与质量的前提下，制定节材措施。如进行施工方案的节材优化，建筑垃圾减量化，尽量利用可循环材料等。 ③节水措施，根据工程所在地的水资源状况，制定节水措施。 ④节能措施，进行施工节能策划，确定目标，制定节能措施。 ⑤节地与施工用地保护措施，制定临时用地指标、施工总平面布置规划及临时用地节地措施等
3	实施管理	（1）绿色施工应对整个施工过程实施动态管理，加强对施工策划、施工准备、材料采购、现场施工、工程验收等各阶段的管理和监督。 （2）应结合工程项目的特点，有针对性地对绿色施工做相应的宣传，通过宣传营造绿色施工的氛围。 （3）定期对职工进行绿色施工知识培训，增强职工绿色施工意识
4	评价管理	（1）对照本导则的指标体系，结合工程特点，对绿色施工的效果及采用的新技术、新设备、新材料与新工艺，进行自评估。 （2）成立专家评估小组，对绿色施工方案、实施过程至项目竣工，进行综合评估
5	人员安全与健康管理	（1）制定施工防尘、防毒、防辐射等职业危害的措施，保障施工人员的长期职业健康。 （2）合理布置施工场地，保护生活及办公区不受施工活动的有害影响。施工现场建立卫生急救、保健防疫制度，在安全事故和疾病疫情出现时提供及时救助。 （3）提供卫生、健康的工作与生活环境，加强对施工人员的住宿、膳食、饮用水等生活与环境卫生等管理，明显改善施工人员的生活条件

注：本表相关主要内容来源于住建部文件《绿色施工导则》。

常见的绿色施工环境保护技术要点主要包括扬尘控制、噪声与振动控制、光污染控制、水污染控制、土壤保护、建筑垃圾控制和地下设施、文物和资源保护等7个方面（表5-3）。

绿色施工环境保护技术要点的主要内容简表 表5-3

序号	环保类型	主要内容
1	扬尘控制	(1) 运送土方、垃圾、设备及建筑材料等，不污损场外道路。运输容易散落、飞扬、流漏的物料的车辆，必须采取措施封闭严密，保证车辆清洁。施工现场出口应设置洗车槽。 (2) 土方作业阶段，采取洒水、覆盖等措施，达到作业区目测扬尘高度小于1.5m，不扩散到场区外。 (3) 结构施工、安装装饰装修阶段，作业区目测扬尘高度小于0.5m。对易产生扬尘的堆放材料应采取覆盖措施；对粉末状材料应封闭存放；场区内可能引起扬尘的材料及建筑垃圾搬运应有降尘措施，如覆盖、洒水等；浇筑混凝土前清理灰尘和垃圾时尽量使用吸尘器，避免使用吹风器等易产生扬尘的设备；机械剔凿作业时可用局部遮挡、掩盖、水淋等防护措施；高层或多层建筑清理垃圾应搭设封闭性临时专用道或采用容器吊运。 (4) 施工现场非作业区达到目测无扬尘的要求。对现场易飞扬物质采取有效措施，如洒水、地面硬化、围挡、密网覆盖、封闭等，防止扬尘产生。 (5) 构筑物机械拆除前，做好扬尘控制计划。可采取清理积尘、拆除体洒水、设置隔挡等措施。 (6) 构筑物爆破拆除前，做好扬尘控制计划。可采用清理积尘、淋湿地面、预湿墙体、屋面敷水袋、楼面蓄水、建筑外设高压喷雾状水系统、搭设防尘排栅和直升机投水弹等综合降尘。选择风力小的天气进行爆破作业。 (7) 在场界四周隔挡高度位置测得的大气总悬浮颗粒物（TSP）月平均浓度与城市背景值的差值不大于0.08mg/m^3
2	噪声与振动控制	(1) 现场噪声排放不得超过国家标准《建筑施工场界噪声限值》(GB 12523—90) 的规定。 (2)在施工场界对噪声进行实时监测与控制。监测方法执行国家标准《建筑施工场界噪声测量方法》(GB 12524—90)。 (3) 使用低噪声、低振动的机具，采取隔声与隔振措施，避免或减少施工噪声和振动
3	光污染控制	(1) 尽量避免或减少施工过程中的光污染。夜间室外照明灯加设灯罩，透光方向集中在施工范围。 (2) 电焊作业采取遮挡措施，避免电焊弧光外泄
4	水污染控制	(1) 施工现场污水排放应达到国家标准《污水综合排放标准》(GB 8978—1996) 的要求。 (2) 在施工现场应针对不同的污水，设置相应的处理设施，如沉淀池、隔油池、化粪池等。 (3) 污水排放应委托有资质的单位进行废水水质检测，提供相应的污水检测报告。 (4) 保护地下水环境。采用隔水性能好的边坡支护技术。在缺水地区或地下水位持续下降的地区，基坑降水尽可能少地抽取地下水；当基坑开挖抽水量大于50万m^{3}时，应进行地下水回灌，并避免地下水被污染。 (5) 对于化学品等有毒材料、油料的储存地，应有严格的隔水层设计，做好渗漏液收集和处理
5	土壤保护	(1) 保护地表环境，防止土壤侵蚀、流失。因施工造成的裸土，及时覆盖砂石或种植速生草种，以减少土壤侵蚀；因施工造成容易发生地表径流土壤流失的情况，应采取设置地表排水系统、稳定斜坡、植被覆盖等措施，减少土壤流失。 (2) 沉淀池、隔油池、化粪池等不发生堵塞、渗漏、溢出等现象。及时清掏各类池内沉淀物，并委托有资质的单位清运。 (3) 对于有毒有害废弃物如电池、墨盒、油漆、涂料等应回收后交有资质的单位处理，不能作为建筑垃圾外运，避免污染土壤和地下水。 (4) 施工后应恢复施工活动破坏的植被（一般指临时占地）。与当地园林、环保部门或当地植物研究机构进行合作，在先前开发地区种植当地或其他合适的植物，以恢复剩余空地地貌或科学绿化，补救施工活动中人为破坏植被和地貌造成的土壤侵蚀

续表

序号	环保类型	主要内容
6	建筑垃圾控制	(1) 制定建筑垃圾减量化计划，如住宅建筑，每万平方米的建筑垃圾不宜超过400t。 (2) 加强建筑垃圾的回收再利用，力争建筑垃圾的再利用和回收率达到30%，建筑物拆除产生的废弃物的再利用和回收率大于40%。对于碎石类、土石方类建筑垃圾，可采用地基填埋、铺路等方式提高再利用率，力争再利用率大于50%。 (3) 施工现场生活区设置封闭式垃圾容器，施工场地生活垃圾实行袋装化，及时清运。对建筑垃圾进行分类，并收集到现场封闭式垃圾站，集中运出
7	地下设施、文物和资源保护	(1) 施工前应调查清楚地下各种设施，做好保护计划，保证施工场地周边的各类管道、管线、建筑物、构筑物的安全运行。 (2) 施工过程中一旦发现文物，立即停止施工，保护现场并通报文物部门并协助做好工作。 (3) 避让、保护施工场区及周边的古树名木。 (4) 逐步开展统计分析施工项目的CO_2排放量和各种不同植被和树种的CO_2固定量的工作

注：本表相关主要内容来源于住建部文件《绿色施工导则》。

绿色施工节材与材料资源的再利用技术要点主要包括：节材基本措施、结构材料节材措施、围护材料节材措施、装饰装修材料节材措施和周转材料的节材措施等5个方面（表5-4）。

绿色施工节材与材料资源利用技术要点的主要内容简表　　表5-4

序号	节材类别	主要内容
1	节材基本措施	(1) 图纸会审时，应审核节材与材料资源利用的相关内容，达到材料损耗率比定额损耗率降低30%。 (2) 根据施工进度、库存情况等合理安排材料的采购、进场时间和批次，减少库存。 (3) 现场材料堆放有序。储存环境适宜，措施得当。保管制度健全，责任落实。 (4) 材料运输工具适宜，装卸方法得当，防止损坏和遗洒。根据现场平面布置情况就近卸载，避免和减少二次搬运。 (5) 采取技术和管理措施提高模板、脚手架等的周转次数。 (6) 优化安装工程的预留、预埋、管线路径等方案。 (7) 应就地取材，施工现场500km以内生产的建筑材料用量占建筑材料总重量的70%以上
2	结构材料的节材措施	(1) 推广使用预拌混凝土和商品砂浆；准确计算采购数量、供应频率、施工速度等，在施工过程中动态控制；结构工程使用散装水泥。 (2) 推广使用高强钢筋和高性能混凝土，减少资源消耗。 (3) 推广钢筋专业化加工和配送。 (4) 优化钢筋配料和钢构件下料方案。钢筋及钢结构制作前应对下料单及样品进行复核，无误后方可批量下料。 (5) 优化钢结构制作和安装方法。大型钢结构宜采用工厂制作，现场拼装；宜采用分段吊装、整体提升、滑移、顶升等安装方法，减少方案的措施用材量。 (6) 采取数字化技术，对大体积混凝土、大跨度结构等专项施工方案进行优化
3	围护材料的节材措施	(1) 门窗、屋面、外墙等围护结构选用耐候性及耐久性良好的材料，施工确保密封性、防水性和保温隔热性。 (2) 门窗采用密封性、保温隔热性能、隔声性能良好的型材和玻璃等材料。 (3) 屋面材料、外墙材料具有良好的防水性能和保温隔热性能。 (4) 当屋面或墙体等部位采用基层加设保温隔热系统的方式施工时，应选择高效节能、耐久性好的保温隔热材料，以减小保温隔热层的厚度及材料用量。 (5) 屋面或墙体等部位的保温隔热系统采用专用的配套材料，以加强各层次之间的粘结或连接强度，确保系统的安全性和耐久性。 (6) 根据建筑物的实际特点，优选屋面或外墙的保温隔热材料系统和施工方式，例如保温板粘贴、保温板干挂、聚氨酯硬泡喷涂、保温浆料涂抹等，以保证保温隔热效果，并减少材料浪费。 (7) 加强保温隔热系统与围护结构的节点处理，尽量降低热桥效应。针对建筑物的不同部位保温隔热特点，选用不同的保温隔热材料及系统，以做到经济适用

续表

序号	节材类别	主 要 内 容
4	装饰装修材料的节材措施	(1) 贴面类材料在施工前，应进行总体排版策划，减少非整块材的数量。 (2) 采用非木质的新材料或人造板材代替木质板材。 (3) 防水卷材、壁纸、油漆及各类涂料基层必须符合要求，避免起皮、脱落。各类油漆及粘接剂应随用随开启，不用时应及时封闭。 (4) 幕墙及各类预留预埋应与结构施工同步。 (5) 木制品及木装饰用料、玻璃等各类板材等宜在工厂采购或定制。 (6) 采用自黏类片材，减少现场液态粘接剂的使用量
5	周转材料的节材措施	(1) 应选用耐用、维护与拆卸方便的周转材料和机具。 (2) 优先选用制作、安装、拆除一体化的专业队伍进行模板工程施工。 (3) 模板应以节约自然资源为原则，推广使用定型钢模、钢框竹模、竹胶板。 (4) 施工前应对模板工程的方案进行优化。多层、高层建筑使用可重复利用的模板体系，模板支撑宜采用工具式支撑。 (5) 优化高层建筑的外脚手架方案，采用整体提升、分段悬挑等方案。 (6) 推广采用外墙保温板替代混凝土施工模板的技术。 (7) 现场办公和生活用房采用周转式活动房。现场围挡应最大限度地利用已有围墙，或采用装配式可重复使用围挡封闭。力争工地临房、临时围挡材料的可重复使用率达到 70%

注：本表相关主要内容来源于住建部文件《绿色施工导则》。

就绿色施工节水与水资源利用而言，可以通过监测水资源的使用，安装小流量的设备和器具，在可能的场所重新利用雨水或施工废水等措施来减少施工期间的用水量，降低用水费用。其节水技术要点主要包括提高用水效率、非传统水源利用和用水安全等 3 个方面(表 5-5)。

绿色施工节水与水资源利用的技术要点的主要内容简表　　表5-5

序号	节水类别	主 要 内 容
1	提高用水效率	(1) 施工中采用先进的节水施工工艺。 (2) 施工现场喷洒路面、绿化浇灌不宜使用市政自来水。现场搅拌用水、养护用水应采取有效的节水措施，严禁无措施浇水养护混凝土。 (3) 施工现场供水管网应根据用水量设计布置，管径合理、管路简捷，采取有效措施减少管网和用水器具的漏损。 (4) 现场机具、设备、车辆冲洗用水必须设立循环用水装置。施工现场办公区、生活区的生活用水采用节水系统和节水器具，提高节水器具配置比率。项目临时用水应使用节水型产品，安装计量装置，采取针对性的节水措施。 (5) 施工现场建立可再利用水的收集处理系统，使水资源得到梯级循环利用。 (6) 施工现场分别对生活用水与工程用水确定用水定额指标，并分别计量管理。 (7) 大型工程的不同单项工程、不同标段、不同分包生活区，凡具备条件的应分别计量用水量。在签订不同标段分包或劳务合同时，将节水定额指标纳入合同条款，进行计量考核。 (8) 对混凝土搅拌站点等用水集中的区域和工艺点进行专项计量考核。施工现场建立雨水、中水或可再利用水的搜集利用系统
2	非传统水源利用	(1) 优先采用中水搅拌、中水养护，有条件的地区和工程应收集雨水养护。 (2) 处于基坑降水阶段的工地，宜优先采用地下水作为混凝土搅拌用水、养护用水、冲洗用水和部分生活用水。 (3) 现场机具、设备、车辆冲洗、喷洒路面、绿化浇灌等用水，优先采用非传统水源，尽量不使用市政自来水。 (4) 大型施工现场，尤其是雨量充沛地区的大型施工现场建立雨水收集利用系统，充分收集自然降水用于施工和生活中适宜的部位。 (5) 力争施工中非传统水源和循环水的再利用量大于 30%
3	用水安全	在非传统水源和现场循环再利用水的使用过程中，应制定有效的水质检测与卫生保障措施，确保避免对人体健康、工程质量以及周围环境产生不良影响

注：本表相关主要内容来源于住建部文件《绿色施工导则》。

在绿色施工过程中，可以通过监测能源的利用率，安装节能灯具和设备、利用声光传感器控制照明灯具。采用节电型施工机械，合理安排施工时间等降低用电量，节约能源。另外，工地大型照明灯具应采用俯视角以避免光线直射造成的光污染。但总体而言，绿色施工节能与能源利用的技术要点主要包括节能基本措施、机械设备与机具节能措施、生产、生活及办公临时设施节能措施和施工用电及照明节能措施等4个方面（表5-6）。

绿色施工节能与能源利用的技术要点的主要内容简表 **表5-6**

序号	节能类别	主要内容
1	节能基本措施	（1）制定合理施工能耗指标，提高施工能源利用率。 （2）优先使用国家、行业推荐的节能、高效、环保的施工设备和机具，如选用变频技术的节能施工设备等。 （3）施工现场分别设定生产、生活、办公和施工设备的用电控制指标，定期进行计量、核算、对比分析，并有预防与纠正措施。 （4）在施工组织设计中，合理安排施工顺序、工作面，以减少作业区域的机具数量，相邻作业区充分利用共有的机具资源。安排施工工艺时，应优先考虑耗用电能的或其他能耗较少的施工工艺。避免设备额定功率远大于使用功率或超负荷使用设备的现象。 （5）根据当地气候和自然资源条件，充分利用太阳能、地热等可再生能源
2	机械设备与机具节能措施	（1）建立施工机械设备管理制度，开展用电、用油计量，完善设备档案，及时做好维修保养工作，使机械设备保持低耗、高效的状态。 （2）选择功率与负载相匹配的施工机械设备，避免大功率施工机械设备低负载长时间运行。机电安装可采用节电型机械设备，如逆变式电焊机和能耗低、效率高的手持电动工具等，以利节电。机械设备宜使用节能型油料添加剂，在可能的情况下，考虑回收利用，节约油量。 （3）合理安排工序，提高各种机械的使用率和满载率，降低各种设备的单位耗能
3	生产、生活及办公临时设施节能措施	（1）利用场地自然条件，合理设计生产、生活及办公临时设施的体形、朝向、间距和窗墙面积比，使其获得良好的日照、通风和采光。南方地区可根据需要在其外墙窗设遮阳设施。 （2）临时设施宜采用节能材料，墙体、屋面使用隔热性能好的材料，减少夏天空调、冬天取暖设备的使用时间及耗能量。 （3）合理配置采暖、空调、风扇数量，规定使用时间，实行分段分时使用，节约用电
4	施工用电及照明节能措施	（1）临时用电优先选用节能电线和节能灯具，临电线路合理设计、布置，临电设备宜采用自动控制装置。采用声控、光控等节能照明灯具。 （2）照明设计以满足最低照度为原则，照度不应超过最低照度的20%

注：本表相关主要内容来源于住建部文件《绿色施工导则》。

工程施工过程会严重干扰施工场地的环境，如场地平整、土方开挖与回填、施工降排水、永久及临时设施建造、场地废物处理等，均会对场地上现存的动植物资源、地形地貌、地下水位等造成负面影响；还会对施工场地内现存的文物、地方特色资源等带来无法挽回的毁坏，甚至可能影响当地文脉的继承和发扬；对未开发区域的新建项目影响也尤其严重；绿色施工过程中应尽可能减少对施工场地的干扰；而可持续的建筑施工场地设计对于减少这种干扰具有重要作用。所以在施工过程中减少对场地的干扰，尊重建筑基地环境，对于保护生态环境、维护地方文脉具有重要意义。建设单位、设计单位、承包商和工程监理单位应当及时识别施工场地内现有的自然、文化和构筑物特征，并通过合理的设计、施工和监督管理工作将这些特征保存下来。就工程绿色施工而言，承包商应结合建设单位、设计单位对其使用场地的要求，制订满足这些要求的、且能尽量减少对施工场地干扰的场地使用计划；在该计划中至少应明确：“（1）场地内哪些区域将被保护、哪些植物将被保护，并明确保护的方法；（2）怎样在满足施工、设计和经济方面要求的前提下，尽量减少清理和扰动的区域面积，尽量减少临时设施、减少施工用管线；(3) 场地内哪些区域将被用作仓储和临时设施建设，如何合理安排承包商、分包商及各工种对施工场地的使用，减少材料和设备的搬动；(4) 各工种为了运送、安装和其他目的对场地通道的要求；(5) 废物将如何处理和消除，如有废物回填或填埋,应分析其对场地生态、环境的影响;(6) 怎样将场地与公众隔离”等内容。这其中也涉及施工节地与施工用地保护等问题；而绿色施工节地与施工用地保护的技术要点主要包括临时用地指标、临时用地保护和施工总平面布置等 3 个方面（表 5-7）。

绿色施工节地与施工用地保护的技术要点的主要内容简表　　表5-7

序号	节地类别	主要内容
1	临时用地指标	(1) 根据施工规模及现场条件等因素合理确定临时设施，如临时加工厂、现场作业棚及材料堆场、办公生活设施等的占地指标。临时设施的占地面积应按用地指标所需的最低面积设计。 (2) 要求平面布置合理、紧凑，在满足环境、职业健康与安全及文明施工要求的前提下尽可能减少废弃地和死角，临时设施占地面积有效利用率大于 90%
2	临时用地保护	(1) 应对深基坑施工方案进行优化，减少土方开挖和回填量，最大限度地减少对土地的扰动，保护周边自然生态环境。 (2) 红线外临时占地应尽量使用荒地、废地，少占用农田和耕地。工程完工后，及时对红线外占地恢复原地形、地貌，使施工活动对周边环境的影响降至最低。 (3) 利用和保护施工用地范围内原有绿色植被。对于施工周期较长的现场，可按建筑永久绿化的要求，安排场地新建绿化
3	施工总平面布置	(1) 施工总平面布置应科学、合理，充分利用原有建筑物、构筑物、道路、管线为施工服务。 (2) 施工现场搅拌站、仓库、加工厂、作业棚、材料堆场等布置应尽量靠近已有交通线路或即将修建的正式或临时交通线路，缩短运输距离。 (3) 临时办公和生活用房应采用经济、美观、占地面积小、对周边地貌环境影响较小，且适合于施工平面布置动态调整的多层轻钢活动板房、钢骨架水泥活动板房等标准化装配式结构。生活区与生产区应分开布置，并设置标准的分隔设施。 (4) 施工现场围墙可采用连续封闭的轻钢结构预制装配式活动围挡，减少建筑垃圾，保护土地。 (5) 施工现场道路按照永久道路和临时道路相结合的原则布置。施工现场内形成环形通路，减少道路占用土地。 (6) 临时设施布置应注意远近结合（本期工程与下期工程），努力减少和避免大量临时建筑拆迁和场地搬迁

注：本表相关主要内容来源于住建部文件《绿色施工导则》。

另外，在编制确定有关绿色施工方案时，施工承包商应着重应用于绿色施工相关新技术、新设备、新材料与新工艺，应建立推广、限制、淘汰公布制度和管理办法。施工承包商在进行绿色施工时，应重点发展适合绿色施工的资源利用与环境保护技术，对落后的施工方案进行限制或淘汰，鼓励绿色施工技术的发展，推动绿色施工技术的创新。施工承包商在进行绿色施工过程中，应大力发展诸如：“现场监测技术”、“低噪声的施工技术”、“现场环境参数检测技术”、“自密实混凝土施工技术”、“清水混凝土施工技术”、“建筑固体废弃物再生产品在墙体材料中的应用技术”、“新型模板及脚手架技术的研究与应用”等有利于绿色建筑实施的应用技术。与此同时，在绿色施工期间，施工承包商还应加强信息技术的应用，如：“绿色施工的虚拟现实技术”、“三维建筑模型的工程量自动统计”、“绿色施工组织设计数据库建立与应用系统”、“数字化工地”、“基于电子商务的建筑工程材料”、“设备与物流管理系统”等，并就相应技术进行针对性的培训交底工作，通过应用信息技术，进行精密规划、设计、精心建造和优化集成，实现与提高绿色施工的各项指标，以确保绿色施工的顺利实施。

第四节　绿色施工过程中主要关注事宜

一、绿色施工应考虑气象因素

承包商在选择施工方法、施工机械、安排施工顺序、布置施工场地时应结合气候特征，这可以减少因气候原因而带来的施工措施增加以及资源和能源用量的增加，有效地降低施工成本；可减少因额外措施对施工现场及环境的干扰；可有利于施工现场环境质量品质的改善和工程质量的提高。承包商要做到施工结合气候，就必须了解并掌握工程所在地区的气象资料及特征，主要包括：降雨、降雪资料（如全年降雨量和降雪量、雨季起止日期、一日最大降雨量等），气温资料（如年平均气温、最高、最低气温及持续时间等），风的资料（如风速、风向和风的频率等），突发性天气（如台风、寒潮、雷暴等的强度与频率）。

绿色施工与气象相结合的主要内容有：

（一）承包商应尽可能合理地安排施工顺序，使会受到不利气候影响的施工工序能在不利气象因素来临时完成。如在雨季来临之前，完成土方工程、基础工程的施工，以减少地下水位上升对施工的影响，减少其他需要增加的额外雨季施工保证措施。

（二）安排好全场性排水、防洪，减少对现场及周边环境的影响。

（三）施工场地布置应结合气候，符合劳动保护、安全、防火的要求。产生有害气体和污染环境的加工场（如沥青熬制、石灰熟化）及易燃的设施（如木工棚、易燃物品仓库）应布置在下风向，且不危害当地居民。起重设施的布置应考虑风、雷电的影响。

（四）在冬季、雨季、风季、炎热夏季施工中，应针对工程特点，尤其是对混凝土工程、土方工程、深基础工程、水下工程和高空作业等，选择适合的季节性施工方法或有效措施。

二、绿色施工应将环境污染降至最低

工程施工期间产生的大量灰尘、噪声、有毒有害气体、废物等会对环境品质造成严重的不利影响，也将有损于施工现场作业人员、使用者以及公众的健康，所以说，减少环境污染，提高与施工有关的室内外空气品质、也即提高环境品质是绿色施工的基本原则之一。常用的提高施工场地空气品质的绿色施工技术措施一般包括：“(1) 制定有关室内外空气品质的施工管理计划。(2) 使用低挥发性的材料或产品。(3) 安装局部临时排风或局部净化和过滤设备。(4) 进行必要的绿化，经常洒水清扫，防止建筑垃圾堆积在建筑物内，贮存好可能造成污染的材料。(5) 采用更安全、健康的建筑机械或生产方式，如用商品混凝土代替现场混凝土搅拌，可大幅度地消除粉尘污染。(6) 合理安排施工顺序，尽量减少一些建筑材料，如地毯、顶棚饰面等对污染物的吸收。(7) 对于施工时仍在使用的建筑物而言，应将有毒的工作安排在非工作时间进行，并与通风措施相结合，在进行有毒工作时以及工作完成以后，用室外新鲜空气对现场通风。(8) 施工现场使用的热水锅炉等必须使用清洁燃料。不得在施工现场熔融沥青或焚烧油毡、油漆以及其他产生有毒、有害烟尘和恶臭气体的物质。(9) 加强绿化工作，搬迁树木须手续齐全。在绿化施工中科学、合理地使

用处置农药，尽量减少对环境的污染。”等至少 9 个方面的内容。

而对于噪声的控制也是防止环境污染，提高环境品质的一个方面。当前中国已经出台了一些相应的规定对施工噪声进行限制。绿色施工也强调对施工噪声的控制，以防止施工扰民。合理安排施工时间，实施封闭式施工，采用现代化的隔离防护设备，采用低噪声、低振动的建筑机械，如无声振捣设备等是控制施工噪声的有效手段。具体而言在绿色施工中消除噪声污染的主要技术措施包括：“(1) 建设和施工单位要尽量选用高性能、低噪声、少污染的设备，采用机械化程度高的施工方式，减少使用污染排放高的各类车辆；(2) 施工区域与非施工区域间设置标准的分隔设施，做到连续、稳固、整洁、美观。硬质围栏 / 围挡的高度不得低于 2.5m。(3) 市区（距居民区 1000m 范围内）禁用柴油冲击桩机、振动桩机、旋转桩机和柴油发动机，严禁敲打导管和钻杆，控制高噪声污染。”等 3 个方面。

为更有效控制施工噪声，应安排专人或者专业监测单位进行施工噪声监测与测量记录，其记录统计表参见表 5-8。

施工噪声监测和测量记录表（样表） **表5-8**

工程项目名称：

监 测 方：

受 检 方：

序号	日期	施工阶段	白天测量		白天测量		值差	监测人	备 注
			标准值(dB)	实测值(dB)	标准值(dB)	实测值(dB)			

记录人：　　　　　　　　　　　　　　　　　　　　日 期：

注：本表由测量监测方自存。

总之，实施绿色施工，尽可能减少对施工场地干扰，提高资源和材料利用效率，增加材料的回收利用等的同时，必须确保工程施工质量。因为好的工程质量，可延长寿命，降低项目日常运行费用，有利于使用者的健康和安全，促进社会经济发展，本身就是可持续发展的体现。

三、上海市委党校二期工程绿色建筑施工的相关措施

在中共上海市委党校、上海行政学院二期（新建综合教学楼及学员宿舍楼）工程（综合教学楼与学员宿舍楼）绿色施工实施期间，施工承包商和工程监理单位至少做到：

（一）施工承包商和工程监理单位应根据《绿色施工导则》中的有关技术要求和措施，建立绿色施工现场管理体系，以确保提出的绿色建筑施工技术策略能够得到贯彻实施，同时对施工过程中应用的材料等进行科学的管理。

（二）施工单位应积极提高施工水平，把绿色建筑施工创建标准分解到环境管理体系目标中去，认真实施。

（三）施工承包商和工程监理单位应指定专人或团队负责绿色施工过程中的事宜，负责绿色建筑施工中具体内容的落实和与咨询方的沟通。

（四）施工承包商和工程监理单位宜根据《绿色施工导则》的有关内容和绿色建筑施工的总体要求，制定适合自身特点的绿色建筑施工管理要求和措施，包括对施工过程中的粉尘控制、节能、节水、噪声控制、废弃物的收集、处理等监管方案，并对控制情况实施全过程监管。

（五）施工承包商和工程监理单位对施工过程中使用的绿色建材，包括但不限于本地化材料利用（如商品混凝土）、固废装饰装修材料、可再循环材料和可再利用材料等利用情况进行记录、监督与检验（表 5-9 ~ 表 5-12）。

商品混凝土（绿色建筑施工材料）统计表（样表） 表5-9

填表日期： 编号：C-

进场日期	强度等级（C）	体积（m^3）	密度	重量（t）

续表

进场日期	强度等级（C）	体积（m^3）	密度	重量（t）

填表说明：
（1）强度等级：混凝土的标号，如C30。
（2）体积：每批次混凝土的量（m^3）。
（3）密度：每方混凝土的重量，需根据不同标号的混凝土的每方重量来填写，可以向混凝土供应商索取数据。
（4）重量：每批次混凝土的重量，单位换算为(t)。
（5）生产厂家名称：供应混凝土的搅拌站的名称。
（6）生产厂家地址：搅拌站的具体地址。

生产厂家名称：

生产厂家地址：

填表（签家）：

审核（签字）：

钢筋（绿色建筑施工材料）统计表（样表）　　**表 5-10**

填表日期：　　　　　　　　　　　　　　　　　　编号：S-

进场日期	强度等级	重量（t）

填表说明：
(1) 强度等级：指的是每批次钢筋的强度等级，如HRB400。
(2) 重量：每批次钢筋的重量(t)。
(3) 生产厂家名称：钢筋的生产厂家名称。
(4) 生产厂家地址：钢筋的生产厂家的具体地址。

生产厂家名称：

生产厂家地址：

填表（签字）：

审核（签字）：

其他主要材料（绿色建筑施工材料）统计表（样表） **表5-11**

材料名称：

填表日期： 编号：Q-

进场日期	材料用量	材料重量（kg）
	面积（m^2）/体积（m^3）/数量等	

填表说明：

(1) 材料名称：施工中除混凝土、钢筋之外的其他主要材料。如幕墙、门窗、脱硫石膏墙板、普通石膏墙板、水泥制品、石膏砌块、粉刷砂浆、砌筑砂浆、铝合金型材、钢板、木材、各类装修材料等。

(2) 材料用量：按照不同材料的计量方式得出的面积数、体积数或者是个数、块数等。

(3) 重量：每批次材料的重量，当重量已知时，可不填前面材料用量这一列。

(4) 生产厂家名称：材料的生产厂家名称。

(5) 生产厂家地址：材料的生产厂家的具体地址。

生产厂家名称：

生产厂家地址：

填表：

审核：

施工废弃物材料（绿色建筑施工材料）统计表　　　　表5-12

填表日期：　　　　　　　　　　　　　　　　　　　　　　编号：F-

材料名称	回收再利用日期	回收再利用方式	施工废弃材料回收用量	施工废弃物重量（kg）
			面积（m^2）/体积（m^3）/数量（个、块）等	

填表说明：

(1) 材料名称：在施工过程中可以再利用和再回收的一些材料的名称。主要包括废弃或施工剩余的钢筋、木材、混凝土、砖块、水泥制品、玻璃，包括硬纸板、地毯和地毯垫、场地清理碎片（植物、软木等，但不包括土壤）、吊顶板、石膏板、金属部件（来自构架、墙骨结构管道、钢筋、其他结构型材、钢材、铁质构件、镀锌钢材、不锈钢材、铝、铜、锌、铅、黄铜和青铜）、装修板材等。

(2) 回收再利用方式：在建筑本体再利用或者出售给回收公司，如出售还需销售凭证。

(3) 施工废弃物材料回收用量：按照不同废弃物材料的计量方式得出的面积数、体积数或者是个数、块数等。

(4) 施工废弃物重量：每批次废弃物材料的重量，当重量已知时，可不填前面废弃物材料回收用量这一列。

施工单位名称：

联系方式：

填表（签字）：

审核（签字）：

第五节　上海市委党校二期工程绿色施工实施要点

《绿色建筑评价标准实施细则》明确要求：绿色施工阶段必须制订相关绿色施工管理计划，通过施工现场管理、资料收集及统计分析，提供“运营标识”阶段相关评价依据，确保上海市委党校最终取得中国绿色建筑三星级评价标识。

上海市委党校二期工程自立项建筑伊始就定位为绿色三星级“绿色评价标识”、上海市建筑节能示范工程。业主、设计、施工、工程监理与财务监理单位等参建各方与绿色建筑专项顾问紧密配合、团结合作、各司其职。在绿色顾问的指导下，承包商负责各项绿色技术及措施的实施并最终形成全过程实测报告，监理单位负责全过程的监管并形成全过程监理报告（图 5-2）。

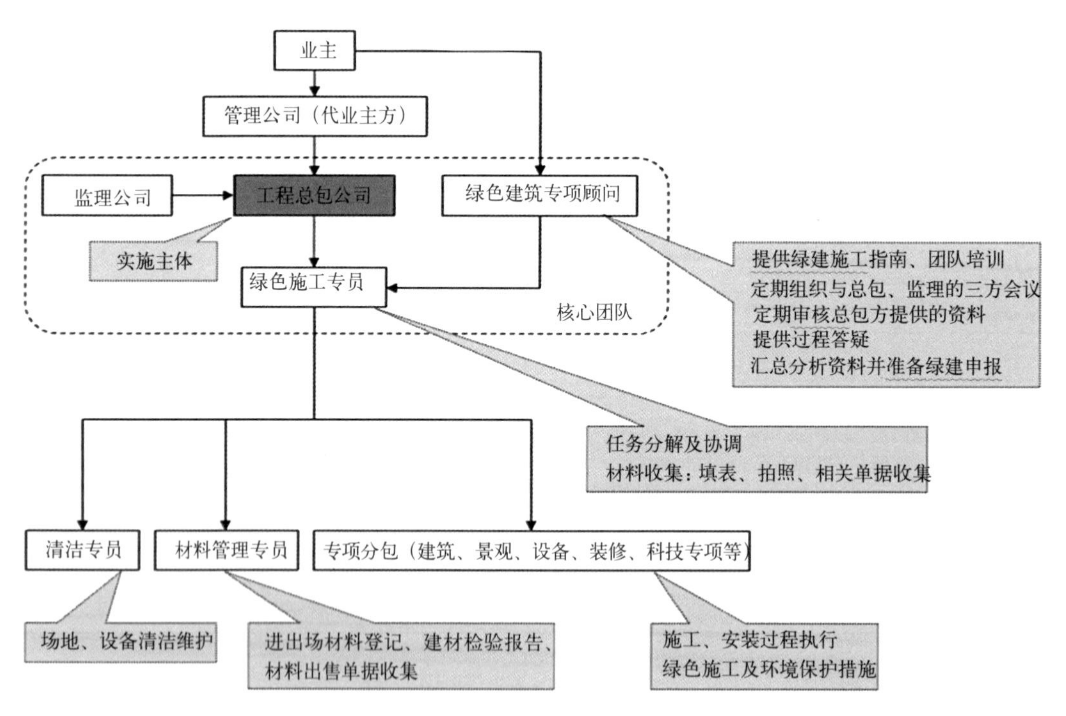

图 5-2　绿色施工团队构架体系图

而根据绿色建筑对施工过程评价的总体要求：其主要包含环境保护 [包括土方平衡、土壤保护和室外总体道路（施工期间作为临时通道）的后期运营]；施工中的污染（噪声、扬尘、水、光污染）控制；施工节能（照明用电、机械设备用电节能）；施工节水（包括非传统水源利用、分项计量）；施工节材（包括本地化材料、环保建材、混凝土、钢材、施工固体废弃物、可再循环材料、废弃原料生产的建筑材料等）等内容。

一、上海市委党校二期工程主要建筑材料汇总

上海市委党校二期工程建设所需主要建材种类至少有 11 种之多（表 5-13）。在工程建设期间，所涉建材生产、运输、施工等阶段的 CO_2 排放量超过 57263t，约占建筑整个生命周期内总排放的 28%。由此可见，采用合理的施工措施，也是绿色建筑不可或缺的关键步骤之一。

市委党校二期工程建造期间用材统计表 表5-13

使用主要建筑材料名称	材料总用量	运输距离（km）	材料废弃率（%）	每千克材料碳排放（$kgCO_2/kg$）
砂石	1850t	50	7%	0.14
水泥	5000t	200	10%	1.02
木材	2520m^3	500	10%	0.48
玻璃	8100m^3	200	3%	0.0001
钢材	6270t	500	5%	2.22
铝	90t	500	5%	0.84
混凝土	33000m^3	50	20%	0.29
铜	128.2t	500	5%	0.39
铁	0.8kg	500	5%	1.07
XPS	1100m^3	800	5%	—
PVC	4.2t	200	5%	1.69

注：主要建材用量数据来源于施工期间的统计，其他资料来源于《上海市委党校二期工程新技术集成运用研究报告》；运输能耗可依运输距离等计算单位排放量，施工阶段的材料消耗量可根据施工模板、脚手架等的用量及其折旧率来估算。

基于此，工程建设参建各方（主要指承包和工程监理）应根据绿色建筑施工的技术要求和措施，建立绿色施工现场管理体系，以确保提出的绿色建筑施工技术策略能够得到贯彻实施，同时对施工过程中应用的材料进行科学管理；应积极提高施工水平，把绿色建筑施工创建标准分解到环境管理体系目标中去并认真实施；应指定专人 / 团队负责绿色施工过程中具体内容的落实和与咨询方的沟通等事宜；宜根据绿色建筑施工的总体要求，制定适合自身特点的绿色建筑施工管理要求和措施，包括对施工过程中的粉尘控制、节能、节水、噪声控制、废弃物的收集、处理等监管方案，并对控制情况实施全过程监管；应对施工过程中使用的绿色建材，包括但不限于本地化材料利用、装饰装修材料、可再循环材料和可再利用材料等利用情况进行记录、监督、检验与核验循环消耗量（表 5-14）。以达到最大限度地节约资源能耗，为创建“绿色三星”建筑尽一份力量。

主要可重复利用（改变原有性状）建筑材料基本特性简表　　表5-14

材料名称	基本定义	基本内容	计算公式	材料消耗来源
可再循环材料	对无法进行再利用的材料，通过改变物质形态，实现多次循环利用的材料	包括金属材料（钢材、铜）、铝合金型材、玻璃、石膏制品、木材等	可循环材料的使用重量 ÷ 所用建筑材料的总重量 ×100%（> 10%）	查阅工程决算材料清单中有关材料的使用数量
可再利用材料	旧建筑拆除的材料及从其他场所回收的旧建筑材料	包括砌块、砖石、管道、板材、木地板、木制品（门窗）、钢材、钢筋、部分装饰材料等	可再利用材料的使用重量 ÷ 工程建筑材料的总重量 ×100%（> 5%）	查阅工程决算材料清单中有关材料的使用数量
以废弃物为原料生产的建筑材料	以废弃物为原料生产，且废弃物掺量大于20%的建筑材料	包括绿色再生混凝土、粉煤灰商品砂浆、以脱硫石膏为原料生产的石膏制品等	以废弃物生产的建材的使用重量 ÷ 同类建材的总重量 ×100%（> 30%）	查阅工程决算材料清单中有关材料的使用数量

注：本文所述主要可重复利用（改变原有性状）建筑材料是指再次利用时，已改变该建筑材料的原有基本特征或使用的主要功能，而根据新的应用环境对其部分功能予以应用或者进行了必要的在加工后予以再利用的建筑材料，包括本表所列的可再循环材料、可再利用材料、以废弃物为原料生产的建筑材料等三大类。

二、上海市委党校二期工程绿色施工的环境保护技术实施要点

绿色施工应兼顾土方平衡、土壤保护和施工道路等设施在运营过程中的使用。施工过程中，通过控制土方平衡、水土流失、排水沟泥水淤积以及施工道路建设以减少施工活动引起的污染。根据绿色建筑对施工过程评价的总体要求：上海市委党校二期工程绿色施工的环境保护技术实施要点包括土方平衡、土壤保护和室外总体道路（施工期间作为临时通道）的后期运营等内容（表5-15）。

绿色施工中环境保护技术实施要点（承包商及工程监理、投资监理工作）汇总简表　　表5-15

施工内容	实施目的	主要要求	技术要求（针对性技术措施）
土方平衡 土壤保护	施工方尽量减少土壤外运次数和降低场址水土流失，提高弃土回填利用率，减少对周围环境的影响	（1）地下车库施工期土方挖掘量较大，且回填土较少，因而产生的施工渣土较多，应及时清运。 （2）施工道路的建成后运营道路保持延续性，施工现场道路按照永久道路和临时道路相结合的原则布置	（1）施工中满足土方平衡，施工中挖出的弃土回填利用，尽量收集和利用施工场地内土质良好的表面耕植土。土方回填施工之前，首选要将场地的草、腐殖土及淤泥等杂质清理干净。 （2）当土石混合易于分清时，把土石分开，并及时清运到指定地点，仍按土方和石方分段填筑。当土石难以分清时，不得乱抛乱填；土方回填之后，在降雨前应及时压实作业面表层松土，并将作业面做成拱面或坡面以利排水，雨后应晾晒，将填土面的淤泥清除。 （3）施工现场搅拌站、仓库、作业棚、材料堆场等布置应尽量靠近已有交通线路或即将修建的正式或临时交通线路，缩短运输距离。 （4）临时交通道路路基坚实，边坡稳定，应及时清理路面废物，填平坑洼、护墙等。重要交叉路口、重要设施应设置标志。 （5）保护地表环境，防止土壤侵蚀、流失。因施工造成的裸土，应及时覆盖砂石或种植速生草种，并采取设置地表排水系统、稳定斜坡、植被覆盖等措施，以减少土壤流失。 （6）防止土壤在施工中受到污染，对施工过程中的沉淀池、隔油池、化粪池应及时清掏各类池内沉淀物，并委托有资质的单位清运；对于有毒有害废弃物，如油漆、涂料等应回收后交有资质的单位处理，避免污染土壤和地下水。 （7）在临时设施建设方面，现场搭建活动房屋之前应按规划部门的要求取得相关手续。建设单位和施工单位应选用高效保温隔热、可拆卸循环使用的材料搭建施工现场临时设施，并取得产品合格证后方可投入使用。工程竣工后一个月内，选择有合法资质的拆除公司将临时设施拆除

三、上海市委党校二期工程绿色施工的施工污染控制技术实施要点

上海市委党校二期工程绿色施工过程中，在控制施工扬尘方面，工程土方开挖前施工单位应按《绿色施工规程》的要求，做好洗车池和冲洗设施、建筑垃圾和生活垃圾分类密闭存放装置、砂土覆盖、工地路面硬化和生活区绿化美化等工作；在渣土绿色运输方面，施工单位应按照要求，选用已办理“散装货物运输车辆准运证”的车辆，持“渣土消纳许可证”从事渣土运输作业。根据绿色建筑对施工过程评价的总体要求：上海市委党校二期工程绿色施工的施工污染控制技术实施要点包括噪声污染控制技术、扬尘污染控制技术、水污染控制技术和光污染控制技术等内容（表 5-16）。

绿色施工污染控制技术实施要点（承包商及工程监理、投资监理工作）汇总简表　　表5-16

施工内容	实施目的	主要要求	技术要求（针对性技术措施）
噪声污染	降低建筑施工过程中产生的噪声污染，避免干扰周围生活环境以及影响施工场地内的工作生活	施工现场应根据国家标准《建筑施工场界噪声测量方法》GB/ T 23634—90 和《建筑施工场地噪声限值》GB 12523—1990 的要求制定降噪措施，噪声排放不得超过国家标准。合理布局施工现场，降低设备声级，以避免局部声级过高	（1）各单位制定施工计划，合理安排施工时间，应尽可能避免大量高噪声设备同时施工；高噪声施工时间尽量安排在白天，减少夜间施工量。 （2）按照环境噪声指标的要求，针对在钢筋加工、模板支设、混凝土制备、混凝土浇筑、花岗岩粘贴等环境因素产生过程，控制各个施工过程，不能在夜间施工的分项工程坚决不施工；每次进行混凝土浇捣时，都要对混凝土振捣的人员进行交底，确保振捣的有效时间，减少对外界环境的噪声影响。 （3）对设备进场时，严格按照规定，控制设备的性能指标，必须达到行业操作规范要求才能用于现场施工。 （4）设备选型上采用低噪声设备，如以液压机械代替燃油机械，振捣器采用高频振捣器等；进场设备必须达到行业操作规范要求，才能用于现场施工。 （5）尽量把容易产生噪声的设备控制在室内进行，降低对外界环境的影响，做到施工不扰民。 （6）施工用机械机具须按要求保养维修，不得带病作业，外租机械应选用较新的设备，以尽量降低施工噪声。 （7）对于噪声较大的施工机具（电锯、磨光机等），应采取封闭隔声措施，避免噪声扩散。 （8）闲置不用的设备应立即关闭，运输车辆进入现场应减速，并减少鸣笛。 （9）脚手架拆除施工，做到轻拿轻放，在较高处支拆时，严禁抛掷。 （10）结构施工时会涉及很多大设备的操作，在进行这些设备的操作时，要进行噪声检测，对有关数据进行记录，对产噪声超标的施工要及时采取降噪措施。 （11）采用先进振捣设备和混凝土搅拌机，减少噪声产生；减少噪声大的振动棒和使用频率，提高使用效率，楼板采用无噪声的平板振动器。 （12）对装修施工过程中使用的电锤及时地加注机油、增强润滑，在施工时严禁用铁锤敲打管道和金属构件，产生噪声。 （13）木工车间、钢筋车间均采用隔声木板封闭。在施工过程中，应加强对四周围墙处的噪声监测，做好记录，并反馈施工机械的日常管理中

续表

施工内容	实施目的	主要要求	技术要求（针对性技术措施）
扬尘污染	绿色施工要求降低扬尘污染，减少对场地范围内大气环境的影响	(1) 施工现场进行封闭施工，控制施工区域和外界的封闭；施工现场多余的土方要及时运走，干燥季节要适时地对现场存放地土方洒水以避免扬尘。 (2) 打磨、搅和、碾压、切割、打孔、剔凿、模板拆除等工序均应采取了有效的扬尘措施	(1) 装运松散物料的车辆均覆盖，对有可能会洒落混凝土、泥土等车辆冲洗干净后，方允许驶离建筑工地大门；土方运输应限制装土高度，且表面喷洒水并覆盖； (2) 土方工程防尘管理措施：遇到四级及以上大风天气，应停止土方作业，同时作业处覆以防尘网；工程挖土期间、天气干燥等容易扬尘阶段对临时道路派专人进行洒水和清扫，保持道路清洁湿润；临时道路全部硬化，临时道路采用低标号混凝土铺设。 (3) 建筑材料的防尘管理措施：施工工程中使用水泥、石灰、砂石、涂料、铺装材料等易产生烟尘的建筑材料采取密闭、设置围挡或堆砌围墙和防尘布遮盖等措施。 (4) 施工现场裸露地面采取积极抑尘措施，派专人负责，大面积的裸露地面、坡面、集中堆放的土方应采用覆盖或固化的抑尘措施（如：绿化、喷浆、隔尘布遮盖、混凝土封盖等）。 (5) 细颗粒散体材料要严密保存，搬运时轻拿轻放，避免破裂造成扬尘。 (6) 施工现场装修原材料尽量采用半成品（如灰膏），减少扬尘；楼层垃圾的清运，应洒水、清扫，集中装袋后，用人力或垂直运输机械向下运送，不应将垃圾从楼面上直接向外抛撒。 (7) 混凝土搅拌车间施工时，要确定风向，在下风处挂密目安全网吸尘，防止扬尘扩散，砂石应提前浇水湿润，减少扬尘的产生。 (8) 施工现场一些松散的易飞扬的物料（黄沙、水泥）均堆放于室内的仓库中，对砂石的堆放，都用临时围栏进行拦挡，砂堆均堆放于室内场地。 (9) 建筑垃圾的防尘管理措施：施工过程中产生的弃土、弃料及其他垃圾，应及时清运；若在工地内堆置超过一周的，则应采取覆盖防尘布网和定期喷水压尘等系列措施。 (10) 施工现场设立垃圾站，及时分拣、回收、清运现场垃圾，按照批准路线和时间到制定的场所倾倒，建筑施工外脚手架采用密网封闭隔尘。 (11) 承包商向建设单位（监理单位）提交的施工组织设计中，应提出行之有效的控制扬尘的技术路线和方案，并积极履行，以减少施工活动对大气环境的污染
水污染	控制施工期废水污染，减轻施工场地污水排放对环境和人群健康的负面影响以保护当地水资源	(1) 防止污水、含水泥废水、淤泥和其他任何溶解物料从工地流到邻近的土地上及积聚在工地上。 (2) 减少施工用水无组织排放、工地生产、生活排水尽量做到有组织收集，不随意漫流；采取必要预留处理装置	施工期产生的废水主要有施工人员生活污水和施工本身产生的废水（如土方阶段降水井排水、结构阶段混凝土养护排水，以及各种运输车辆冲洗水等）。主要技术措施： (1) 在施工现场应针对不同的污水，设置相应的处理设施，污水排放应委托有资质的单位进行废水水质检测，提供相应的污水检测报告。 (2) 现场施工过程中，设置专门的雨水、污水排水临时管道，禁止施工污水直接排入原有的雨水管道污染环境，均需经过沉淀地沉淀后方可排放。 (3) 生活区和办公区设排水沟和沉淀池，沉淀后排入污水管道。 (4) 水泥、淤泥和其他悬浮或溶解物质，应引入污水井中，以防止未经控制的排放。 (5) 冲洗车、混凝土养护水、路面清洗水等经沉淀后排放。 (6) 分包单位应定期组织人员对沉淀池进行清理。 (7) 现场若有食堂、设置隔油池对厨房污水做隔油防污处理。 (8) 在限制施工降水方面，建设单位或者施工单位应当采取相应方法，隔断地下水进入施工区域。 因地下结构、地层及地下水、施工条件和技术等原因，使得采用帷幕隔水方法很难实施或者虽能实施，但增加的工程投资明显不合理的，施工降水方案经过专家评审并通过后，可以采用管井、井点等方法进行施工降水

续表

施工内容	实施目的	主要要求	技术要求（针对性技术措施）
光污染	减少夜间对非照明区、施工场地对周边区域的光污染	（1）尽量避免或减少施工过程中的光污染。 （2）施工现场大型照明灯应采用俯视角度，无直射光线射入空中	（1）夜间室外照明灯加设灯罩，透光方向集中在施工范围，电焊作业采取遮挡措施，限制夜间溢出施工场地范围以外的光线，不对周围住户造成影响。 （2）钢筋电弧焊连接时，必须采取遮光措施。 （3）施工现场使用的碘钨灯、镝灯等照明灯具均应有防护罩，并不得对周围人群形成直射。 （4）对施工场地直射光线和电焊眩光进行有控制或遮挡，避免对周围区域产生不利干扰。 （5）在降低声、光排放方面，建设单位、施工单位在签订合同时，注意施工工期安排及已签合同施工延长工期的调整，应尽量避免夜间施工；因特殊原因确需夜间施工的，必须到工程所在地区县建委办理夜间施工许可证，施工时要采取封闭措施降低施工噪声并尽可能减少强光对居民生活的干扰

注：扬尘污染：指建筑物建造、设备安装工程及装饰工程等施工场所和施工期间产生的扬尘。

工程施工中产生的大量灰尘、噪声、有毒有害气体、废弃物等会对环境品质造成严重的负面影响，也会有损于现场施工作业人员、使用者以及公众的健康。因此，减少环境污染，提高环境品质也是绿色施工的基本原则之一，而提高与绿色施工有关的室内外空气品质则是该原则的最主要内容。绿色施工过程中，扰动建筑材料和系统所产生的灰尘，从建筑材料、产品、施工设备或施工过程中散发出来的挥发性有机化合物，或微粒均会引起室内外空气品质问题。许多这些挥发性有机化合物或微粒会对健康构成潜在的威胁和损害，需要特殊的安全防护。这些威胁和损伤有些是长期的，甚至是致命的。而且在建造过程中，这些空气污染物也可能渗入邻近的建筑物，并在施工结束后继续留在建筑物内。这种影响尤其是对那些需要在房屋使用者在场的情况下进行施工的改建项目更需引起重视。

另外，易产生泥浆的施工，须实行硬地坪施工。所有土堆、料堆须采取加盖防止粉尘污染的遮盖物或喷洒覆盖剂等措施。建设工程工地应严格按照防汛要求，设置连续、通畅的排水设施和其他应急设施。施工承包商须落实门前环境卫生责任制，并指定专人负责日常管理。施工现场应设密闭式垃圾站，施工垃圾、生活垃圾分类存放。生活区应设置封闭式垃圾容器，施工场地生活垃圾应实行袋装化，并委托环卫部门统一清运。应鼓励建筑废料、渣土的综合利用。对危险废弃物必须设置统一的标识分类存放，收集到一定量后，交有资质的单位统一处置。

四、上海市委党校二期工程绿色施工的节能、节水控制技术实施要点

根据绿色建筑对施工过程评价的总体要求：上海市委党校二期工程绿色施工的施工节能主要包括照明用电节能与机械设备用电节能等内容，其施工节水主要包括非传统水源利用、分项计量等内容（表 5-17）。

绿色施工的施工节能、节水技术实施要点（承包商及工程监理、投资监理工作）汇总简表　表5-17

施工内容	实施目的	主要要求	技术要求（针对性技术措施）
施工节能	为节约施工中的能耗，承包商应制订相关的节能管理措施，对照明用电和设备用电等施工过程中的用电设施进行有效监督管理，降低施工能耗	（1）承包商合理分配使用灯具，既要满足环境和作业的配光要求，也要避免产生眩光和严重的光幕反射。 （2）加强照明用电管理，照明节电管理主要以节电宣传教育和建立实施照明节电制度为主。 （3）组织相关人员对施工现场用电进行定期检查，依据《施工现场临时用电安全技术规范》（JGJ 46—2005）进行	（1）承包商在满足标准照度的条件下，为节约电力，应恰当地选用一般照明、局间照明和混合照明三种方式。 （2）临时用电优先选用节能电线和节能灯具，临电线路合理设计、布置，临电设备宜采用自动控制装置；采用声控、光控等节能照明灯具。 （3）各类灯具中，荧火灯主要用于室内照明，汞灯和钢灯用于室外照明，也可将二者装在一起作混光照明。 （4）按户安装电表，实行分户计量。 （5）做好施工人员的用电安全及节约用电的教育工作，做到人走电关。 （6）建立施工机械设备管理制度，开展用电、用油计量，完善设备档案，及时做好维修保养工作，使机械设备保持低耗、高效的状态。 （7）选择功率与负载相匹配的施工机械设备，避免大功率施工机械设备低负载长时运行。机电安装可采用节电型机械设备，如逆变式电焊机和能耗低、高效手持电动工具等，以利节电；机械设备宜使用节能型油料添加剂，在可能的情况下，考虑回收利用，节约油量。 （8）严禁施工设备空转，定期对施工设备进行维护。 （9）合理安排工序，提高各种机械的使用率和满载率，降低各种设备的单位耗能
施工节水	为了节水，施工单位建立相关的节水管理要求和措施，综合利用各种水资源，并且采用适宜的节水施工工艺。统筹综合利用各种水资源，使用非传统用水，采取用水安全保障措施，且不对人体健康与周围环境产生影响，以达到节约用水的目的	施工现场供水管网应根据用水量设计布置，管径合管、管路简捷，采取有效措施减少管网和用水器具的漏损	（1）施工现场分别对生活用水与工程用水确定用水定额指标，并分别计量管理。 （2）现场机具、设备、车辆冲洗用水可设立循环用水装置。施工现场办公区、生活区的生活用水采用节水系统和节水器具，提高节水器具配置比率。项目临时用水应使用节水型产品，安装计量装置，采取针对性的节水措施。 （3）施工现场建立雨水收集利用系统，充分收集自然降水用于施工和生活中适宜的部位。 （4）降水工程应设沉淀池，沉淀后排入雨水管道。并设置贮水池，用作施工用水。 （5）不同单项工程、不同标段、不同分包生活区，凡具备条件的应分别计量用水量。 （6）现场机具、设备、车辆冲洗、喷洒路面等用水，优先采用非传统水源，尽量不使用市政自来水。 （7）施工现场喷洒路面、绿化浇灌不宜使用市政自来水。现场搅拌用水、养护用水应采取有效的节水措施，不应无措施浇水养护混凝土

注：居间照明是指对局部空间的特殊照明；且主要在发生以下5种情况之一时采用：（1）局部需要有较高照度；（2）由于遮挡而使一般照明照射不到的某些空间范围；（3）视觉功能降低的人需要有较高的照度；（4）需要减少工作区的反射眩光；（5）为加强某方向光照以增强质感时。

五、上海市委党校二期工程绿色施工的施工节材控制技术实施要点

绿色施工节材与材料资源利用上，可以通过更仔细的采购，合理的现场保管，减少材料的搬运次数，减少包装，完善操作工艺，增加摊销材料的周转次数等措施来降低建筑材料在使用中的消耗，提高材料的使用效率。但是，根据统计，可回收资源的利用是节约资源的主要手段，也是当前绿色施工应重点关注的方向，这主要体现在两个方面：（1）使用可再生的或含有可再生成分的产品和材料，这有助于将可回收部分从废弃物中分离出来，

同时减少了原始材料的使用，即减少了自然资源的消耗；(2) 加大资源和建筑材料的回收与循环利用，如在施工现场建立废弃物回收系统，再回收或重复利用原有建筑物或基坑等临时维护结构拆除时得到的建筑材料，这可减少施工中建筑材料的消耗量或通过销售来增加企业的收入，也可降低企业运输或填埋垃圾而增加的费用。具体而言，根据绿色建筑对施工过程评价的总体要求：上海市委党校二期工程绿色施工的施工节材主要包括本地化材料、环保建材、混凝土、钢材、施工固体废弃物、可再循环材料、废弃原料生产的建筑材料等等内容（表 5-18）。

绿色施工的施工节材技术实施要点（承包商及工程监理、投资监理工作）汇总简表　　表5-18

具体工作	概述	实施目的	主要要求	技术要求（针对性技术措施）
本地化材料	本地化材料指的是施工现场 500km 以内生产的建筑材料。绿色建筑中应多使用本地化材料，提高就地取材制成的建筑产品所占的比例	减少运输过程的资源、能源消耗，降低环境污染，确保达到绿色建筑评价标准中对本地化材料占材料总重要的比例要求	施工现场 500km 以内生产的建材重量占建筑材料总重量的 60% 以上	对进场的所有材料严格按要求登记，入库前由专人验明并记录材料的名称、数量、生产厂家等信息，收集材料的产品检验报告或质量证明文件，并定期整理分类，将距施工现场 500km 以内生产的建筑材料的相关信息进行汇总
环保建材	环保建材主要涉及石材、人造板及制品、建筑涂料、溶剂型木器涂料、胶粘剂，木制家具、壁纸、聚氯乙烯卷材地板、地毯、地毯衬垫及地毯胶粘剂等装饰装修材和及混凝土外加剂。国家颁布了一系列的标准对这些材料中有害物质如甲醛、挥发性有机物（VOC）、苯、甲苯和二甲苯以及游离甲苯二异氰酸酯、混凝土外加剂中氨含量及材料的放射性核素等进行了限制	防止由于使用不符合要求的装修材料造成的室内污染，从使用控制绿色建材品质的角度出发控制室内污染源，提高室内环境质量	建筑材料中有害物质含量必须符合现行国家标准 GB 18580～18558 和《建筑材料放射性核素限量》GB 6566 的要求；具体标准名称和标准号及其编号见表底备注	(1) 要求进场的石材、人造板及制品、建筑涂料、溶剂型木器涂料、胶粘剂，木制家具、壁纸、聚氯乙烯卷材地板、地毯、地毯衬垫及地毯胶粘剂等建材的厂家提供由具有资质的第三方检测机构出具的检测报告； (2) 核查检测报告中产品相关指标是否符合上述国家标准的要求，送检产品与进场施工产品是否一致，并将核查结果记录在案
混凝土	绿色建筑施工过程中混凝土的用量非常大，其中还包括了大量的高性能混凝土和高耐久性混凝土，绿色建筑中鼓励合理使用这些耐久性和节材效果好的混凝土，绿色施工中需要对各类混凝土进行有效的管理及使用	使用预拌混凝土可以保证混凝土的质量，减少现场噪声和粉尘污染，减少包装材料的损耗，保护生态环境；使用高性能混凝土和高耐久性混凝土可以起到显著的节材作用，还可以解决建筑结构中的肥梁胖柱问题	现浇混凝土全部采用预拌混凝土；明确高性能混凝土、高耐久性混凝土的性能指标以用使用部位和使用量	(1) 由供货的混凝土搅拌站提供预拌混凝土供货单，施工管理单位对这些供货单进行汇总统计，同时对工程中混凝土的总用量进行统计，确保实际工程中的总用量与混凝土的供货量一致； (2) 施工记录中应详细记载每一批进场的混凝土的供货单位、使用量、使用部位等相关产品信息。对于强度等级在 C50 以上的高性能混凝土，还需供货单位提供相关性能指标的证明材料，对于高耐久性混凝土，还需供货单位提供由第三方检测机构出具的含耐久性指标的混凝土检验报告

续表

具体工作	概述	实施目的	主要要求	技术要求（针对性技术措施）
钢材	绿色建筑施工过程中钢材的用量很大，其中包括一些高强度钢，绿色建筑中鼓励合理使用高强度钢，可以有效地节约材料。同时也需要对钢材进行有效的管理及使用	合理有效地使用钢材可以有效地节约材料，减少资源消耗、保护环境。高强度钢材的性能和节材效果显著优于一般钢材，因此在绿色建筑中鼓励多使用高强度钢	明确工程总用钢量，以及所用的各种强度等级钢材的数量及使用部位	(1) 对第一批钢材的供货单位、进货量进行登记，对于使用强度在400N/mm^{2}以上的高强度钢，还需供货单位提供相关性能指标的证明材料； (2) 施工记录中应写明不同类型、不同批次钢材的使用量、使用部位等相关信息； (3) 对于施工中使用多余的钢材应进行回收
施工固体废弃物	对于施工产生的垃圾、废弃物，应现场进行分类处理，进行回收利用。可直接再利用的材料在建筑中重新利用，不可直接再利用的材料通过再生利用企业进行回收、加工，最大限度地避免废弃物污染、随意遗弃	节约原材料、减少废物的产生，并降低由于更新所需材料的生产及运输对环境的影响	(1) 施工单位制订专项建筑施工废弃物管理计划，采取拆毁、废品折价处理和回收利用的措施； (2) 固体废物分类处理，并且固体废物中可再利用、可循环材料的回收利用率比例不低于30%	(1) 根据建筑垃圾的来源、可否回用性质、处理难易度等进行分类，将其中可再利用或可再生的材料进行有效回收处理，能直接利用的直接利用到工程中，不能直接利用的可折价处理，对折价处理的废弃物的种类、数量、重量、产生的费用等应做好记录工作； (2) 对不可回收的废弃物用编织袋装好，按照指定的位置、方式和时间进行堆放及清运。严禁从楼上向地面或由垃圾道、下水道抛弃因装饰装修居室而产生的废弃物及其他物品
可再循环材料	建筑中的可再循环材料包含两部分内容： (1) 用于建筑材料本身就是可再循环材料； (2) 是建筑拆除时能够被再循环的材料。主要有以下几种：钢筋、玻璃、铜材、铝合金型材、石膏制品、木材等。绿色建筑中鼓励尽可能多地使用可再循环材料	充分使用可循环材料可以减少生产加工新材料带来的对资源、能源消耗和对环境的污染，对于建筑的可持续发展具有非常重要的意义	可再循环材料的使用量占项目所有建筑材料总量不低于10%	每一种可再循环材料单独成册，对材料的重量、使用部位等相关信息详细记录在案
以废弃物为原料生产的建材	废弃物主要包括建筑废弃物、工业废弃物和生活废弃物，可作为原材料用于生产绿色建筑产品；在满足使用性能的前提下，绿色建筑鼓励使用利用建筑废弃物生产的建筑材料和再生骨料制作的混凝土砌块、水泥制品和配制再生混凝土、工业废弃物、农作物秸秆、建筑垃圾、淤泥为原料制作的水泥、混凝土、墙体材料、保温材料等建筑材料	保证废弃物使用达到一定的数量要求，保证以废弃物为原料生产的建筑材料的产品质量	(1) 需保证使用的废弃物为原料生产的建筑材料性能满足设计要求，产品安全、健康环保； (2) 至少使用一种以废弃物生产的建筑材料的重量占同类建筑材料总重量的比例不低于30%；在此类建筑材料中废弃的掺量不低于20%	(1) 以废弃物为原料生产的建筑材料进场时，需核对产品检测报告或产品质量保证书等相关证明材料，并将核对结果一一记录在案； (2) 在施工记录上写明以废弃为原料生产的每种建筑材料的使用量（以重量为单位）和使用部位，同时明确其同类产品的使用量； (3) 请厂家出具产品说明书，确保其中废弃物的掺量不低于20%

注：(1) 有关控制有害物质的标准是指：《室内装饰装修材料人造板及其制品中甲醛释放限量》GB 18580；《室内装饰装修材料溶剂型木器涂料中有害物质限量》GB 18581；《室内装饰装修材料内墙涂料中有害物质限量》GB 18582；《室内装饰装修材料胶粘剂中有害物质限量》GB 18583；《室内装饰装修材料木家具中有害物质限量》GB 18584；《室内装饰装修材料壁纸中有害物质限量》GB 18585；《室内装饰装修材料聚氯乙烯卷材地板中有害物质限量》GB 18586；《内装饰装修材料地毯、地毯衬垫及地毯用粘剂中有害物质释放限量》GB 18587；《混凝土外加剂中释放氨限量》GB 18588；《建筑材料放射性核素限量》GB 6566。

(2) 可再利用材料（reusable material）：在不改变所回收物质形态的前提下进行材料的直接再利用，或经过再组合、再修复后再利用的材料。

(3) 可再循环材料（recyclable material）：对无法进行再利用的材料通过改变物质形态，生成另一种材料，实现多次循环利用的材料。

上海市委党校二期工程在施工期间，严格落实绿色建筑实施有关要求（“表 5-10 ～ 表 5-13”共四张表的有关要求），真正做到了：(1) 工程所用所有建材中，500km 以内生产的建筑材料约占建筑材料总重量 89%；(2) 现浇混凝土均采用预拌混凝土，且建筑结构材料以 C40 标号以上高性能混凝土为主，钢材（线材）均采用高强度热轧钢筋（牌号 HRB400，即 $f_{\mu} \geqslant 400$（N/mm^2）；俗称“Ⅲ级钢”)；(3) 认真地将建筑施工、旧建筑拆除和场地清理时产生的固体废弃物分类处理，并将其中可再利用材料、可再循环材料回收和再利用，回收利用率超过 38.5%；(4) 在建筑设计选材时就着重考虑使用材料的可再循环使用性能，在保证安全和不污染环境的情况下，可再循环材料使用重量约占所用建筑材料总重量的 23.7%；(5) 严格落实“土建与装修工程一体化设计施工”原则，不破坏和拆除已有的建筑构件及设施；(6) 综合办公室、大报告厅等建筑的室内采用灵活隔断，最大限度地减少了重新装修时的材料浪费和垃圾产生；(7) 像将拆除的混凝土块进行破碎后作为路基层约占路基层材料总用量的 45%；这既未降低路基施工质量与道路使用性能，使废弃物经处理作为建筑原材料得以重复利用，又节约了运输费用和弃置场地，极有利于环保和节能。以上这些极具针对性绿色建筑施工措施的大面积应用，达到了预期目标，具有较高的示范和推广价值。

第六章　能源与环境监测平台建设

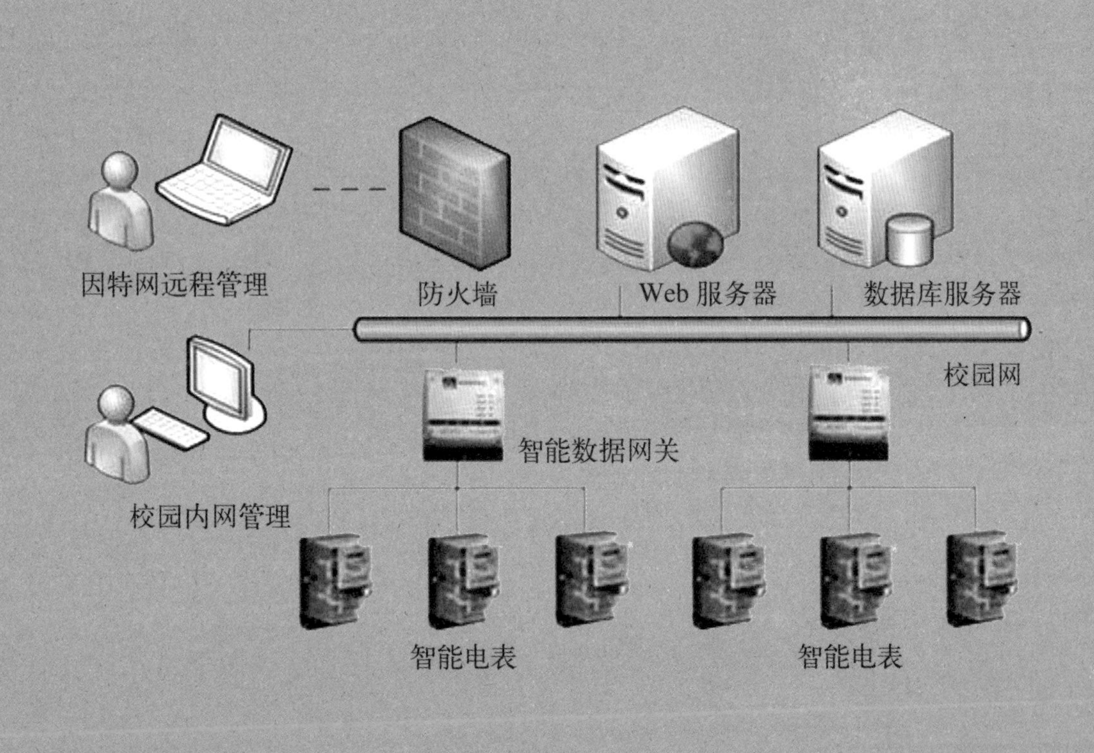

第一节　能源与环境监测平台建设概述

能源与环境是人类生存和发展的物质基础，随着人类科技水平的发展与提升，全球能源消耗也在不断增长，这直接导致因能源短缺的担忧而造成其价格不断攀升，以及环境进一步恶化。中国虽然拥有丰富的石化（如煤炭、石油、天然气、核原料等）能源资源和可再生（如水能、风能、光能等）能源资源，但是人均占有率却极其匮乏，供需矛盾非常突出。为此，国家已经明确提出："到 2020 年我国单位国内生产总值 CO_2 排放量应比 2005 年下降 40% ～ 45%，作为约束性指标纳入国民经济和社会发展中长期规划，并制定相应的国内统计、监测、考核办法"。而能源与环境监测平台就是为了实现对大型商场、办公楼宇、高校等各类高耗能校园、娱乐场所等公共机构的能源、水、气等消耗，以及室内 CO_2 浓度、空调温度、室内温湿度进行实时监控和优化管理，最终实现能源与环保监督管理部门对公共建筑能耗的监控与管理，为节能减排与温室气体减排量的统计、监测与考核提供管理和决策的系统平台（图 6-1、图 6-2）。据统计，有效的能源与环境监管平台的建立后，公共建筑的综合能耗可降低 10% 以上。

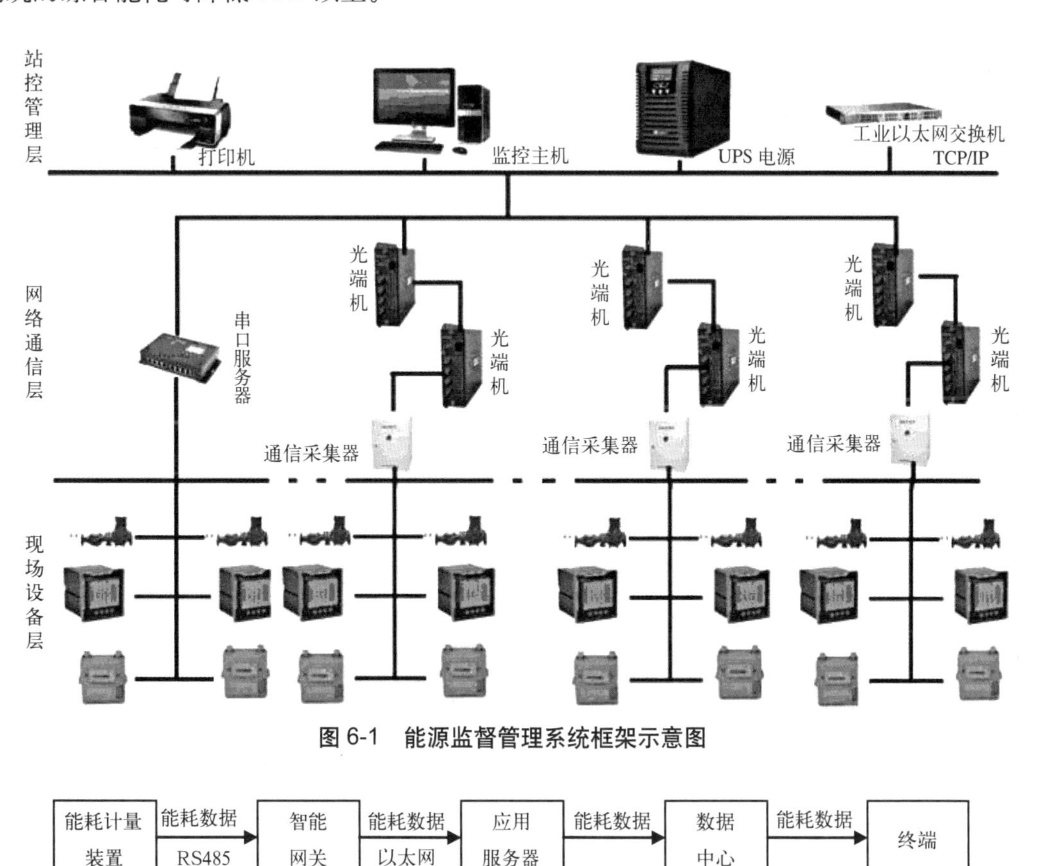

图 6-1　能源监督管理系统框架示意图

图 6-2　能源监督管理系统流程示意图

一、能源消耗与环境保护及其监管现状

（一）能源消耗现状

“忽视环保对策将成为世界经济与人类生存发展的重大隐患”，这已经引起了国际国内社会的高度关注。1997 年《京都议定书》的签订，标志着全人类对“将大气中的温室气体含量稳定在一个适当的水平，进而防止剧烈的气候改变对人类造成伤害”的目标达成了共识。2009 年的哥本哈根全球气候大会更被誉为“拯救人类的最后一次机会”。据统计，我国每年仅办公场所电脑和打印机待机浪费电能达到 12 亿度，折合人民币将近 8 亿元。我国家庭待机能耗占家庭电力消耗的 10%，年总量达到 360 亿度，平均每年每人无谓支出 60 余元,2004 年北京政府机构人均年用电量为 9402 度,相当于北京居民人均 488 度的 19 倍。因电能效率低下，我国一年的电能浪费相当于 2.3 个三峡电站的发电总量，超过 800 亿元。我国城镇供水管网漏失率达到 20% ~ 30%，每年因此损失的自来水达到 100 亿 m^3，比耗资巨大的南水北调中线一期工程年调水量还要大。

据联合国环境署调查公布的数据：因环境破坏引起的经济损失在 2008 年已经达到 6.6 万亿美元，相当于全球 GDP 总量的 11%。按照这种速度，2050 年的损失将比 2008 年扩大 3 倍以上，达到 28.6 万亿美元；仅就我国而言，截至 2008 年年底，这个数据已经超过了 2.6 亿元，占 GDP 的比重高达 10%。

（二）能源消耗与环境保护监管现状

科学家们预计，想要防止全球平均气温再上升 2℃，到 2050 年，全球的温室气体减排量需达到 1990 年水平的 80%。减少资源消耗，降低温室气体排放是全人类共同的责任。因此，我国于 2009 年 12 月制定了到 2020 年单位国内生产总值二氧化碳排放比 2005 年下降 40% ~ 45% 的目标，作为约束性指标纳入国民经济和社会发展中长期规划，并制定相应的国内统计、监测、考核办法。为促使这些目标的实现，我国从国情和实际出发，制定应对气候变化国家方案，积极推进经济和产业结构调整、优化能源结构、实施鼓励节能、提高能效等政策措施，并在此基础上，执行目标考核与一票否决制度。自 2005 年以来，国家先后颁布实施了《节约能源法》、《循环经济促进法》、《环境监测管理办法》、《节能减排全民行动实施方案》等政策法规百余个，国家投资已超数万亿元。

但尽管如此，我国的节能减排工作仍面临着重大问题和巨大考验，综合起来，至少有以下方面：

第一是手段缺乏，监管不到位。由于缺乏有效的管理手段，我国目前对能耗还是粗放式的管理模式，还停留在数据把控与目标督促层面。虽然我们知道总体消耗了多少能，甚至能分析出这些数据的发展趋势，节能任务是否完成，但至于这些能源使用是否合理、是否有浪费、浪费了多少等，由于牵涉面广，规模庞大，在以往人力物力与技术条件下根本无法实现。

第二是突击关停，反弹严重。例如，为了“十一五”节能减排目标的达成，很多地方都在搞强制关停等突击行动，此短暂行为不仅不利于节能减排的可持续发展，反而使人们的合法权益受损，造成新的社会矛盾。2010 年冬，一些地方的长时间供热中断造成百姓生活艰难就是最好的例子。据统计显示，2011 年以来，我国单位 GDP 能耗出现了强力反弹。如此下去，对我们的节能减排工作将面临更加严峻的考验。

第三是意识不强 ，浪费巨大。相对而言，我国民众的节能意识还有待加强，尤其随着收

入的增加与生活水平的提高，能源支出占家庭支出的比重逐步降低，使得能源浪费更容易被忽视，难以形成持续稳定的节能习惯，从而造成能源的巨大浪费。如何才能使人们的节能习惯得到彻底改变，最好的方法就是进行有效监管，奖罚分明，使节能效益与个人利益紧密挂钩。

第四是制度不全，执行困难。由于手段缺乏，基础数据不明，无法对能源使用进行精细化管理，更谈不上建立相关行之有效的制度与指标管理。要执行指标管理、制度管理，首要的条件就是对能源的有效利用率进行科学详细的分析，从而精准地得出哪些是有效利用的，哪些是浪费的，从而才能有的放矢，制止浪费。

因此，必须转变观念，结合全球数字化发展趋势，创新模式，彻底颠覆现有的管理方式，实现真正意义上的“节能监管”，提高能源的有效利用率，确保投资效率，促进节能减排可持续发展。

二、能源与环境监管体系建设进展

（一）能源与环境监管体系建设概况

近年来，随着可持续发展理念的深入贯彻，绿色建筑的发展进入深水区，在内涵上进一步拓展，基于建筑全寿命周期评价的可持续建筑技术成为核心内容。为响应国家号召，配合国家节能减排、建设两型社会的战略实施，满足社会对资源与环境精细化管理的需求，清华大学、同济大学等高校以及湖南远控能源科技有限公司、常州瑞信电子科技有限公司等社会高新科技企业，为了尽可能改变以往资源与环境粗放式的管理模式，为资源与环境的精细化管理以及政府对资源节约与环境保护工作进行考核评估提供可靠的技术支撑与科学手段，使资源与环境监管领域发生变革。通过潜心研究，成功开发了各具特色的、能对资源与环境进行统一监管的“能源与环境综合信息监管平台”，简称“节能监管平台(Energy-saving Regulatory Platform)”（图 6-3）。

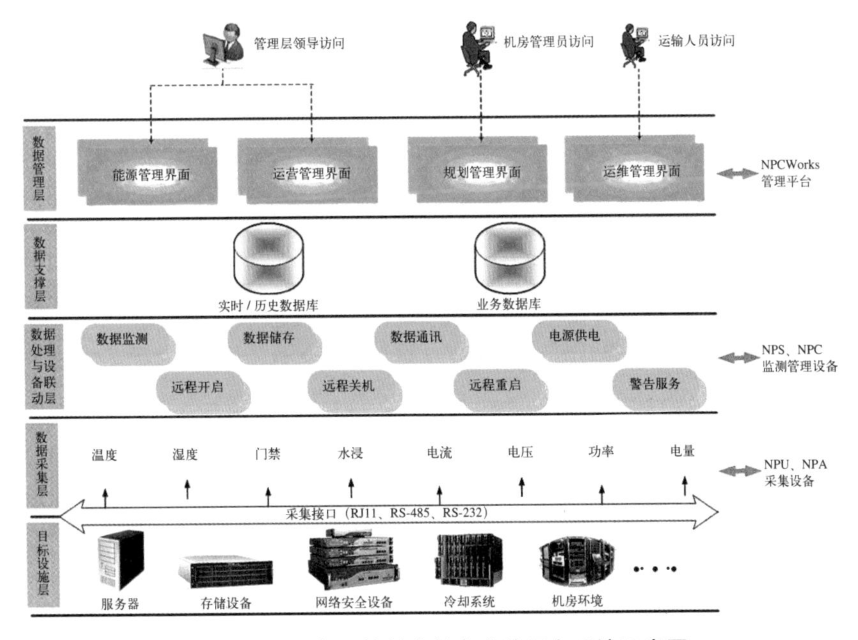

图 6-3　能源与环境综合信息监管平台系统示意图

目前，该类监管平台主要在全国各具备条件的高校进行试点（譬如国家财政部公示的《2012年高等学校节能监管平台建设示范名单》中所列的高等学校），且国家均会给予一定的经济补助。

（两型社会即“资源节约型、环境友好型”社会。资源节约型社会是指整个社会经济建立在节约资源的基础上，建设节约型社会的核心是节约资源，即在生产、流通、消费等各领域各环节，通过采取技术和管理等综合措施，厉行节约，不断提高资源利用效率，尽可能地减少资源消耗和环境代价满足人们日益增长的物质文化需求的发展模式；环境友好型社会是一种人与自然和谐共生的社会形态，其核心内涵是人类的生产和消费活动与自然生态系统协调可持续发展。）

（二）能源与环境监管体系基本内容概述

一般而言，能源与环境节能检测监管平台是结合全球数字化城市发展趋势以及国家加快信息产业发展的要求，在现有传感技术、物联网技术等基础上研发的，其目的在于实现能源与环境管理的实时化、数字化、可视化与精细化（图6-4）。

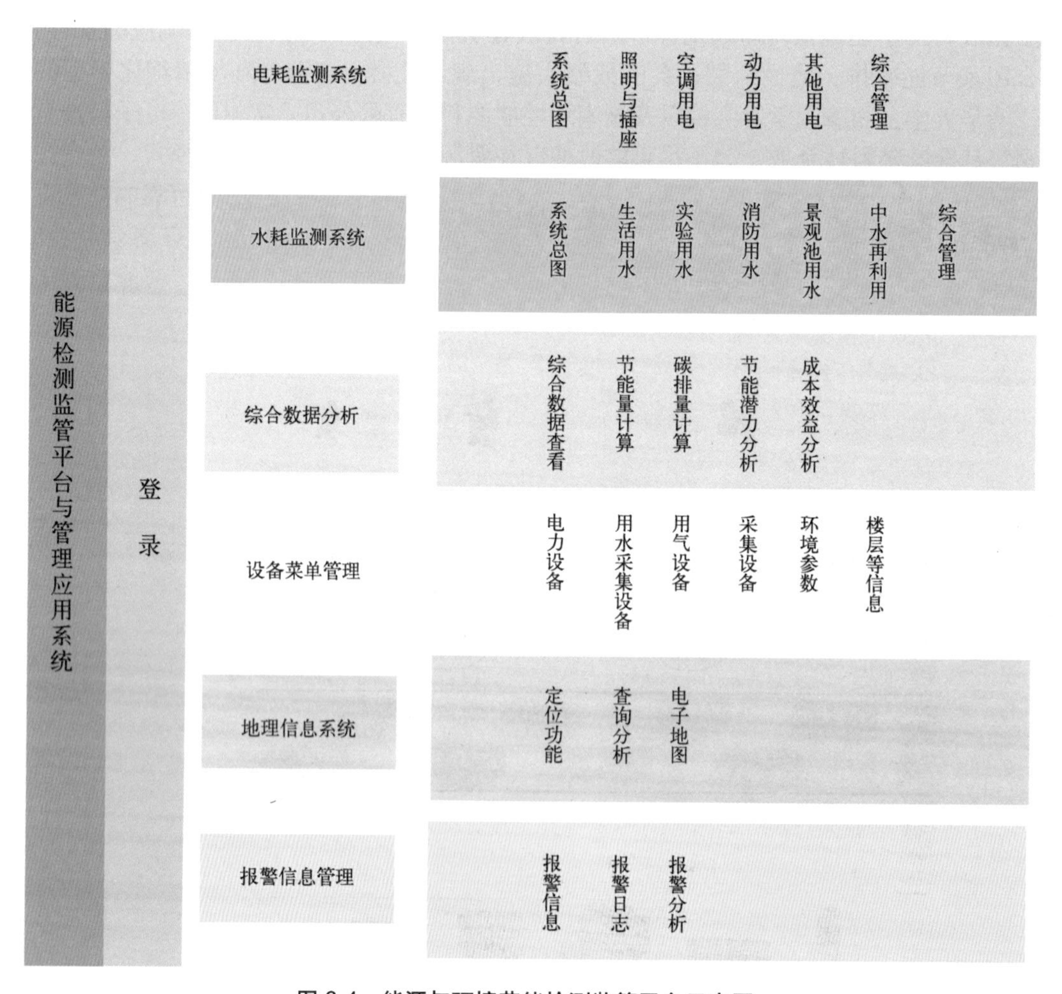

图6-4 能源与环境节能检测监管平台示意图

节能监管平台（能源检测监管平台与管理应用系统）一般包含：电耗监测系统、水耗监测系统、气耗监测系统、综合数据分析、设备菜单管理、地理信息系统、报警信息管理等子系统。而每个监管子系统均包括相对应的监管内容（图 6-5）。

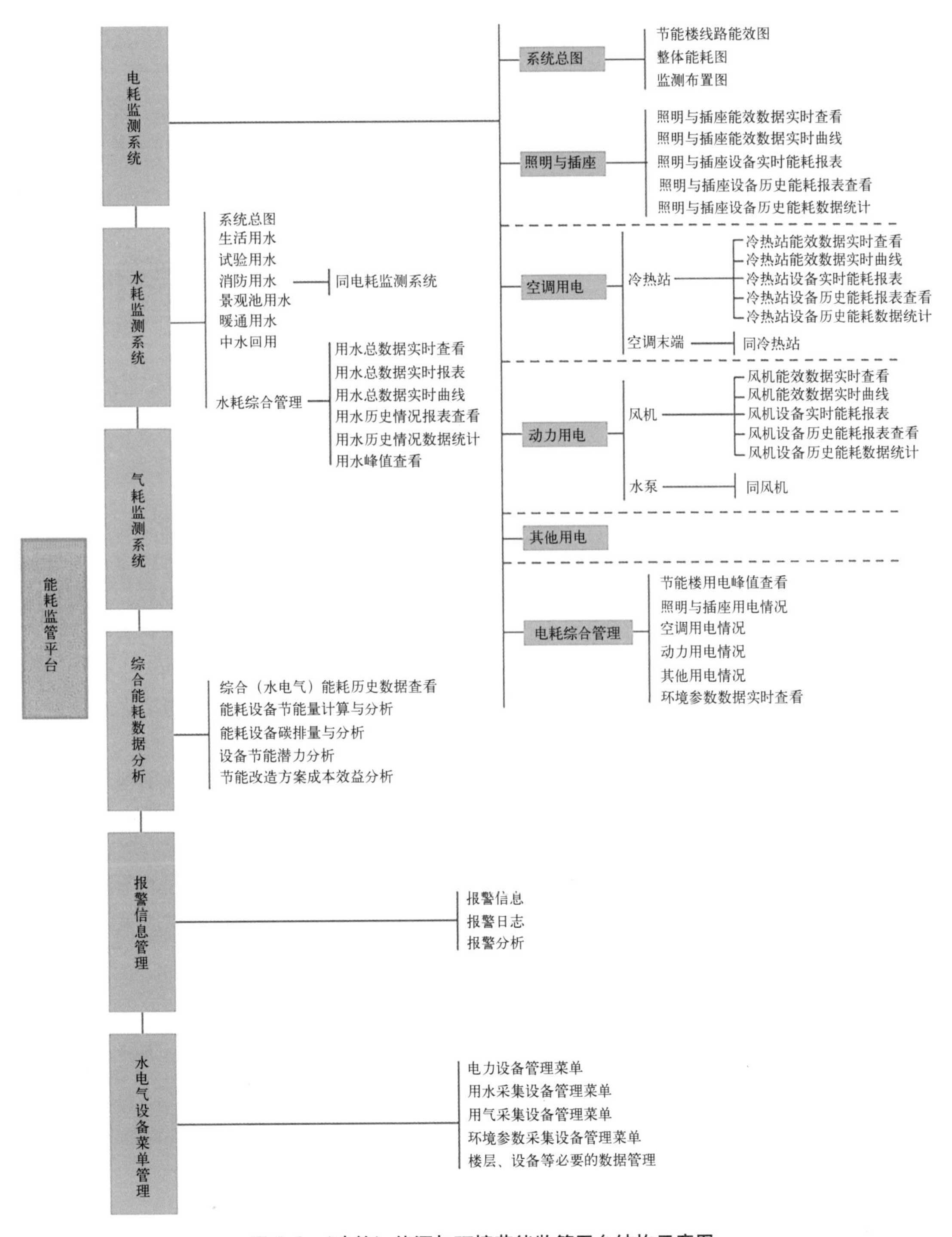

图 6-5　（建筑）能源与环境节能监管平台结构示意图

譬如，在高等学校的节能监管平台建设中，电耗检测系统就至少包括：电能计量及节能监管系统、电能预付费管理系统、环境监测与分体空调管理系统、能源数据填报管理系统、能源审计与评估管理系统等子系统。通过电能计量及节能监管系统的应用，所有监控区域的用电情况都能远程实时查看，每栋楼、每个办公室每天用了多少电，是什么时候消耗的，有没有待机浪费的功耗，如果有，又是多少，是谁浪费的，等等这些，一目了然，清清楚楚。管理者还可以通过系统下发用电指标，执行全校电能使用的指标化、目标化管理。如果谁在浪费电能，谁在超指标用能，系统就会自动报警，对浪费与超标行为进行制止。同时该系统还可以进行科学的电平衡分析，以前难以发现的偷电、漏电现象，现在变得简单易行，方便管理者及时处理（图 6-6）。

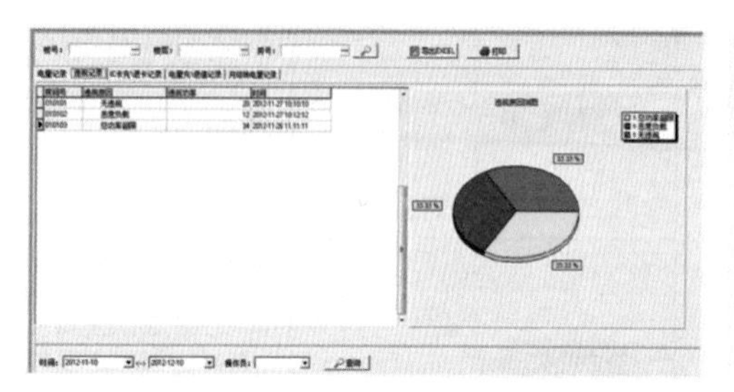

违规记录明细

2012-12-10

房间号	违规原因	违规功率	时间
010101	无违规	20	2012-11-27 10:10:10
010102	恶意负载	12	2012-11-27 10:12:12
010103	总功率超限	34	2012-11-26 11:11:11

图 6-6　违规用电监控记录示意图

环境监测与分体空调管理系统的应用，管理者能够随时随地掌握空调的运行情况，判断空调开启是否合理，如果不合理，系统将自动向管理者或使用者发送警告信息，对能源浪费行为立即制止，节约电能。通过预付费管理以及恶性负载识别功能的设置，可有效避免电能透支、能有效控制对热得快、电烤炉等危险性高的电器使用，已达到有效提高用电安全性的目的。通过对能源数据填报管理系统的应用，管理者可以把没有纳入平台统一监测管理的 IC 卡表、机械表的手抄数据录入或者批量导入系统，与系统自动采集的数据一道进行统计分析，统一管理。

除了上述功能，该平台还能进行科学的电平衡分析，方便管理者对偷漏电现象及时进行处理。系统还可以灵活设置，自动生成各类图文报表，便于管理者统计分析，且所有数据都能永久保存而不影响系统处理速度(图 6-7)。通过对能源审计与评估管理系统的应用，该院可以根据住建部、教育部建设资源节约型校园的考核评估体系，对校园的节能工作进行自评，从而发现学院在建设节约型校园工作方面的薄弱点，为决策者提供决策依据，并在以后工作中加强，以达到顺利通过上级考评的目的。

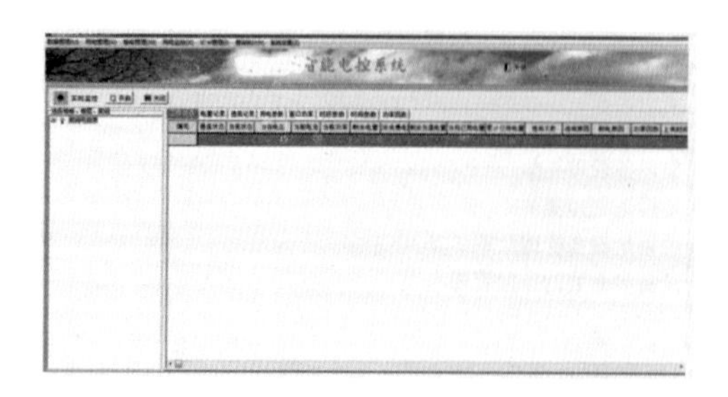

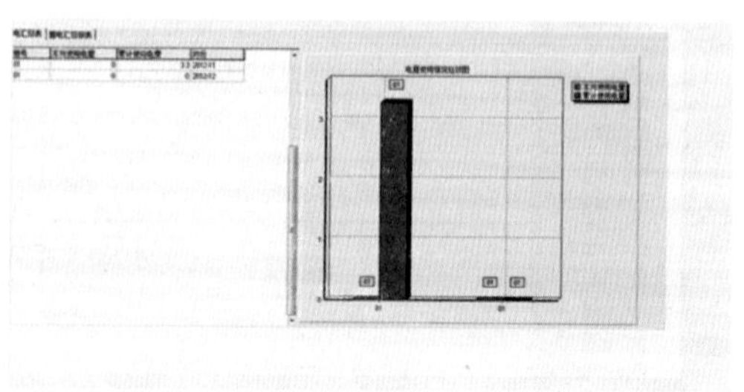

图 6-7　电耗的电平衡分析监管平台示意截图

又譬如水耗监控子系统，可对给水管网进行有效监控，可以实时查看给水管网的运行状态，可以实现实时水平衡分析，及时发现各种“跑”、“冒”、“滴”、“漏”现象，方便管理者及时处理，避免更多的水资源浪费。

另外，如果能耗与环保监管平台应用在工业园区，可把所园区内所有企业的能源消耗、废渣丢弃、废水排放、空气污染、噪声污染等并入同一平台进行实时监控管理，达到随时全盘掌控、科学审计评估的目的，为建立两型园区提供了可靠的管理手段；如果在城市能耗与环保监管领域应用，可把所有大型建筑物、机关、企业、社区、街道、公园等能耗与环境监测纳入一个平台进行统一管理（比如在城市中某一社区应用时，可有效对路灯控制、车辆停放、环境监测与物业报修等纳入统一平台管理）；为建立两型城市（工业园区、居民社区）提供可靠的管理手段（图 6-8）。

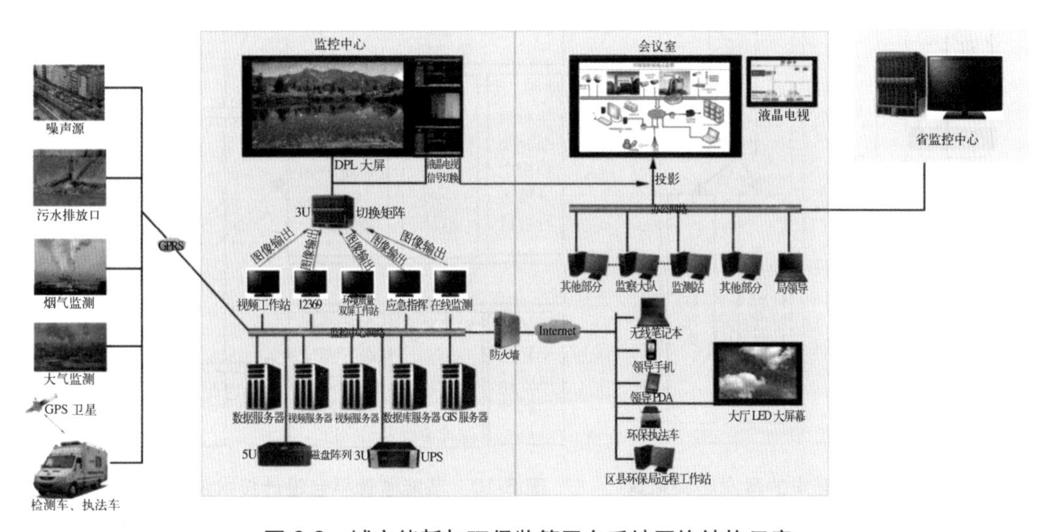

图 6-8　城市能耗与环保监管平台系统网络结构示意

实践证明，通过“节能监管平台”建设，施行管理节能，能挖掘巨大的节能空间，能产生巨大的经济社会效益。通过节能监管平台的建设与运行，可有效降低能耗 10% 以上，不但可大量节约能耗支出，还能够达到减排目的。

据统计，如果有效的“节能监管平台”能够在全国推广使用，每年至少可节约能源折合标准煤约 5.5 亿 t，折合人民币至少可节省 2400 余亿元，效益巨大。这也再一次证明“节能监管平台”研究与建设的意义。

三、能源与环境监管系统国内外相关研究进展

“节能监管平台”系统设计技术路线的基本思路主要包括“较为容易实现的层次”、“有一定难度的层次”、“难度较大的层次”等三个步骤（图 6-9）。而基于“节能监管平台”系统各环节技术路线基本要求上的差异，为了实现“对能耗公示的技术路线要求分阶段实现，倒推选择能耗统计和能源审计的阶段技术路线，在已有各项技术路线的基础上形成能耗定额的技术实现路线”。该监管体系建设的技术路线框架可采取“完成（以政府财政支持的）大型公共建筑的能耗信息普查，实现能源分类计量，开展能源审计与能效公示，初步建立

能耗监管体系”、“实现重点用能建筑和典型标杆建筑的用电分项计量，开展能源分类和用电分项统计及其能源审计和能效公示，在重点城市逐步建立能耗监测平台”、“实现能源分类和用电分项能耗实时统计，全面建立起以能耗监测平台为基础，能耗统计、能源审计、能效公示、用能定额为手段的（以政府财政支持的）大型公共建筑节能监管体系”等三阶段来实施的步骤（图 6-10）。

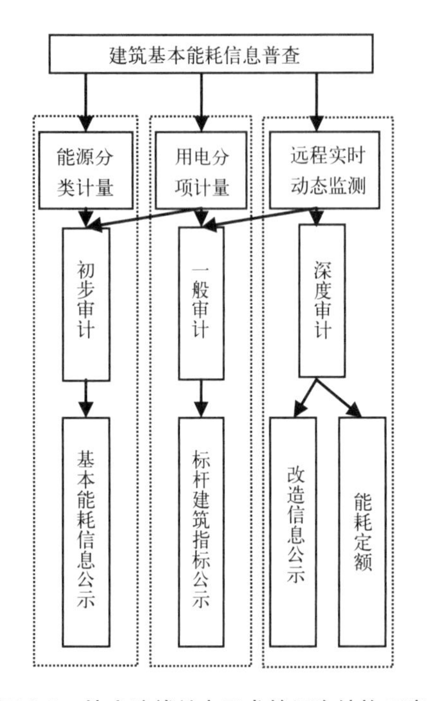

图 6-9　技术路线基本要求的层次结构示意

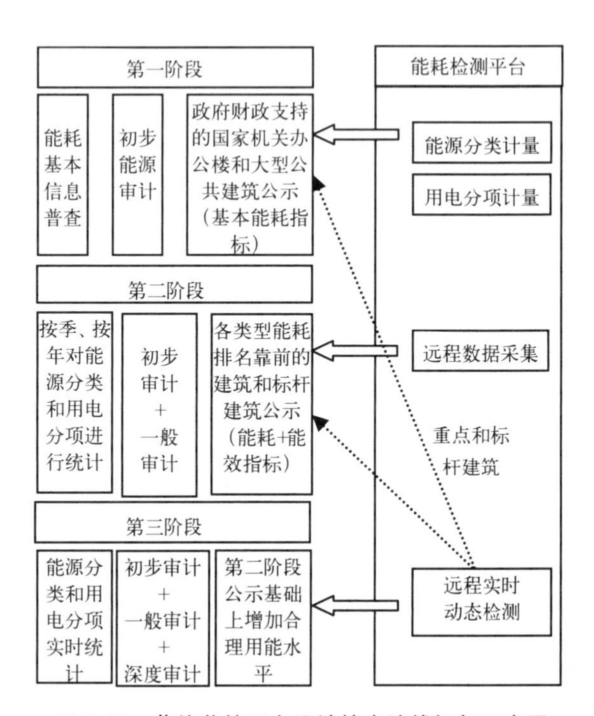

图 6-10　节能监管平台设计技术路线框架示意图

近年来，国内外出现了多种“节能监管平台”系统。一部分为能源供应商或能源服务公司所开发，作为为客户提供的服务；另一部分为政府和非营利组织为推动该项工作而提供的可以免费获取的工具。

（一）国外的能源与环境监管系统相关研究进展

目前，在能源与环境监管系统的开发与应用上，西方发达国家均走在世界前列。譬如：欧洲（非欧盟成员国家）的英国使用简便的网上工具（“节能监管平台”系统）使能源管理者能定期（如每年一次）计算建筑物的能效，并将其与属于英国政府地产的类似建筑物进行基准对标；德国建设部和德国工程师协会出台了单位能耗统计计算方法，通过常年数据统计和气象资料分析，给出了不同建筑类型的标准能耗和目标能耗，为气候修正列出了相应的标准气候参考点，政府为对标和能源审计做了许多铺垫工作；挪威建筑业正在采用国家计划构建一套精心开发的网络对标体系。

美国能源部能源信息署开发了一系列工具，如商业建筑规范校核软件（COM Check-EZ Software）、办公建筑能耗评测软件（Benchmarking Electric & Non-Electric Energy Use in US Office Buildings）、加州建筑能耗标准工具（Cal-Arch：California Building Energy Reference Tool）、能源之星组合管理软件等。

欧盟10个国家在2005年发起了推广绿色建筑项目行动，并且开展了多次示范项目的尝试。目前已制定了一系列的技术分析模块和导则，如《欧洲绿色建筑计划能源管理技术导则》、《欧洲绿色建筑计划能源审计指南》、《欧洲绿色建筑计划对标技术导则》、《欧洲绿色建筑计划按电费单统计空调能耗的对标指南》等。

（二）国内的能源与环境监管系统相关研究进展

就国内的能源与环境监管系统相关研究而言，是以清华大学、中国建筑科学研究院、同济大学、深圳建筑科学研究院为首的一批科研机构，对大型公共建筑的能耗统计、能源审计进行了大量的研究探讨。其中清华大学开发的节能诊断（OTI）方法、用电分项计量实时监控系统，同济大学组织编写的《大型公共建筑能源审计导则》，深圳建筑科学研究院组织编写的《大型公共建筑能耗数据采集技术导则》较为完整地提出了具有实际操作性的技术工具，并在实践中进行了检验。中共上海市委党校、上海行政学院新建教学楼与学院宿舍楼项目的建筑节能监管平台建设，就是同济大学牵头实施的典范之一。

（三）能源与环境监管系统相关研究成果基本分类

根据国内外现有相关工具（“节能监管平台”系统）功能的不同，可将大型建筑节能监管平台系统分为四类：

第一类为建筑能耗对标工具。主要包括为欧洲绿色建筑计划开发的对标工具，美国能源之星评测工具和美国加州建筑能耗标准评测工具等。这类工具依托大量的能耗统计数据和数理统计原理，将建筑的能耗情况与同类型建筑进行比较，使业主了解到自己的建筑能耗在同类建筑中所处的水平。

第二类为建筑能耗分析工具，以能源管理支援工具为代表。这类工具针对每一栋建筑自身的特点进行详细的全年能耗模拟，并与实际能耗数据进行比较。这类工具以其较复杂的模拟算法和大量参数，能够为建筑能耗给出一个相当合理的近似值，因而可满足我国确定能耗定额的需求。

第三类为节能规范比对工具，以COM Check-EZ为代表。这类工具将设计方案与相应的节能规范进行校核比对，可以节省人工翻阅大量规范并进行比较的工作量。对新建建筑的设计帮助较大，但对既有建筑的运行管理指导意义不大。

第四类为执行程序规范工具，以国内相关科研机构编写的一系列导则为代表。主要是为了统一、规范操作程序，为政府实施管理提供依据。

通过对国内外大型公共建筑节能管理工具特点的总结，结合我国大型公共建筑节能监管体系运行需要解决的技术问题进行分析，可以得到两个结论：一是从技术层面上来说，监管体系的技术支撑能力已经具备；二是从操作层面上来说，符合监管体系运行流程和现有技术力量的工具还需要整合简化。

（四）能源与环境监管系统研究的不足

在我国，大型公共建筑节能监管平台系统需要解决的主要问题包括至少四大类：

第一类是工具涉及范围过窄。现有工具的主要功能是针对能源审计，能耗统计总量分析和公示指标选择工具缺乏。

第二类是工具使用过于复杂。工具的内容过于详细繁杂，数据分析经常需要较长的时间，专业性要求很高，在城市大规模实施难度较大。

第三类是服务对象和监管体系需要有所差别。现有工具主要是为业主提供节能服务的分析工具，为各地政府对大型公共建筑节能监管提供的支持能力较弱。

第四类是缺乏城市层面实施程序的设计。现有工具主要针对单个建筑，且是基于技术层面的，对基于城市的大型公共建筑节能监管整体规范实施程序涉及较少，缺乏城市监管体系运行的定量指标。

本书所指大型公共建筑（Large Public Building），一般是指单体建筑面积≥ 2 万 m^2，采用中央空调系统的政府办公楼等办公建筑、大型卖场与商场等商业建筑、海洋科技馆等旅游建筑、展览馆与戏剧院以及高校教学楼等科教文卫建筑、机场候机室与港口码头候船室等交通枢纽，以及通信建筑等公共建筑。其用能设备包括空调系统、照明系统、办公设备体系、电梯系统等多个系统，且这些设备系统基本上靠电力驱动，电耗较高。据统计，我国国家机关办公建筑和大型公共建筑的总面积不足全国城镇建筑总面积的 4%，但其年耗能量约占全国城镇总能耗的 22%；每平方米的能耗是普通居民住宅的 10 ～ 20 倍，是欧洲、日本等发达国家和地区的 1.5 ～ 2 倍，节能潜力巨大。

（五）上海市委党校二期工程的节能监管平台建设概况

中共上海市委党校作为党和政府干部的重要培养基地，应引领时代步伐，创新节能模式。建设绿色校园（Sustainable Development Campus 或 The Green Campus）对培养干部学员的节能环保意识，并借此带动并促进社会各项节能减排工作，具有重要的现实意义和深远的社会意义。其中，建立校园建筑设施节能监管平台是重要的着力点和基础，可实现客观、定量、实时地把握中共上海市委党校、上海行政学院二期（综合教学楼与学员宿舍楼）工程的建筑能耗状况和用能趋势，合理制定中长期能源使用规划，有针对性地研究节能对策，直观展示节能效益，提供节能环保教育平台，为校园可持续建设发展规划提供决策数据支持。

中共上海市委党校以节约型校园（The Conservation-Minded Campus）建设为目标，积极探索适应建设节约型校园要求的能源资源管理模式，通过科学的、具有操作性的管理，实现资源配置的合理化和能耗最小化，引导校园采用最先进、最有效的节约措施和设备，最大限度地降低运行成本。为了确保中共上海市委党校落实节能减排、建筑节能工作的全面展开，确保校园建筑进行节能长效有序管理，进一步推动全校的节能工作由点到面、逐步深入。在中共上海市委党校二期项目的绿色建筑应用研究上，一直致力于节能监管平台的研究。此平台系统可为管理部门、物业公司提供实际用电数据，量化管理，掌握各类负荷的实际耗电，从而将原有的经验式宏观管理模式转变为精细化数字式管理模式。通过该平台系统，管理部门可以做到“掌握情况、摸清规律、系统诊断、合理用能”，大大提升管理水平。

上海市委党校二期工程用能管理，通过实施节能监管平台（或称“建筑能源在线监测系统”）可至少达到：

1. 创新节能模式，树立示范标杆。

2. 实时监控，科学节能。提高用能管理水平，把能源管理从粗放式向集约化管理转变。

3. 提高监管水平。便于考核各楼宇用能，有效约束用能行为。

4. 促进节能。找出能源消费漏洞，及时发现问题，优化运行管理模式。

5. 评估能源使用效率和节能量，为各类节能技术应用提供后评估依据。

6. 建立完善的建筑能耗动态计量与统计平台和相应的监管体制，随时掌握建筑能源消耗的动态变化状况，实施动态监管。

中共上海市委党校、上海行政学院二期（综合教学楼与学员宿舍楼）工程的校园节能监管平台完成了对建筑分项能耗的远程实时监管平台系统研究、开发和建设，形成了包括“数据采集子系统、数据预处理子系统、数据报表管理子系统、节能分析子系统、数据展示公示子系统、系统维护管理子系统、专项监测子系统、信息发布子系统等”完整的校园建筑运行能耗监管平台系统。该系统采用 B/S 架构设计，具有良好的兼容性、扩展性和远程实时功能。

第二节　能源与环境监测平台应用

远程实时智能化建筑节能监管技术体系的建立，是基于现代数字仪表、网络传输、数据库软件技术，来实施建筑节能监管技术体系研究。研究系统智能组态、分项能耗计量、智能节能诊断分析等技术应用，实现能耗数据可视化、节能效果定量化、建筑节能管理数字化目标。

在当前，我国能源与环境监测节能监控管理系统平台（节能监管平台）主要在高等学校中进行试点，其建设目标是将校园内所有建筑按楼宇、楼层，未来按房间实现能源在线综合管理及控制（图 6-11.1 同济大学绿色校园节能监管平台用户权限登录页面；图 6-11.2 中共上海市委党校校园节能监管平台主页面）。该监管平台是以实际能耗数据为基础对节能建筑体的现有用能状况进行分析，可进一步对水、电、气等能耗进行实时在线监测；并对照明系统、空调系统、电梯系统、给水排水系统等进行节能诊断及分析，经分析后得出各种形式的报表和图表，并通过数据库进行对比，即可做出较为科学的各类能源使用报告，达到最终能源在线监测及控制的目的。从而实现能源数据的可视化管理、能耗成本分析和关键指标分析、制定节能改造计划和评估体系、能耗计划和绩效考核管理、能源的计划与预警等，为管理者和决策者提供能源管理和决策支持，使节能管理更加标准化、精细化和量化。

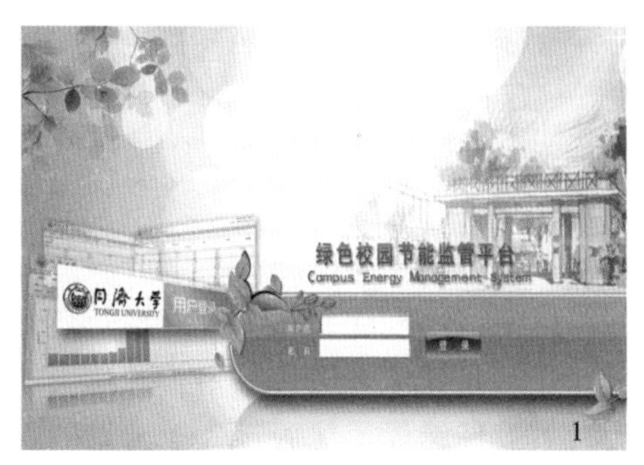

图 6-11　高校校园节能监管平台截图示意

一、能源与环境监测平台建设基本思路

（一）能源与环境监测平台建设基本原则

高等院校的校园节能监管平台的建设应遵循：“(1) 充分结合采购单位现状，根据采购单位能源管理的特点，提出科学高效、完善合理、功能齐全、可实施性强的能源监管平台技术方案；(2) 根据采购单位长远发展情况，以最终实现集智能楼宇控制系统、建筑地理信息系统、能源监管系统、学生综合管理系统、教学服务系统、后勤管理系统等于一体的数字化后勤为目

标并为数字化校园打好基础、统筹规划、分步实施；(3) 充分利用池州学院校区优质的校园网络资源，节省投资；(4) 从真正意义上实现能源使用实时在线监控，为学校管理者提供不同层次的管理权限，随时随地可以对采购单位的能源系统进行访问，并实现远程管理；(5) 遵循教育部和住建部联合颁布的《高等学校节约型校园建设管理与技术导则》,在数据生成、报表格式、数据统计、信息公示等方面均严格按照导则的相关规定；(6) 充分考虑平台系统对各种能耗系统管理的整合扩展能力，并为今后综合性的数字化校园做好充分的技术准备；(7) 充分体现投资回报效益，体现管理节能、技术节能的综合效益；(8) 能够为采购单位制定能源政策提供充分翔实的依据，以达到资源的科学管理、科学利用，实现采购单位的长期可持续发展”等原则。

（二）能源与环境监测平台建设主要设计依据

能源与环境监测平台建设主要设计依据包括但不限于：

1.《民用建筑电气设计规范》JGJ 16—2008；

2.《电气装置安装工程电缆线路施工及验收规范》GB 50168—2006；

3.《电气装置安装工程接地装置施工及验收规范》GB 50169—2006；

4.《智能建筑设计标准》GB/T 50314—2006；

5.《低压配电设计规范》GB 50054—2011；

6.《安全防范工程程序与要求》GA/T 75—1994；

7.《安全防范工程技术规范》GB 50348—2004

8.《安全防范系统通用图形符号》GA/T 74—2000；

9.《消费部门有关法规文件和标准》GB 50116—1998；

10.《中华人民共和国会计法》(第二次修订版)；

11.《企业会计制度》(2001 年 1 月 1 日起施行)；

12.《关于加强国家机关办公建筑和大型公共建筑节能管理的实施意见》(建设部、财政部：建科 [2007]245 号)；

13.《国家机关办公建筑及大型公共建筑分项能耗数据采集技术导则》；

14.《高等学校节约型校园建设管理与技术导则》(建科 [2008]89 号)；

15.《关于推进高等学校节约型校园建设进一步加强高等学校节能节水工作的意见》(建科〔2008〕90 号)。

（三）能源与环境监测平台建设主要意义

现代高校校园总占地面积均较大，学院（系、部）和各级部门数量多、分布范围广，所有校内单位用户关系复杂。面对如此庞大的系统，单靠传统人为管理的方式将给节能管理带来很大困难。很多学校面对这样的问题：因无有效管理途径，尽管投入了大量的人力物力，但仍无法管理到位。由此造成巨大浪费，这不但额外增加了学校的财政开支，也与创建两型社会风气相违背。鉴于以上实际情况，有效的节能监管平台能够提供一种有效的信息化管理手段，可以提高管理水平，减少人力投入，进一步强化各院系和教职员工的节能意识，通过技术手段来解决用电管理问题，为建设节约型学校提供可靠保障（图 6-12）。

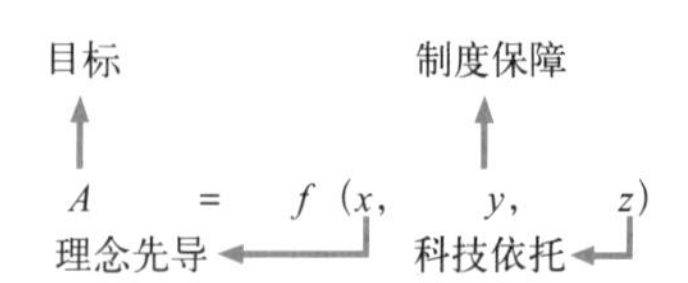

节约系统反映学校办学质量　能耗清晰化；数据可视化；
节约习惯反映师生综合素质　管理数字化；分析图表化；
节约效果反映校园管理水平　水电指标化；消费合理化。

图 6-12　数字化节约型学校建设公式示意

资料来源：江南大学节能研究所。

21世纪高等院校的建设，是我国在新时期共同面对的一个新的课题。学校建设的方方面面，决定了今后高校是否能长期、健康、和谐地向前发展。作为学校的建设者和管理者，一定要在建设和管理过程中，立足更高的起点，高瞻远瞩，精心设计，合理规划，不断创新，通过“数字化节能监管系统”建设数字化节约型学校。实现理念节能、技术节能和管理节能，倡导节俭、文明、适度、合理的消费理念和生活方式，从而逐步地从根本上“撬动”传统的消费方式。确立起节约资源能源的新的价值观，增强师生员工的节约意识、责任意识、主人翁意识，把节能降耗、节约资源变为自己的自觉行为，才能进一步在全社会发挥高校的示范作用。

概括来讲，数字化节能监管系统的校园能源与环境监测平台（节能监管平台）建设主要意义可理解为：

首先是节能与节水的水平能够体现学校发展的质量：在校园规划建设的过程中，高校需要快速发展，更需要长期、持续的发展，而节约是科学发展、和谐发展、快速发展的重要保证，学校节能与节水的水平则能够具体体现学校发展的质量。成本问题是高校能否持续发展的关键之一，控制和降低办学成本的核心在于如何使校内的有限资源发挥最大效益，依靠大量消耗资源或能源求得的发展是不符合科学发展的要求的。在高校扩大招生以来，全国各高校的师生人数均不断上升、科研总量年年增加、实验室开放数量增多、教学实践活动不断丰富的情况下，水、电的消耗逐年递增，节能节水工作迫在眉睫。

其次是节能与节水的习惯可以体现学校师生的素质：节约行为是一种生活的方式，也是一个人的文明素养。学校积极倡导节俭、文明、适度、合理的消费理念和生活方式，努力改变部分师生传统的用水用电观，增强了师生员工的节约意识、责任意识、主人翁意识，师生们把节能节水行为变为自己的自觉行为。

最后是节能与节水的成效体现学校管理的水平：能否建设好节约型校园，是对学校管理水平的重要检验。搞好顶层设计，健全规章制度，加强日常管理，是建设节约型校园的基础，也是建设节约型校园的重点。高等院校应该将节约型校园建设作为学校管理创新的重要内容，认真研究制定“节能与节水管理办法”，实行水与电的指标管理，把建设节约型校园的规划纳入学校教育事业发展规划、学科专业建设规划、校园建设规划，确保节约型校园建设的计划性、广泛性、深入性、持久性和有效性，努力建立健全建设节约型校园的长效管理机制。高等院校应根据各学院、各部门的性质、事业发展情况，对不同用水用电类型、不同学科进行综合分析，按照统筹协调，效率优先，挖掘潜力，科学定量的原则，将水电消耗指标分配到各有关部门、学院，既强调责任分担，又重视差别对待。保证教学、科研等各工作顺利进行，对不合理的水电使用实行严格控制，以达到通过量化的管理方式来促进高等院校的节水与节电长效管理机制的形成的目的。

（四）能源与环境监测平台建设方案比选

高校校园的能源与环境监测平台（节能监管平台）的建设方案，应结合校园实际情况、主要计量管理内容及其在正式运行期间可能存在的问题、对发生问题的最佳处理手段等内容，经过比选后确定（表6-1）。通过比选，基于FrontView模式的数字化节能监管系统模式，应是我国高起点建设数字化能源监管平台的首选方案。

能源与环境监测平台（节能监管平台）建设方案比选对比表　　表6-1

序号	方案名称	计量模式	优缺点（存在问题）
1	方案一：基于“电控模块”模式	在节能监管平台建设市场上，未出现较为合适的电能计量管理系统之前，市场上出现了一种“电控模块”的系统模式。该模式采用及其精简硬件模式对电能进行计量，并通过计脉冲的方式来进行集中式电能计量和简易软件管理	（1）国家无专门针对“电控模块”的质量标准； （2）脉冲输出为“校表”接口，而非专用计量数据输出端口，存在误差； （3）无就地显示，用电不透明，容易引发争议； （4）数据不实时，产生电费矛盾； （5）设备专业性过强，需专门厂家维护； （6）其结构形式极易导致大面积停电故障
2	方案二：传统的电表“一线抄”模式	在“电控模块”之后，在一些居民小区、小型园区采用了电表“一线抄”的系统模式。该模式采用带有RS485通信接口的智能电表作为基础计量表具。在园区内配置一台电脑工作站，所有电表通过RS485通信线以总线方式连到该工作站，由工作站软件定时或按需向所有电表发送抄表指令获取计量数据	（1）系统全部依赖RS485总线通信，可靠性较差； （2）因RS485通信的特点，系统可管理的计量表具数量受限； （3）户外RS485通信线路极易遭受雷击和强电磁干扰，造成大面积设备损毁； （4）工作站的性能限制，无法实现实时性和大量数据的管理； （5）无法进行跨区域和基于浏览器的远程管理
3	方案三：基于Front-View模式的数字化节能监管系统模式	基于Front-View模式的数字化节能监管系统特点是通过统一平台的资源整合技术，整合了工业级实时WEB服务（Comet）、现场设备监控组态（IRS）、OPC服务/客户端（OPC）、可定制报表服务（RPS）、安全门户服务（SSO）和GIS地理信息服务（WMS）等先进技术，搭建起了数字化的节能监管系统。该系统模式采用内嵌加密通信协议的具有符合国家标准的RS485接口的智能计量仪表，结合智能数据网关作为中间件，将RS485总线网络、有线、无线网络和以太网进行有效整合，建成了一个具有极佳感官体验和技术性能的远程可视化节能监管系统。突破了时空限制，实现了3W（任何人、任何时间、任何地点）的超越化、精细化管理。 该系统模式更可按照“能耗清晰化、数据可视化、管理数字化、分析图表化、水电指标化、消费合理化”的设计原则，架构起“一个平台，多个子系统”的能源监管体系，完成了高起点数字化节能监管系统的科学设计	（1）完全符合住建部和教育部节约型校园建设相关文件精神；完全依照这两部节约型校园建设的相关技术标准建设，避免今后重复建设造成浪费；是两部共同推荐的节约型校园建设示范系统模式； （2）采用国家标准计量表具，通过多项检测，具有供电入网许可资质；计量仪表规范可靠，使用维护简单便捷；基于校园网络建设，充分节约建设成本；实时网络在线管理，突破时间和空间限制，可通过严格的口令权限进行任意远程访问和控制； （3）具有电表独立显示功能，做到消费透明、清楚、准确，同时具备上网查询功能，充分体现智能电表优势；具有电表独立存储功能，做到数据长期存储，不依赖其他辅助设备，同时可以远程实时采集，体现技术的领先优势；具有智能电表独特的内嵌程序，随时随地进行版本升级，体现科技发展的新领域、新方向； （4）用电、用水数据远程实时传输，计算机管理、全天候监测，对于水电管理来讲是一次具有划时代意义的转变；具有智能水表独特的采集方式，彻底解决原有人工抄表带来的诸多不便，并且做到实时监测分析，对于原来无法检测的漏点一目了然； （5）能耗专家分析系统，可对学校能耗单元进行系统数据分析，确定节能操作方向，同时对全校未来五年能耗做出分析预测； （6）系统具有能耗清晰化；数据可视化；管理数字化；分析图表化；水电指标化；消费合理化等特点。 （7）系统经国内多所高校使用，节能效果达到了一个较高的水平。真正基于B/S架构的数字化节能监管平台，扩展性和兼容性很强；系统已经具有水、电、网络预付费、路灯、关键设备和专家分析等六个系统的整合经验，完全可以符合后期系统扩展需求；学校只需采用一个平台，即可完成今后复杂的多校区甚至跨城域的资源整合与数字化管理

注：1. 本方案比选主要依据是以“电能计量管理系统”为例。

2. 在建设数字化节能监管系统过程中，应重视三个方面的内容：

（1）必须重视能源数据采集与监控的实时性和准确性，因为这是监管系统所必须依托的数据基础，正所谓“没有计量，就没有监管”；

（2）多种设备在系统中的广泛兼容和多种服务在系统中的充分整合，并且使得监管系统所监管的对象摆脱时空限制，直观地表现在管理者面前；

（3）系统需要在更高的层次上实现“监”与“管”的无缝结合，可通过高起点的技术手段将更多的能源管理思想和方法嵌入到系统中，实现能源的“可视化、精细化”监管。

因此，在需求目标十分明确的情况下，综合比较以上三种方案，不论从技术先进性还是从实践可操作性方面看，基于 Front-View 模式的数字化节能监管系统模式具有显著优势，即方案三应是我国高起点建设数字化能源监管平台的首选方案。

二、能源与环境监测系统平台建设技术介绍

（一）FrontView 模式的数字化节能监管系统技术简介

1. 概述

以工业实时 Web 服务、国际标准 OPC 服务、现场设备组态以及安全门户服务为核心技术基础，融 Web 报表提供服务、Web 地图提供服务、视频监控提供服务为一体，以构建符合分布式监控、网格化管理、应用层大集成而需要的平台。基于 FrontView 技术的 FrontView 系统平台，采用了目前国际推崇的开放平台建设技术、子系统嵌入技术等一系列先进技术，使得该系统具有极强的未来扩展能力和兼容能力。

目前，在 FrontView 平台基础上，已相继开发了节能管理专家指挥系统、校园电能指标化管理系统、校园给水管网监测系统、预付费电能管理系统、智能泛光照明监控系统和校园路灯照明监控系统等（图 6-13）。

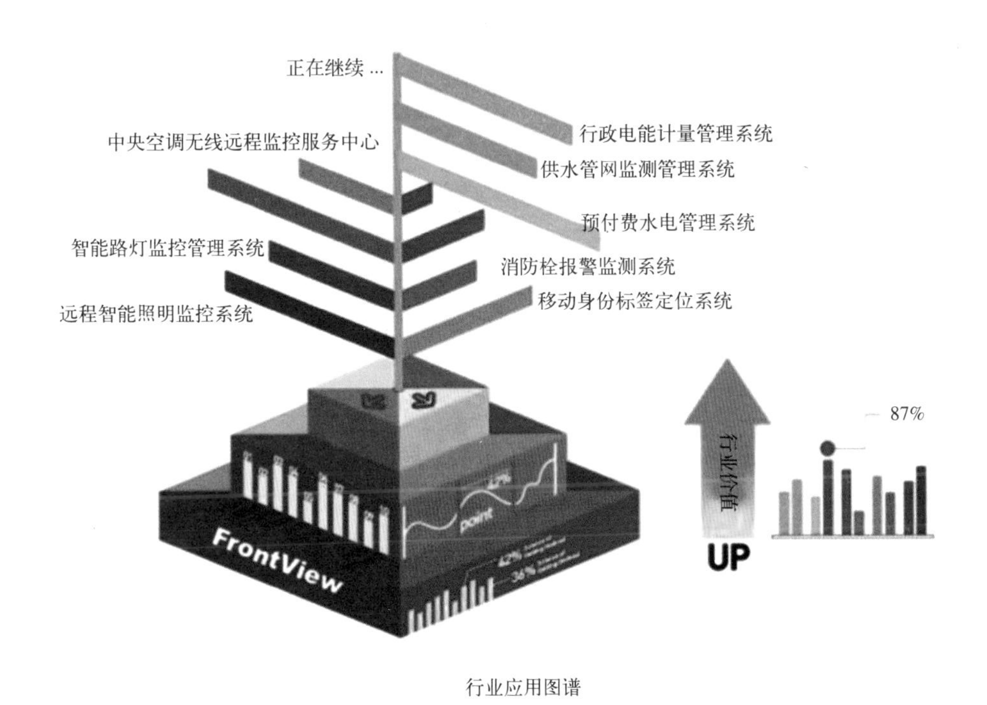

图 6-13 “FrontView 模式的数字化节能监管系统”的行业应用图谱示意

2. 软件功能模块

FrontView 模式的数字化节能监管系统的技术平台整合了工业远程控制、实时 Web 技术、在线报表技术、安全门户等先进技术，为构建数字化能源监控系统提供了坚实的技术基础。具体来说，技术平台包含和实现以下功能模块（图 6-14）：

（1）以工业实时Web服务、国际标准OPC服务、现场设备组态以及安全门户服务为基础的工业远程服务模块IRS；

（2）基于HTTP数据传输的Web报表提供服务RPS；

（3）提供快速的电子地图服务以及移动地图定位服务的Web地图提供服务MPS，MPS结合实时监控数据，以呈现前所未有的现场全局视角；

（4）视频提供服务VPS，以提供跨网络、集中统一，而又简单快捷的视频监控服务，通过现场的可视化与历史回放，提升管理与服务；

（5）智能数据网关，对现实末端设备智能控制，结合FrontView的SST通信协议，在应用级实现工业级的实时交互与控制体验。

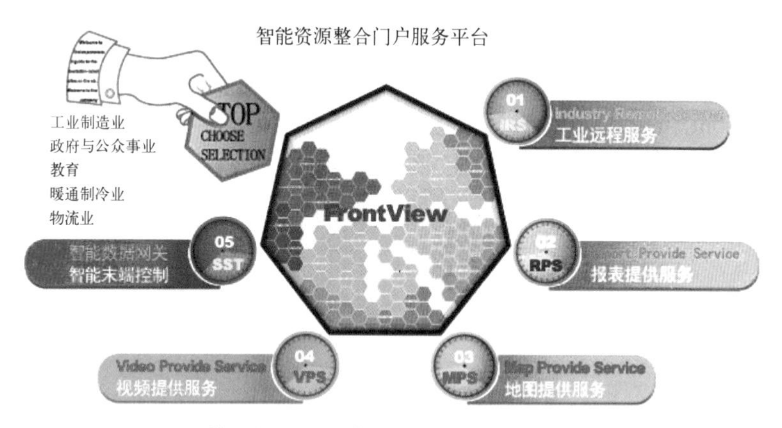

图6-14 “FrontView模式的数字化节能监管系统”技术平台功能模块组成示意

3. 技术指标

“FrontView模式的数字化节能监管系统”技术实现的功能与技术指标参见表6-2。

“FrontView模式的数字化节能监管系统”技术实现的功能与技术指标汇总　　表6-2

序号	主要功能	技术指标
1	多样的设备通信接口支持	（1）支持有线网络的通信接入，如局域网、广域网； （2）支持无线网络的通信接入，如CDMA-1X、GPRS； （3）支持标准串口的通信接入，如232、485； （4）支持可扩展终端设备通信，如欧姆龙、西门子等PLC设备或其他设备
2	实现国际化标准的OPC服务器	（1）符合OPC国际最新标准，实现与各种流行监控组态软件的无缝连接； （2）以Windows系统服务方式运行，实现高效、可靠、免维护的长期运行； （3）可通过OPC客户端的方式，灵活的接入实时短信报警平台、实时Web服务平台； （4）为各类不同厂商的硬件产品，提供统一的数据访问标准接口
3	支持通用的数据库存储管理	（1）支持多种类型的数据库服务器，如Oracle、MS SQL Server、DB2； （2）支持检测数据的实时存储备份，在网络或数据库发生异常情况下，保障数据的完整性； （3）支持自定义外部存储，将实时检测数据无缝切入其他应用管理系统； （4）采用数据库连接池技术，为高并发数据库访问操作提供标准XML接口

续表

序号	主要功能	技术指标
4	支持自由的设备组态配置	(1) 用户可自由添加、修改、删除检测设备及检测参量； (2) 用户可任意定义参量类型，定制自己专用的检测量 (3) 用户可定义特定的计算公式、非性表，换算检测量到实际量； (4) 用户可远程写入设备检测量，以实现远程控制； (5) 用户可定义设备检测参量的实时报警配置； (6) 用户可复制同类型的检测设备，以简化配置操作； (7) 用户可自由对检测设备无限级分组管理
5	基于 Web 的现场监控组态	(1) 实现基于工业监控要求的实时 Web 服务器，作为 Web 现场监控的强大发布平台； (2) 实现基于 SVG 技术的矢量化工业现场监控组态设计平台； (3) 采用 OPC-XML 技术实现 Web 现场监控的实时数据通信； (4) 实现基于 Web 方式的工程管理及权限控制； (5) 实现强大的工业控制脚本编译及运行
6	短信报警与查询服务平台	(1) 实现了基于 XML 方式的网页短信服务； (2) 实现了设备检测分级报警的短信告警通知； (3) 实现了基于权限分级的设备检测变量数据的短信查询服务
7	实现专业的在线报表服务	(1) 实现了基于服务器运行脚本的集成式报表服务接口； (2) 实现了用户针对各类数据的自定义报表接口； (3) 实现了各类报表的多种输出方式，包括 Word、Excel、PDF 等
8	无缝衔接的集群监控配备	(1) 通过 FrontView 模式的配合使用，实现无缝集成高负荷的集群监控服务； (2) 实现监控服务无限级冗余热备功能及平台服务的负载均衡功能； (3) 构建工业监控系统在互联网络上运行时基于网关安全及终端安全的全面网络安全体系
9	支持服务脚本编程	通过脚本实现对平台的功能扩展
10	支持通用的可编程智能网关	(1) 支持有线网络的通信接入，如局域网、广域网； (2) 支持无线网络的通信接入，如 CDMA-1X、GPRS； (3) 支持标准串口的通信接入，如 232、422、485； (4) 支持可扩展终端设备通信，如欧姆龙、西门子等 PLC 设备或其他 RTU 设备； (5) 支持多数据服务器通信及接收命令、上报故障、数据加密、断点续传、DNS 解析； (6) 具有本地接口和 Web 配置 / 维护功能； (7) 具有可编程功能和逻辑程序实时控制功能； (8) 可定制数据存储（周期和内容），存储容量达 1GB

（二）FrontView 模式的数字化节能监管系统平台技术构架

1. FrontView 体系结构

结合 FrontView 模式的数字化节能监管系统平台技术构架的设计思想和分层设计技巧，将系统的基础服务功能和应用的业务逻辑功能分开设计与实现，将实时 Web 服务、统一设备控制、OPC 服务、安全机制等基础服务功能封装成核心数据层，实现公共的平台服务。系统的设计共分为五层，分别为客户终端层、应用服务层、核心数据层、网络通信层和现场设备层。FrontView 模式的数字化节能监管系统的平台技术构架简图参见图 6-15。

FrontView 模式的数字化节能监管系统的五个层分别实现的功能参见表 6-3。

FrontView模式的数字化节能监管系统的五个层分别实现的功能汇总　　表6-3

序号	功能层	应实现的功能
1	客户终端层	提供标准的 HTTP、Web Services 方式的功能访问，用户可以通过标准的浏览器等各种终端访问系统
2	应用服务层	构建在核心数据层的数据和基础服务之上，实现各种专业应用领域的功能子系统。基于这种设计，实现平台的可扩展性，以在核心数据层基础之上构建丰富多彩的应用系统
3	核心数据层	实现工业实时 Web 服务、标准 OPC 服务、Web 报表提供服务、安全机制等核心功能，为构建实时监控式的 Web 应用系统提供基础服务。应用实时数据采集与工业远程监控技术，实现对现场设备的监控组态管理。工业实时 Web 服务，在传统 Web 服务器基础功能上，丰富了基于 Comet 技术的设备实时监控功能，以实现系统的 Web 矢量化现场监控需求。安全机制对应用层的事件操作进行安全审计，鉴别应用层用户角色与权限及控制终端用户对应用层的安全访问
4	网络通信层	实现对多种多样的网络及设备的通信接入支持，通过实现 SST 通信协议，在应用级实现对末端设备进行工业级的实时交互与控制体验
5	现场设备层	完成可编程智能网关与现场末端设备的连接，结合 SST 协议和 OPC 服务实现完全的组态管理

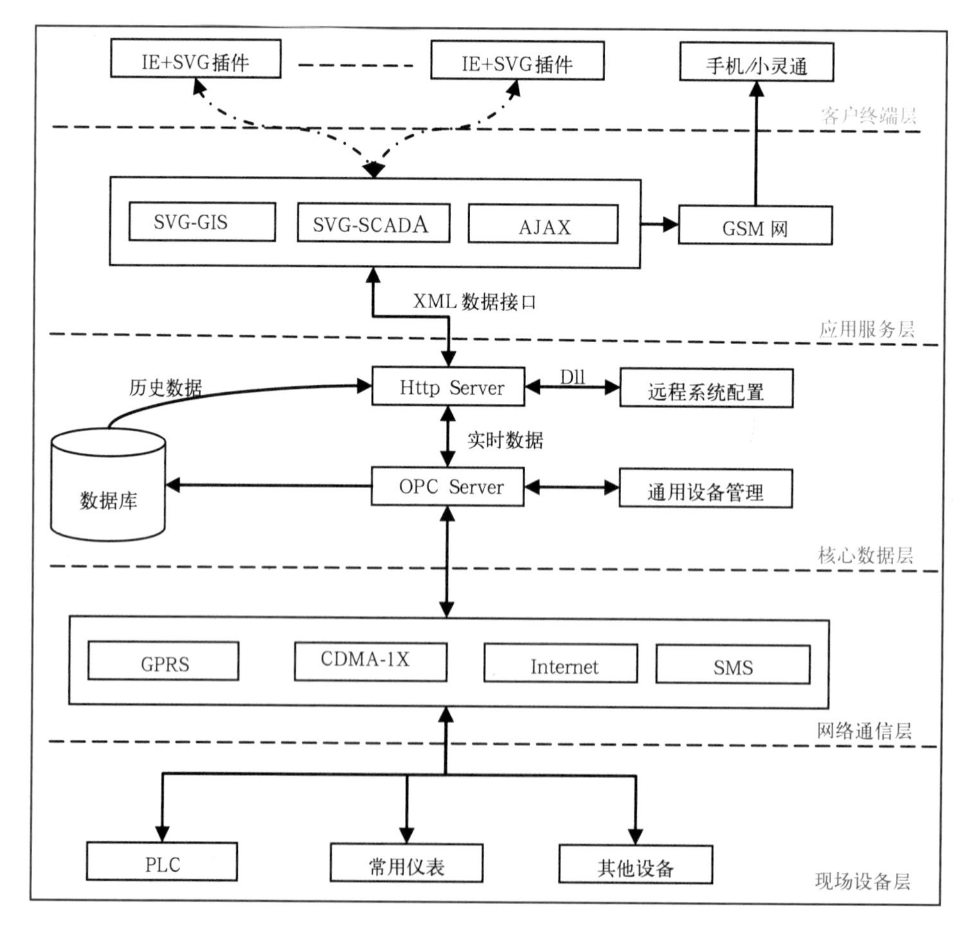

图 6-15　FrontView 体系结构简图

2. FrontView 系统组成

FrontView 模式的数字化节能监管系统组成参见图 6-16。

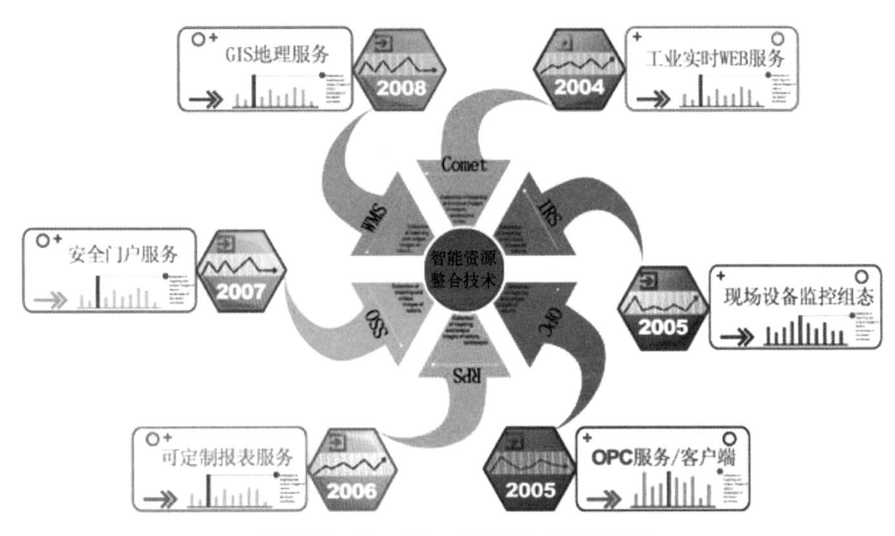

图 6-16 FrontView 系统技术组成图示

FrontView 模式的数字化节能监管系统的技术平台所包含的组成部分参见表 6-4。

FrontView系统的技术平台所含组成部分汇总 表6-4

序号	组成部分	功能特点
1	OPC 服务器 FrontView OPC Server	实现一个符合 OPC 国际标准的 OPC 服务器，以便与各种流行监控组态软件进行无缝连接，从而轻松接入多种硬件设备，并为不同厂商的各类硬件产品，提供统一的数据访问标准接口
2	工业实时 Web 服务器 FrontView Http Server	提供标准的 Web 发布功能，其设计基于事件驱动的 IO 模式，并使用 Comet 技术，以实现工业实时 Web 服务器的功能需求
3	短信服务器 FrontView SMS Server	实现与短信网关的交互操作，并通过 SMS-XML 标准接口，实现基于 XML 方式的网页短信服务。并实现设备短信报警和变量数据短信查询服务功能
4	集群负荷监控服务 FrontView GateWay	实现监控服务无限级冗余热备功能及平台服务的负载均衡功能，并构建工业监控系统在互联网络上运行时基于网关安全及终端安全的全面网络安全体系
5	现场监控 SVG 框架 FrontView SVG Framework	实现基于 SVG 技术的矢量化工业现场监控组态的框架与模板系统
6	脚本服务 FrontView Power Progress Script	(1) 提供一个 Web 后台脚本环境，通过整合多种脚本解释引擎（包括 VB Script、JavaScript、PHP 等），实现后台脚本的编程、解释和执行； (2) 通过对三个标准脚本对象 Server、Request 和 Response 的扩展，实现平台特有的功能。其中 Server 对象有四组扩展功能：分别为 OPC-XML 相关的操作组，设备变量的写入操作组，短信操作组，数据库操作组； (3) 提供一个后台脚本自动执行机制，以定时、周期、事件触发等方式自动执行脚本任务

续表

序号	组成部分	功能特点
7	设备框架 FrontView Device Framework	制定一套与各种硬件设备通信的接口规范，实现对不同末端设备的变量模板定义与控制开发框架
8	界面模板框架 FrontView WebTemple Framework	提供用户界面模板与开发框架，支持对应用界面的快速开发
9	工业实时数据库服务器 FrontView DAQ Server	提供主内存数据库系统，实现实时的 SQL 数据存储和数据的在线压缩服务

3. FrontView 系统平台技术核心

FrontView 模式的数字化节能监管系统平台技术核心参见表 6-5。

FrontView系统平台技术核心汇总　　表6-5

序号	核心技术	功能特征
1	实时 Web 服务技术	工业级实时 Web 服务，采用 2048 位 SSL 加密通信，通过基于 HTTP 协议的实时数据推送技术（Comet），以呈现 Web 矢量化工业现场的实时监控
2	工业 OPC 服务技术	符合 OPC 国际最新标准，实现与各种流行监控组态软件的无缝连接；为各类不同厂商的硬件产品，提供统一的数据访问标准接口
3	设备层脚本编程技术	可编程智能终端突破传统设备编程方式（如汇编、C、梯形图），在设备层创新的采用了设备脚本编程技术，开发了嵌入式 JavaScript 语言进行复杂的、多样的设备监测与控制编程；为智能设备资源的整合，提供了快速易懂的二次开发环境，也为多学科技术整合提供了坚实的基础
4	现场设备组态技术	FrontView 的现场设备组态技术能够将不同地域的现场设备整合在一个资源平台，将分布在各地的设备变量构建成一个变量树，进而进行现场设备的组态管理
5	可定制报表服务技术	可定制报表服务技术以 HTTP 为数据传输基础，通过集中报表服务、报表设计器、打印插件，精确显示报表格式，并实现打印报表和导出 Pdf、Excel、Html、Rtf 等多种格式文件，满足用户对报表的多种样式和多种文档格式的需求
6	核心态信息安全技术	核心态信息安全技术，运行双因子认证、一次性口令、SSL 加密等技术，来有效可靠的保护业务系统以及个人数据，杜绝身份盗用、诱骗攻击、欺诈、数据泄露
7	信息整合门户技术	整合门户技术，与业务系统紧密集成，构建统一的信息门户，大大提升了各系统的业务价值；通过单点登录，实现集中化的用户管理和身份验证，加强了整个门户平台的安全性

4. FrontView 系统平台的技术先进性

FrontView 模式的数字化节能监管系统平台的技术先进性可从表 6-6 中得到充分体现。

FrontView系统平台技术先进性特征汇总　　表6-6

序号	先进性特征	可实现的功能
1	领先的实时Web服务器	(1) 基于工业监控要求的实时 Web 服务器，作为 Web 现场监控的强大发布平台； (2) 基于 SVG 技术的矢量化工业现场监控组态设计平台； (3) 基于 OPC-XML 技术实现 Web 现场监控的实时数据通信； (4) 基于 Comet 技术的实时监控数据推送支持； (5) 基于 Web 方式的工程管理及权限控制支持； (6) 强大的脚本编译及运行环境支持
2	国际化标准的OPC 服务	(1) 符合 OPC 国际最新标准，实现与各种流行监控组态软件的无缝连接； (2) 以 Windows 系统服务方式运行，实现高效、可靠、免维护的长期运行； (3) 可通过 OPC 客户端的方式，灵活的接入实时短信报警平台、实时 Web 服务平台； (4) 为各类不同厂商的硬件产品，提供统一的数据访问标准接口
3	多应用安全门户整合服务	与业务系统紧密集成，构建了统一的信息门户，大大提升了各系统的业务价值；通过单点登录，实现集中化的用户管理和身份验证，加强了整个门户平台的安全性
4	强大设备脚本编程语言	使用通用的 VBScript、JavaScript 脚本语言，编写设备控制、操作数据库、收发短信等程序，以便创建高级的应用工程，完成各类特殊需求的功能定制，以快速实现专业设计

三、能源与环境监测系统平台方案建设

（一）FrontView 节能监管系统构架

数字化节能监管系统（节能监管平台）的建立基于 FrontView 技术平台实现。该系统以工业实时 Web 服务、国际标准 OPC 服务、现场设备组态以及安全门户服务为核心技术基础，融 Web 报表提供服务、Web 地图提供服务、视频监控提供服务于一体，以构建符合分布式监控、网格化管理、应用层大集成而需要的平台。基于 FrontView 技术的 FrontView 系统平台，采用了目前国际推崇的开放平台建设技术、子系统嵌入技术等一系列先进技术，使得该系统具有极强的未来扩展能力和兼容能力。

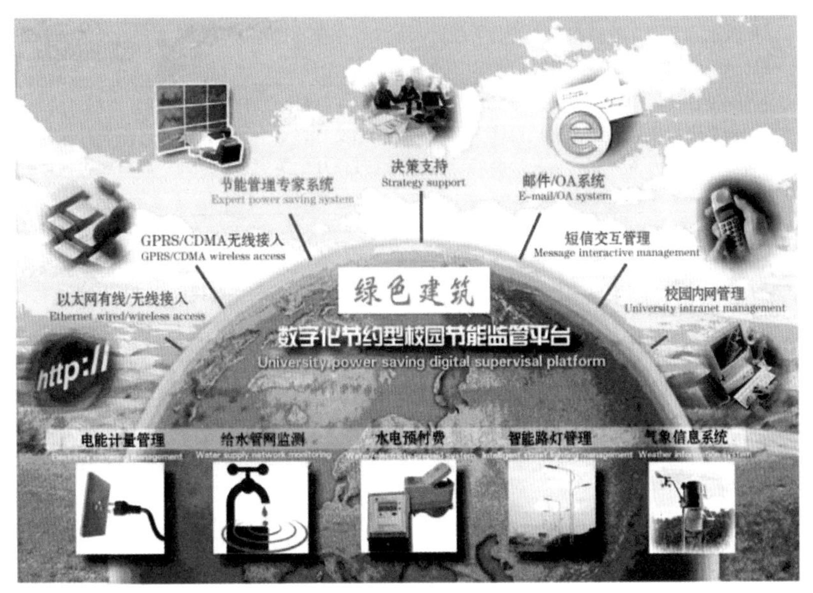

图 6-17　FrontView 系统衍生组成图示

续表

目前，在 FrontView 平台基础上，已相继开发了电能管理系统、网络预付费电能管理系统、节能管理专家系统（能源综合分析系统）、智能路灯管理系统、给水管网检测系统、关键设备远程监控系统、气象信息系统等子系统（图 6-17）。FrontView 技术平台整合了工业远程控制、实时 Web 技术、在线报表技术、安全门户等先进技术，为构建数字化能源监控系统提供了坚实的技术基础。

FrontView 平台可以实现：“多样的设备通信接口支持、实现国际化标准的 OPC 服务器、支持通用的数据库存储管理、支持自由的设备组态配置、基于 Web 的现场监控组态、短信报警与查询服务平台、实现专业的在线报表服务、无缝衔接的集群监控配备”等多种功能与技术指标。

（二）FrontView 系统功能简介

系统的主要管理功能通过 Web Server 完成，用户在任何联网的计算机上都可以进行数据查询、分析和管理操作。包括对客户、电表、智能数据网关、监测点（包括运行参数、运行状态）等基本信息的管理，对实时和历史数据进行处理与分析，使用各种条件绘制图表和报表等。经过授权认证的用户（USB key 认证），可在任何网络上的终端，通过网络浏览器登录系统，进行开户、销户、售电、退电、强制关电等操作（表 6-7）。

FrontView节能监管系统功能汇总简表　　表6-7

序号	功能名称	主要特性
1	安全登录	提供授权的访问方式，以保障系统管理的安全性。授权用户可通过下载客户端软件或 USBkey 加密狗（可选）及用户账号和密码登录系统，登陆过程中服务器自动识别用户在服务器上的注册信息，并进行公钥和私钥的配对审核。用户的权限由管理员分配。例如，管理员级用户可以实现新建监测对象、调整用电属性、用电费率及其他高级功能；售电员可登录系统进行开户、销户、售电、退电、强制关电等操作；而一般用户仅可以使用系统管理员分配的功能，如在线监测、查询数据、统计分析等。 对于客户级的用户，登录系统后将只能看到与之相关的授权区域内用电管理的数据。 用 USBkey 加密狗登录系统时，用户只需使用 Web 浏览器（如 Internet Explorer 等），在地址栏中输入系统的 IP 地址或域名。在显示登录界面后，在 USB 口上插入 USBkey 加密狗，系统即自动识别用户名，用户只需输入密码，就可以登录进入系统。非授权的用户将无法进入系统。在使用过程中，如果客户端检测到 USBkey 被移除，则客户端将自动退出系统，以保证信息安全
2	系统界面	系统主界面设计风格清新大方（图 6-12）。大部分功能都可通过在界面上方选择任务栏目实现。对于业务实现，在一个浏览器窗口中可实现多文档设计，用户交互界面友好，易于操作，用户可以同时兼顾多个业务层面，在有限的空间内获取更多的业务信息。例如，用户可同时打开个多个业务界面，然后利用状态栏上方的列表就可以方便的切换各业务界面
3	基本信息管理	包括客户基本信息管理、表具基本信息管理、智能数据采集网关基本信息管理等。可完成系统管理的主要功能。界面左侧以直观的多级树状视图显示分类、监测点、数据终端、具体测量监控参数的逻辑关系，中部显示当前所选对象的详尽信息，右侧或上方显示对当前所选对象的可进行的主要操作列表。界面结构严谨，层次清晰，操作方便，易学易用（图 6-18）
4	实时监控数据	可以随时查看实时监测数据与历史监测数据。监测数据的种类包括：①电表、水表的配置参数；② 电表、水表实时运行参数；③在系统界面上实时监测每个电表、水表的动态实时数据；④可按任何时段查询到各电表、水表每个小时用电数据；⑤实时监测状态、并可与短信平台相结合，实现短信提醒
5	历史监测数据	历史监控数据是指过去一段时间采集到的电表、水表运行数据。历史数据可保留 5 年以上。系统操作过程具有日志查询管理。 需提供可靠的数据三级保存机制：即电表、水表保存总数据、智能数据网关保存 5 天以上时段数据、数据库保存系统全部数据。保障历史监测数据的完整性和安全性
6	绘制图表	对单个区域、单个部门、多个部门的组合、复合条件筛选出的组合等按时间条件（按日、按月、按季、按年、按指定的一段时间等）对用电情况分析绘制相应图表

续表

序号	功能名称	主 要 特 性
7	报表管理	对单个区域、单个部门、多个部门的组合、复合条件筛选出的组合等按时间条件（按日、按月、按季、按年、按指定的一段时间等）同时对多种分析类型生成数据报表。 支持单独或批量打印报表，支持报表导出为 Word、Excel、PDF 等通用格式文件（图 6-19）
8	客户查询功能	访问数据服务实现，具备以下优点：①客户查询通过 Web 数据访问完成，方便使用者在任何地点浏览查询；②设有预付费自助服务中心，方便客户自己查看；③配有自助电费充值卡，当无人值班售电时，可以在网上自助完成售电（图 6-20）
9	数据维护	当控制中心计算机系统应用服务器因断电、病毒、硬件故障等原因造成系统不能正常工作时，智能数据网关自动启动数据备份。当控制中心计算机系统应用服务器恢复运行时，系统将自动启动数据维护功能，以尝试获取故障期内的所有的数据
10	日志系统	软件系统为每个关键的操作保存系统日志，包括安全性、数据库操作、指令日志、应用程序日志等。通过查看系统日志，可以得知何用户在何时做出什么关键性操作，也可通过日志发现系统运行时异常的状况，从而为系统诊断提供重要依据
11	客户端功能	系统客户端基于 Web 数据服务实现，具备以下优点：①访问数据的速度快。用户打开监控画面的延时极小；②美观丰富的图形操作界面将提供更好的用户体验；③扩展功能模块将使数据查询和系统管理更方便
12	故障恢复功能	当中心计算机服务器系统因断电、病毒、硬件故障、升级维护等原因造成系统暂时不能正常工作时，智能数据网关将会自动启动数据备份机制。当中心计算机服务器系统恢复运行时，应用软件系统将自动启动数据维护功能，以尝试获取系统停运期间的所有数据
13	短信互动功能	系统可选件：智能短信数据网关，可与系统无缝对接，构成短信平台互动业务系统。在此基础上支持，系统定时发布统计数据（用电量数据），提供对用电人员信息发布以及自主化信息查询、欠费预警，使系统的可交互性及移动管理能力进一步得以提升
14	其他功能	包括网络化远程管理用户账户冻结、恢复；表具数据本地存储，向监控中心的实时远程传输；表具状态实时监控、查询；日账目盘点，月账目盘点；对监控终端参数的远程配置；对监控终端远程校核时；对监控终端的远程诊断；数据维护功能；故障恢复功能；水电数据定期进行短信播报等功能。在用户信息比较完善的情况下，系统能对需要分摊的公用水电进行自动分摊（到人）
15	系统扩展功能	系统应支持：与校园一卡通系统对接，实现利用校园卡进行充值功能；利用学校统一身份认证系统进行水电用户查询登录及身份管理；借助学校短信平台进行用户与系统的沟通（水电信息及充值提醒）；通过原有的学生离校系统进行水电结算管理；实现将宿舍管理系统住宿信息自动导入及更新；以及将来其他水电子系统的扩展需求

图 6-18　节能监管平台用户基本信息截图示意

制表单位：江南大学后勤管理处　制表日期：2009-4-1

月份	电量(度)	金额(元)	类型明细（电量）
1	40656.28	24393.77	空调:349.93　照明:31840.87　动力:8465.48
2	16724.16	10034.50	空调:102.00　照明:12817.31　动力:3804.85
3	37836.58	22701.95	空调:574.65　照明:28540.59　动力:8721.34
4	39688.80	23813.28	空调:770.77　照明:29093.85　动力:9824.19
5	41994.84	25196.91	空调:1098.15　照明:29763.46　动力:11133.23
6	31402.79	18841.67	空调:230.45　照明:20692.60　动力:10479.74
7	41067.92	24640.75	空调:328.42　照明:29883.45　动力:10856.05
8	23610.00	14166.00	空调:161.42　照明:17044.70　动力:6403.88
9	26837.81	16102.69	空调:151.96　照明:20703.86　动力:5981.99
10	23924.99	14354.99	空调:144.81　照明:20742.62　动力:3037.56
11	39028.27	23416.96	空调:436.68　照明:25829.89　动力:12761.70
12	44127.65	26476.59	空调:777.88　照明:35884.42　动力:7465.35
合计	406900.09	244140.06	空调:5127.12　照明:302837.63　动力:98935.36

月份用电量比例图：

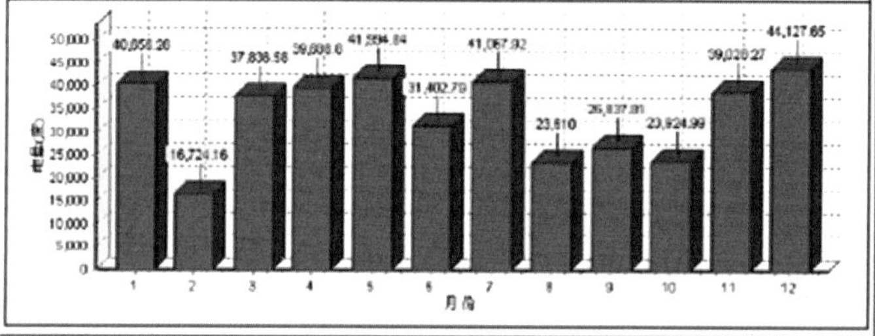

40,656.28
16,724.16
37,836.58
39,688.8
41,994.84
31,402.79
41,067.92
23,610
26,837.81
23,924.99
39,028.27
44,127.65
月份

图 6-19　节能监管平台的客户用电量截图示意

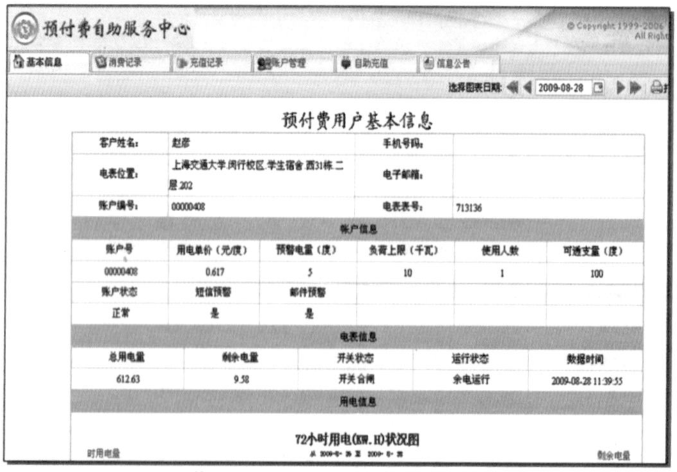

预付费自助服务中心
基本信息
消费记录
充值记录
账户管理
自助充值
信息公告
选择图表日期: 2009-08-28
预付费用户基本信息
客户姓名: 赵彦
手机号码:
电表位置: 上海交通大学.闵行校区.学生宿舍.西31栋.二层202
电子邮箱:
账户编号: 0000408
电表表号: 713136
账户信息
账户号 | 用电单价（元/度） | 预警电量（度） | 负荷上限（千瓦） | 使用人数 | 可透支量（度）
0000408 | 0.617 | 5 | 10 | 1 | 100
账户状态 | 短信预警 | 邮件预警
正常 | 是 | 是
电表信息
总用电量 | 剩余电量 | 开关状态 | 运行状态 | 数据时间
612.63 | 9.58 | 开关合闸 | 余电运行 | 2009-08-28 11:39:55
用电信息
72小时用电(KW.H)状况图
时用电量
剩余电量

图 6-20　节能监管平台的客户查询功能截图示意

（三）能源监管子系统组成

FrontView 节能监管系统中的能源监管子系统主要由“电能计量管理系统、给水管网监测系统、网络预付费电能管理系统、智能道路（景观）照明监控系统、关键设备远程监控系统、能源监管综合分析系统”等专业监管系统组成，其具体特性及主要功能参见表 6-8。

能源监管子系统的特性及主要功能汇总　　表6-8

序号	名称	系统特性（概况）	系统功能
1	电能计量管理系统	电能计量管理系统是建立在“数字化节能监管系统”（Frontview）基础上的子系统之一。该系统的设计与建设充分符合住房和城乡建设部《国家机关办公建筑及大型公共建筑分项能耗数据采集技术导则》、教育部和住建部共同颁布的《高等学校建设节约型学校管理与技术导则》要求，对各用电点实现分户、分项、分类实时计量。并通过 Web 发布的形式，使得使用单位各级管理人员不管身处何时何地，都可以轻松地对本单位各部门的用电情况进行监控与管理。采用该系统还可以和“用电指标体系”充分配合，实现用电的管理和指标执行情况的监督、费用结算、数据统计分析等多项功能，为实现企事业单位内部各部门用电的量化管理提供了必备条件。 “系统”主要包括以下几个方面：智能数据网关远端数据采集、中间数据传输、后台数据接受处理、前台查询统计和管理功能。系统选用带有远传数据接口（电气接口符合 RS485 标准），且内置含专利权人（譬如：江南大学节能研究所专用通信协议）的智能电子电能表。中间数据传输通道采用企业内网作为传输通道；可有效保证各区域电表接入网络的方便性，同时也可最大程度地节约建设成本	系统实现以下的功能与技术指标： （1）安全登录：提供授权的访问方式，以保障系统管理的安全性；对于客户级的用户，登录系统后将只能看到与之相关的授权区域内用电管理的数据； （2）系统界面：各功能都可通过在界面选择任务栏目实现； （3）基本信息管理：包括客户基本信息管理，电表基本信息管理，智能数据网关基本信息管理等； （4）实时监控数据：电表的配置参数；电表实时运行参数；在系统界面上实时监测每个电表的用电的动态实时数据；可按任何时段查询到各电表每个小时用电数据； （5）历史监测数据：历史监控数据是指过去一段时间采集到的电表运行数据，历史数据可保留 5 年以上（视数据库系统硬盘容量）；需提供可靠的数据三级保存机制：即电表保存总用电数据、智能数据网关保存 5 天以上时段用电数据、数据库保存系统全部数据。保障历史监测数据的完整性和安全性； （6）绘制图表：对单个区域、单个部门、多个部门的组合、复合条件筛选出的组合等按时间条件（按日、按月、按季、按年、按指定的一段时间等）对用电情况分析绘制相应图表； （7）报表管理：对单个区域、单个部门、多个部门的组合、复合条件筛选出的组合等按时间条件（按日、按月、按季、按年、按指定的一段时间等）同时对多种分析类型生成数据报表；支持单独或批量打印报表，支持报表导出为 Word、Excel、PDF 等通用格式文件； （8）其他功能：包括用户管理、权限管理、日志系统、客户端功能、自动更新功能、数据维护功能、故障恢复功能、定期用电数据短信播报功能等
2	给水管网监测系统	给水管网监控系统可实时监视和采集用水管网各部位的计算水量，供控制中心及有关部门分析和决策使用，提高工作效率，保障供水。 作为供水管网监控系统的子系统的大口径表远程实时监控系统能实时在线检测水表的累积流量，监控中心通过对采集并实时传输的数据进行自动分析，提供管理决策支持服务。为故障检修争取时间并最大限度地减少浪费。提高水资源使用效率，提高用水管理水平，从而实现了给水管理的信息化、现代化	给水管网监测系统采用实时通信与数据采集技术，结合后台大型分布式数据库，通过 Web 发布的形式，使得各级管理人员无论何时何地，都可以轻松地对各部门、楼宇的用水情况进行监控与管理。系统具备智能化的数据分析功能，可以自动进行自来水漏失分析和用水异常情况识别，帮助管理人员及时发现跑冒滴漏现象，进行综合决策。 其系统功能主要包括：①实时记录用水情况；②多样的数据分析、统计图表；③及时发现供水系统问题；④短信提醒、信息互动；⑤跨越时空的因特网管理；⑥为供水三级计量管理提供技术保障；⑦为管理层提供全方位决策支持

续表

序号	名称	系统特性（概况）	系统功能
3	网络预付费电能管理系统	网络预付费电能计量管理系统创新地采用了基于企业内网（局域网）的实时通信与数据采集技术，结合后台大型分布式数据库、通过内嵌江南大学节能研究所专有加密通信协议的智能预付费电表构成系统（图6-21）。该系统实现了网络化实时操作，实时计量监控，实时售退电、实时通断电的效果。为高校学生宿舍用电管理、园区商铺经营户、房屋租赁单位的收费和水电管理提出了更完善的解决方案 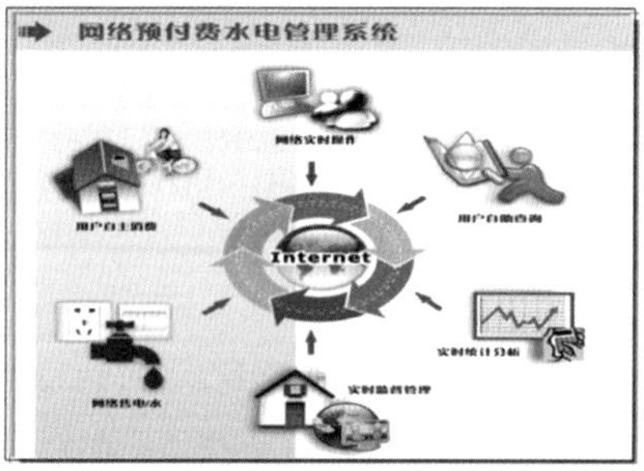 图6-21　智能预付费电表构成系统图示 系统突出优势可概括为： (1) 基于局域网络建设，充分节约建设成本； (2) 计量仪表规范可靠，使用维护简单便捷； (3) 实时网络在线管理，显著改善管理效果； (4) 摒弃传统售电介质，售退电量实时到户； (5) 用户自主实时查询，用电记录准确透明； (6) 轻松实现跨区管理，系统扩展空间广阔	该系统彻底解决了以往IC卡式电表、控电模块、载波通信电表等预付费系统用电管理、卡管理、数据不透明等的诸多问题。系统实现以下的功能与技术指标：①用户开户、过户、销户等基本信息管理维护；②用户用电账户冻结、账户恢复；③网络化远程售电、退电；④欠费预警，欠费短信预警（可选），无费关断；⑤批量基础用电下拨；⑥实时用电查询，用电账户Web查询；⑦公寓内用电状态实时监控；⑧具备限流保护功能，超功率限制自动断电；⑨日账目盘点，月账目盘点；审计日志、使用日志查询；⑩售、退电及用电报表统计分析。 科学合理的预付费管理业务流程参见图6-22。 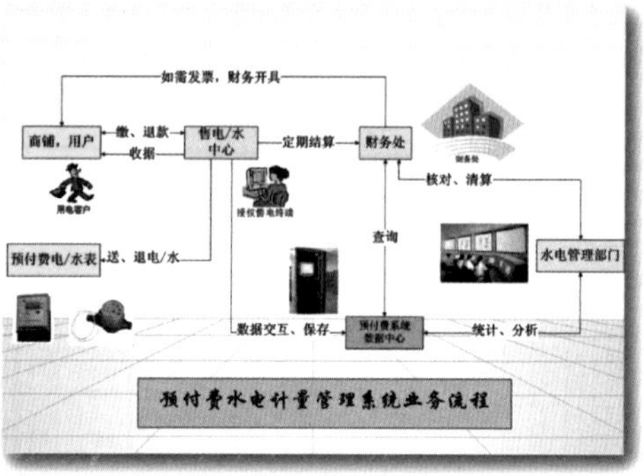 图6-22　科学合理的预付费管理业务流程图示
4	智能道路（景观）照明监控系统	该系统结合数字矢量地图技术，结合无线数据传输和远程控制方法。可根据人性化的控制方案，对区域内各路段的路灯制定不同的开关灯周期策略。实现相应时间段内各路段照明的分别控制，并根据情况为各路段路灯设置。如季节策略、夜间高峰期策略、节假日策略等。使区域内路灯可通过网络随时随地轻松管理，在改善控制效果的同时，也能带来可观的节电效益	(1) 人性化的开关灯控制策略调度； (2) 开关灯策略无线远程传输设定； (3) 离线自动控制稳定可靠； (4) 本地/远程手动开关控制； (5) 无线网络自动校时； (6) 因特网实时监控故障诊断； (7) 数字化电能消耗分析
5	关键设备远程监控系统	该系统采用了工业界普遍采用的实时通信与数据采集技术，结合后台大型分布式数据库，通过Web发布的形式，使得企业（单位）各级管理人员不管身处何时何地，都可以轻松地对所辖关键能耗设施和能耗设备进行监控与管理	系统提供了关键能耗设备运行流程的动态监控、关键数据实时监控、历史数据归档、动态趋势曲线绘制及短信实时报警等人性化功能，为关键能耗设备的长期可靠、经济运行提供了保障，也为重点能耗设备优化运行、产生长期节能效益提供了平台级的支持
6	能源监管综合分析系统	该系统在电能计量管理系统、给水管网检测系统、网络预付费电能管理系统等建设的基础上构建形成。系统采用了先进的数据融合、数据挖掘及远程动态图表生成等技术，实时地从能源监管平台的各子系统中提取数据，形成数据综合分析。通过对海量能耗数据的综合处理与运算，形成各类统计学图表，实时反映历史能耗对比与未来能耗趋势。 系统包含建筑分类能耗、单位土地面积能耗、能耗分项分类对比、能耗分析与预测、节能工作评价以及碳中和计算等各子功能模块，功能全面，立足点具有相当高度	项目实施单位经过多年大量能耗数据的积累后，通过该系统的综合数据提取与运算处理，可进一步结合气候变化等因素，实现能源指标的合理度评价、能耗走势的科学预测。该系统的应用，将为实施单位的节能工作中长期部署提供专家化的决策支持，为减少碳排放，实现低碳经济和可持续发展提供全面的信息支撑。 系统实现以下的功能与技术指标：①建筑能耗综合信息；②单位土地面积能耗分析，单位建筑面积能耗分析；③人均能耗测算；④建筑物分项、分类能耗统计，建筑物能源结构分析；⑤分时、分区能源消耗对比分析；⑥能源预测分析；能源指标与历史及预测能耗走势对比分析；⑦自动生成各类能耗综合报表；⑧园区碳中和指标分析；⑨节约型校园（园区）建设综合评价体系；⑩校园（区域）能源规划决策支持

第三节　能源与环境监管平台建设实例

中共上海市委党校、上海行政学院作为上海市委、市政府干部的重要培养基地，引领时代步伐，创新节能模式。建设绿色校园建筑对于培养干部学员节能环保意识，带动社会各项节能减排工作具有重要现实意义和深远社会意义。而建立校园建筑设施能源与环境监管节能平台是重要的抓手和基础，可实现客观、定量、实时把握上海市委党校二期工程的建筑节能与节水状况和用能与用水趋势。合理制定中长期能源与水资源使用规划，有针对性地研究用能与用水对策，直观展示节能效益，提供节能环保教育平台，为校园可持续建设发展规划提供决策数据支撑。

校园建筑节能节水平台实现了建筑能耗监测、能耗数据深度挖掘、统计分析服务、能效审计、节能改造报表管理等服务。节能节水监管平台基于实用可靠、适度超前的原则进行规划设计，以实现校园建筑节能监管“五化”，即能耗计量自动化、能耗监测实时化、能耗监管网络化、能耗管理定量化以及能效公式可视化。在本次节能与节水监管系统平台规划建设中，重点将上海市委党校二期工程的教学楼与学员宿舍楼，即图 6-23 所示的“海华大厦”列为监管对象，在条件具备后，将在全校范围推开应用。

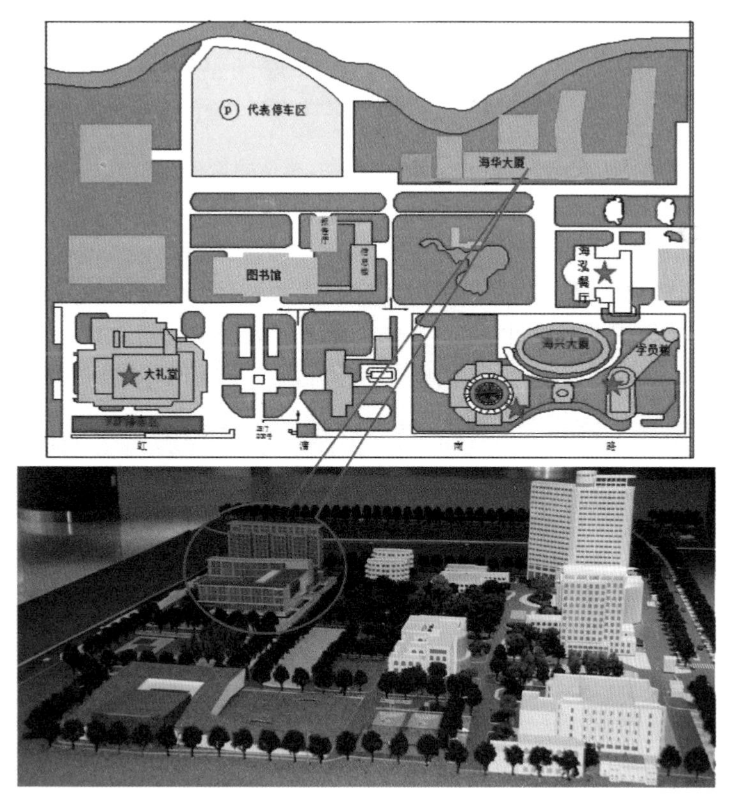

图 6-23　市委党校平面布置及监管对象（海华大厦）示意

一、能源与环境监管系统平台构架简介

上海市委党校二期工程的建筑节能（能源监测与环境监测）监管平台系统由计量表具、数据采集及转换装置（网关）、数据传输网络、数据中转站、数据服务器以及管理软件组成。前端数据采集主要由带远传功能的计量表具组成，各类表具应具备通信接口并支持国家相关行业的通信标准协议，网关设备承担数据采集与转换任务，将来自计量表具的数据以分散或集中采集形式进行数据转换并接入校园能源监管与环境监管系统网络，并传输至数据中心。监管平台软件负责能耗与水耗数据实时监测、图表演示、自动统计、节能与节水分析、数据存储、报表管理、指标对比、数据上传等功能（图 6-24）。

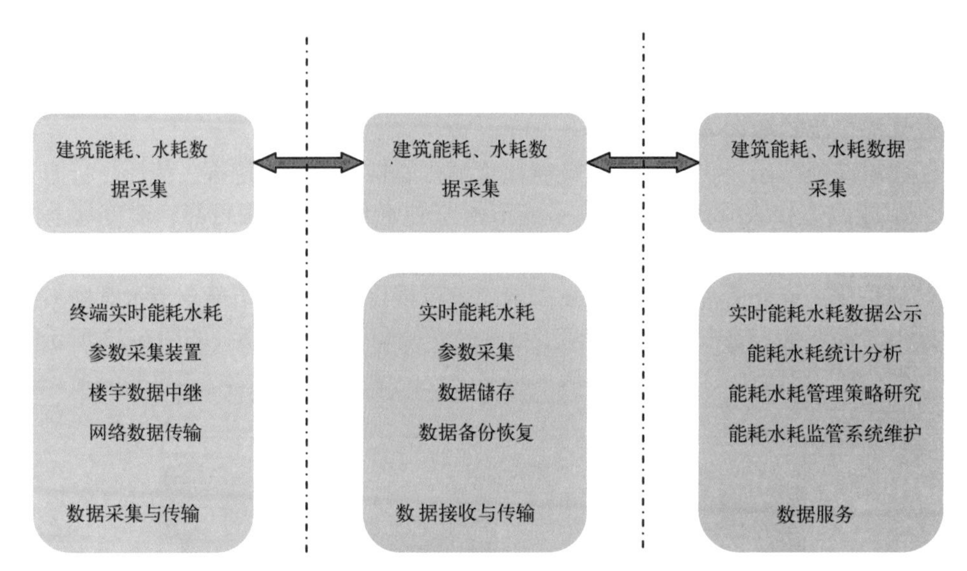

图 6-24　中共上海市委党校能源与环境监测平台内部逻辑示意

（一）系统设计基本原则

上海市委党校二期工程的建筑节能与环境监测系统平台设计基本原则是为了实现“从能耗与环保数据监测到能效分析评价、报表管理、能效公示、能源审计、能源需求预测等多层次服务功能”，从而达到最大限度地节约能源消耗、降低环境压力根本目的以及社会示范效应。该系统平台的设计原则与主要技术要求参见表 6-9。

上海市委党校二期建筑的节能与环境监测系统平台设计基本原则汇总　　表6-9

序号	设计基本原则	主要技术要求（设计思路）
1	友好的人机界面	采用目前行业上最为流行的 B/S 架构集成软件，基于统一的跨平台图形及人机界面系统，支持 WINDOWS 界面风格
2	可扩展型	采用网络结构方式，充分考虑用户今后分能源中心的扩展及功能扩展的需要，能够很容易地通过本地采集仪表的方法实现，且还能够通过网络扩展，利用集中趋势使系统逐步扩充成，为整个校园建筑能耗数据中心

续表

序号	设计基本原则	主要技术要求（设计思路）
3	可维护性	系统内置有一套专门设计的系统状态信息输出维护系统，可输出系统信息，对各种异常可进行定制的报警。所有各种维护均设置了严格的权限检查
4	完整性	因电能数据具有累加性和传递性特点，这要求在任何情况下均不能丢失电能原始数据，特别是在进行分段、分费率电能统计和结算时，尤为重要。在本系统中，通过在采集处理及传输等环节采用多种技术手段，以确保数据完整
5	安全性	系统数据库所采用的 SQLserver 数据库系统可保证电量原始数据不可修改，对电量进行计量和结算的模型等在相应派生库中进行，派生库数据只有在授权许可下才能修改；建立完善的安全措施，对不同等级用户设立相应的访问权限，以确保电能计量与计费的合法性和严肃性。同时，系统支持数据自动或人工备档和恢复
6	模块化和可扩充性	能源监测系统的总体结构是结构化和模块化的，具有很好的兼容性和可扩展性，确保系统能在未来可以方便地扩充
7	先进数据采集方案	基于当前先进的数据采集思想，采用通过通讯总账访问电量数据的采集设备

（二）系统软件布局构架简介

上海市委党校二期工程的建筑节能与环保监管平台的建设目标是实现校园长效节能、合理用能，并非简单地实现水、电、气以及室内环境质量等的计量与监测，是在计量的基础上掌握用能组成、摸清用能规律，分析用能数据，诊断用能问题，指导合理用能。因此，在节能与环保监测平台系统软件设计时，采用“采用集中管理，分散控制”的设计思路，系统硬件维护本地优先级别最高，以便及时处理现场设备报警等信息，远程主要实现查询、统计、分析等功能。该系统软件设计时不但要实现对教学建筑的用电、用水或燃气的实时计量，还应对计量数据进行分析、诊断，并进行综合处理。该系统软件至少应包括：采集、统计、分析、比较、显示、报警设置、报表、权限分配以及日志查询等功能。

在该建筑节能与环保监管平台上，用户通过平台权限登录界面（如图 6-25 所示），输入不同权限用户名与其相应的密码，即可进入系统平台（如图 6-26 所示）。

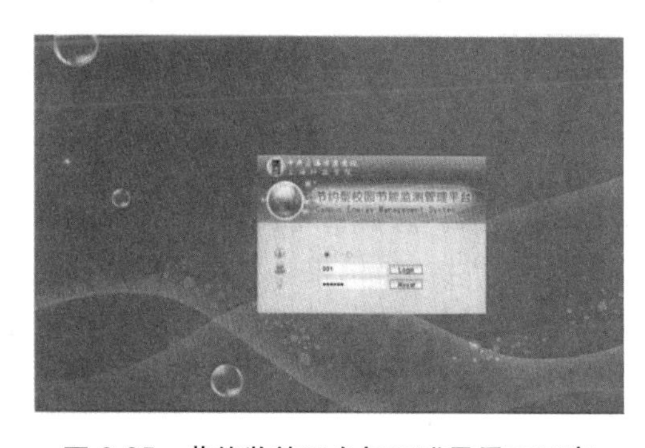

图 6-25　节能监管平台权限登录界面示意

图 6-26　节能监管平主界面示意

在该建筑节能与环保监管平台上，实时监测功能依靠前端计量表具（图 6-27.1 实时智能电量计量表具；图 6-27.2 实时智能热量计量表具；图 6-27.3 实时智能用水量计量表具等）

能耗、水耗采集功能，实现远程、实时监测建筑分项消耗。

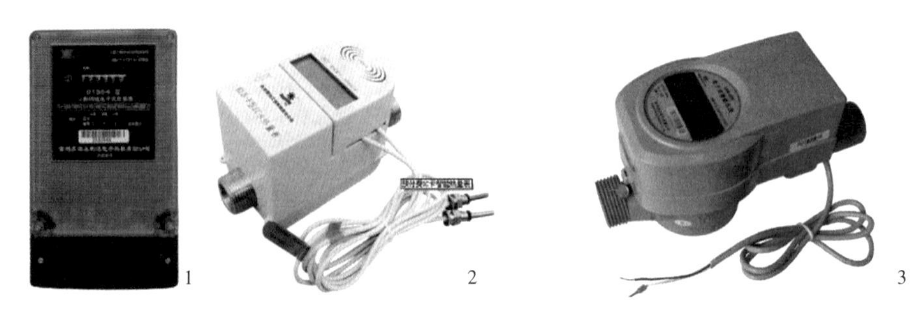

图 6-27　上海市委党校二期项目实时监测表具示意

在该建筑节能与环保监管平台上，实时监测功能以数据列表和图形（如曲线图、柱状图、堆积图等，譬如图 6-28、图 6-29 所示）方式显示权限管理范围内各单体建筑（如综合教学楼、学员宿舍楼等）、用户以及重点能耗设备（如地源热泵空调与热水系统、学员宿舍楼餐厅用电设备等）的用能情况（如图 6-29 所示）；并具有整点能耗刷新从而实现能耗实时监测功能。

在该建筑节能与环保监管平台上，实时监测功能为物业管理部门和相关能源管理部门实时把握各建筑总体能耗、末端分项能耗及重点用能设备能耗现状、及时发现问题、采取对策、提供高效实用的基础平台。同时，该功能还可实现对大型建筑用能设施的供电特性（譬如电流峰值与谷值、平均值等参数）进行实时监视，实现动态把握其电力负荷，监控电力品质。

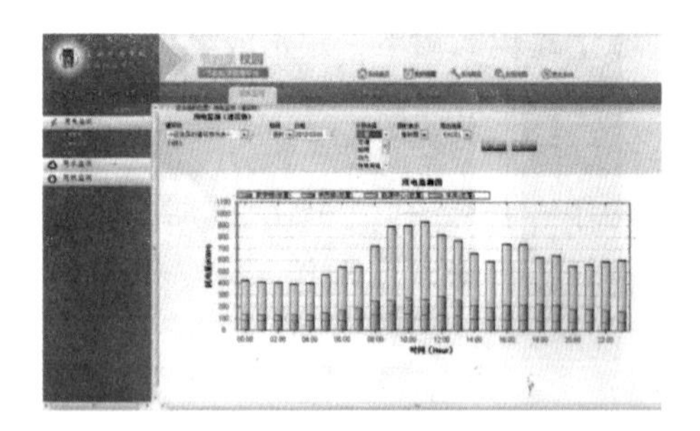

图 6-28　上海市委党校二期车库总量实时监测示意

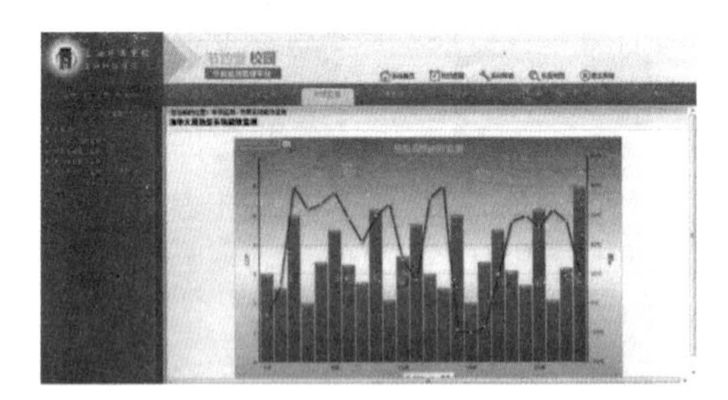

图 6-29　上海市委党校二期地源热泵能效实时监测示意

在上海市委党校二期工程的建筑节能与环保监管平台上，其分布体系结构的系统软件采用 B/S（Browser/Server，即“浏览器 / 服务器”）与 C/S（Client/Server，即“客户端 / 服务器”）混合的软件体系结构，有权限的用户可通过大楼政务外网直接利用 IE 浏览器方式访问能源中心服务器，操作方便且免安装与维护；而对于数据采集、数据维护以及数据安全性要求较高的操作采用 C/S 体系结构。在中心服务器上安装服务端软件，管理员操作主机上需安装客户端软件，方便采集设备的维护，以最大限度地提高整个系统的数据采集速度和运算效率，缩短系统响应时间。

将B/S与C/S这两种软件体系进行有机结合，可扬长避短，有效地发挥各自优势。这既方便中共上海市委党校的管理层、用能单位、物业公司等用户动态掌握能耗状况、发现用能问题，同时又不影响整个系统的采集速度和运算效率，能够有效确保整个节能监测系统平台的运行稳定和高效。

另外，仅就当前而言，因中共上海市委党校只有新建的综合教学楼和学员宿舍楼（大型建筑）重点实施了能源计量和远程监测系统，以后会有其他楼宇逐步加入。而B/S与C/S这样的混合体系架构，再结合软件的模块化设计，可方便新楼宇加入。在增加新的监测对象后，对于已运行的节能监测系统平台不会有任何不利影响。

二、能源与环境监管系统平台数据采集及其监测点布置

针对上海市委党校二期工程的建筑物使用特点，能源与环境监管平台系统的基本构架如图6-30所示。能耗与水耗数据采集以具有通信接口的数字式计量表具为主，环境参数及空调系统运行参数监测通过兼容共享建筑物既有的楼宇自控系统的相关数据来实现。

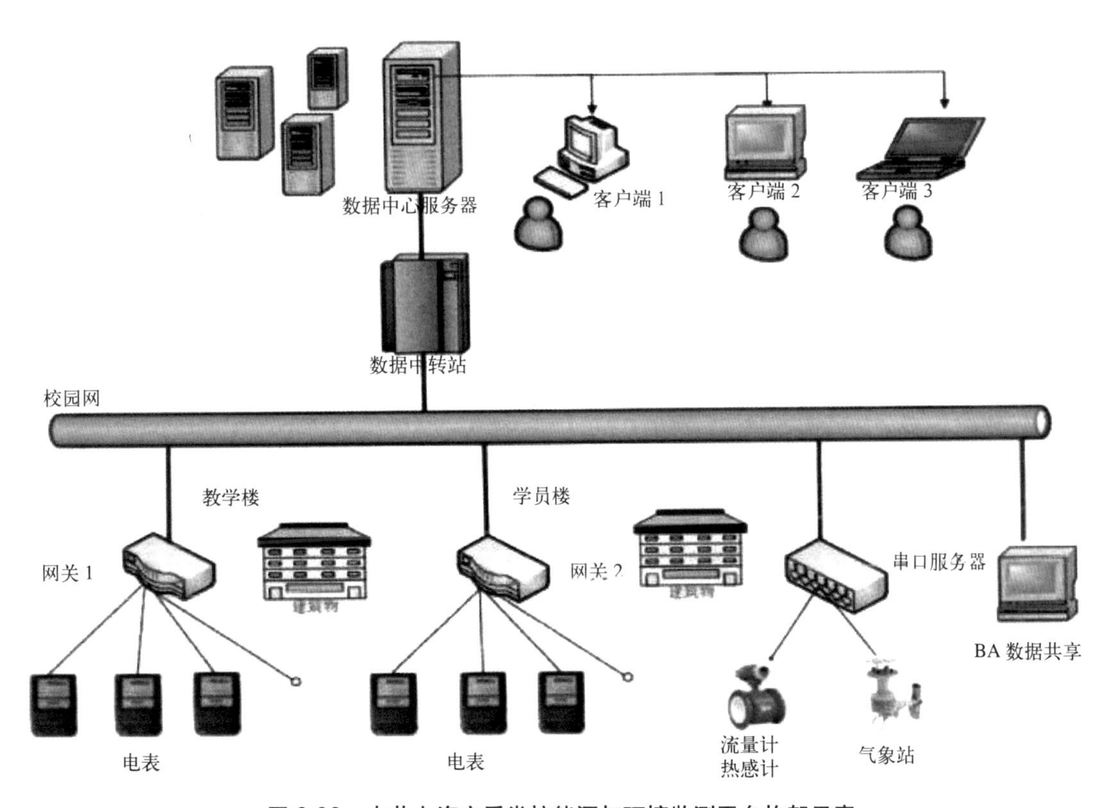

图6-30　中共上海市委党校能源与环境监测平台构架示意

（一）电耗监测

在能源与环境监管系统平台正常运转期间，综合教学楼等大型公共建筑耗电数据以实时采集、远程传输、集中管理的方式汇总至数据中心，并通过监控平台管理软件（如

FrontView 系统）进行分析、展示和汇报表管理（图 6-31）。

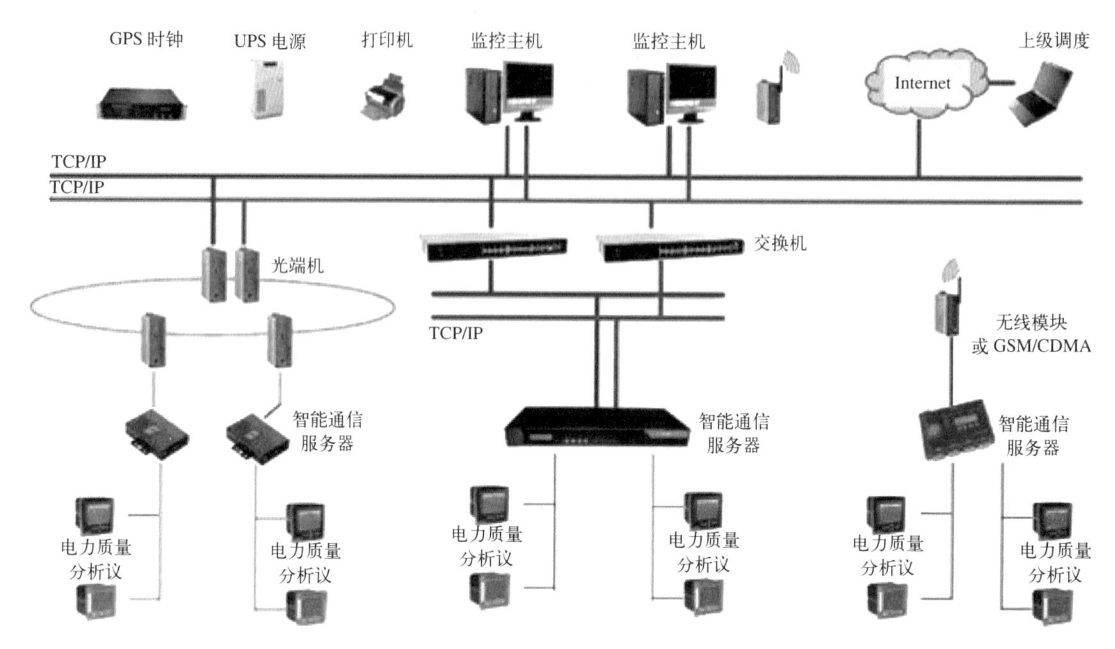

图 6-31　电耗在线监测拓扑图与耗电在线检测平台截图示意

具体到上海市委党校二期工程综合教学楼与学员宿舍楼建筑的电耗检测上，总共设置监测点 92 只，且均为三相监测点。其中 2P1 柜监测点 46 个，1P1 柜监测点 46 个，其能耗监测点内容与布点的采集设点方案，参见"综合教学楼采集点位网络简图"（图 6-32）与"学员宿舍楼采集点位网络简图"（图 6-33）。

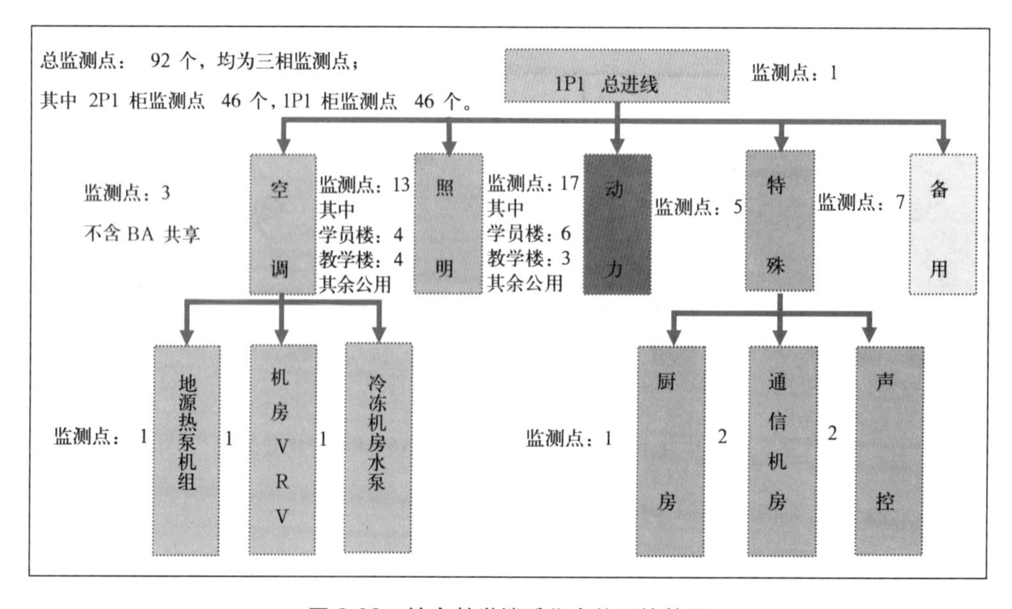

图 6-32　综合教学楼采集点位网络简图

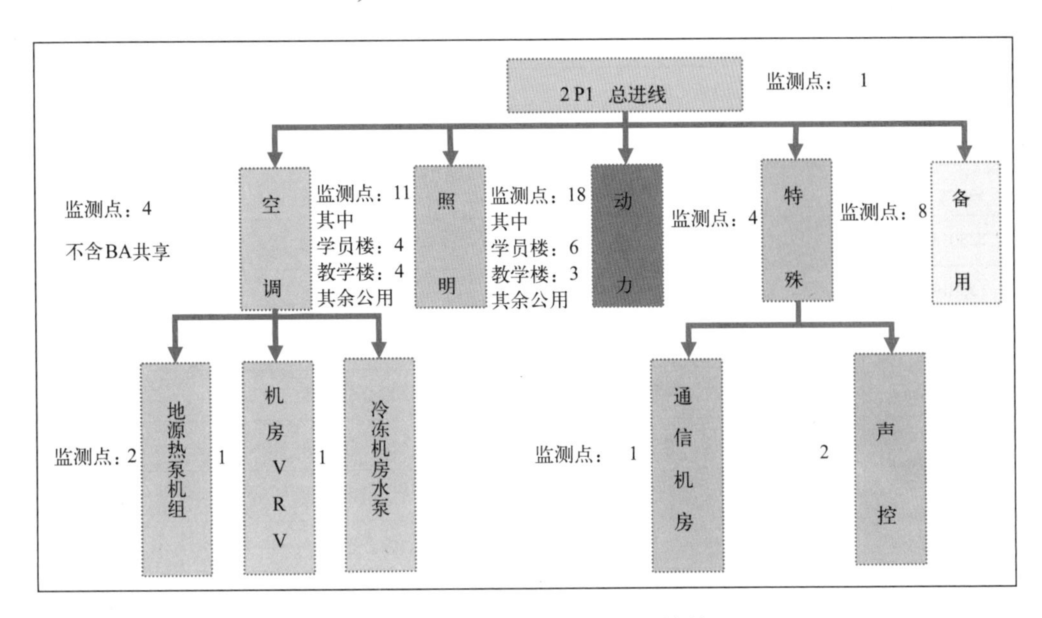

图 6-33　学员宿舍楼采集点位网络简图

上海市委党校二期工程（综合教学楼与学员宿舍楼）各功能部位的具体电量监测点的布点内容参见表 6-10。

上海市委党校二期项目电量监测点位一览表　　表6-10

表具编号	线路名称	所属建筑	倍率
123001	总进线 1	全部	3200/5
123002	住宿楼 1 ~ 6 层照明	学员宿舍楼	1000/5
123003	地源热泵机组 3 号	公用	500/5
123004	机房 VRV 备用	公用	100/5
123005	变电所用电	公用	100/5
123006	消防喷淋泵备用	综合教学楼	300/5
123007	生活泵	公用	200/5
123008	无线覆盖机房备用	综合教学楼	100/5
123009	人防动力与照明	综合教学楼	100/5
123010	车库消防动力 A 备用	综合教学楼	200/5
123011	厨房动力	学员宿舍楼	500/5
123012	车库照明	车库	100/5
123013	车库动力备用	车库	200/5
123014	学员宿舍楼地下照明	学员宿舍楼	100/5
123015	学员宿舍楼地下动力照明	学员宿舍楼	100/5

续表

表具编号	线路名称	所属建筑	倍率
123016	学员宿舍楼地下消防 A	学员宿舍楼	600/5
123017	消防控制中心	综合教学楼	100/5
123018	综合教学楼 1 号，会议声控	综合教学楼	200/5
123019	通信机房备用	综合教学楼	300/5
123020	大会议厅照明	综合教学楼	200/5
123021	大会议厅声控备用	综合教学楼	100/5
123022	综合教学楼 1 号，一层公灯	综合教学楼	100/5
123023	学员宿舍楼普通电梯备用	学员宿舍楼	300/5
123024	综合教学楼 1 号，消防备用	综合教学楼	200/5
123025	冷冻机房水泵控制柜	公用	300/5
123026	学员宿舍楼消防电梯	学员宿舍楼	100/5
123027	学员宿舍楼 7 ~ 11 层公灯备用	学员宿舍楼	200/5
123028	综合教学楼电梯	综合教学楼	300/5
123029	综合教学楼 1 号，1 ~ 3 层公灯备用	综合教学楼	100/5
123030	无线机房	综合教学楼	200/5
123031	学员宿舍楼 1 ~ 6 层公灯备用	学员宿舍楼	160/5
123032	备用	备用	300/5
123033	屋顶消防风机	综合教学楼	100/5
123034	雨水排污泵备用	公用	100/5
123035	综合教学楼 1 号，普通照明	综合教学楼	300/5
123036	学员宿舍楼 7 ~ 11 层动力	学员宿舍楼	100/5
123037	屋顶节日照明	综合教学楼	200/5
123038	综合教学楼 1 号，普通动力	综合教学楼	200/5
123039	学员宿舍楼货梯动力	学员宿舍楼	200/5
123040	备用	备用	100/5
123041	备用	备用	200/5
123042	备用	备用	200/5
123043	备用	备用	100/5
123044	备用	备用	100/5
123045	备用	备用	300/5

续表

表具编号	线路名称	所属建筑	倍率
123046	备用	备用	100/5
123047	总进线	全部	3200/5
123048	学员宿舍楼 7 ~ 11 层照明	学员宿舍楼	1000/5
123049	地源热泵机组 1 号	公用	500/5
123050	机房 VRV	综合教学楼	100/5
123051	变电所用电备用	公用	100/5
123052	消防泵喷淋	综合教学楼	300/5
123053	生活泵备用	公用	200/5
123054	无线覆盖机房	综合教学楼	100/5
123055	人防照明备用	综合教学楼	100/5
123056	车库消防动力 B	综合教学楼	200/5
123057	冷冻机房水泵控制柜	公用	300/5
123058	车库照明备用	车库	100/5
123059	车库动力	车库	200/5
123060	学员宿舍楼地下照明备用	学员宿舍楼	200/5
123061	学员宿舍楼地下动力	学员宿舍楼	100/5
123062	学员宿舍楼地下消防 B 备用	学员宿舍楼	100/5
123063	消防控制中心备用	综合教学楼	100/5
123064	综合教学楼 1 号，会议声控备用	综合教学楼	200/5
123065	网络机房	综合教学楼	300/5
123066	大会议厅照明备用	综合教学楼	200/5
123067	大会议厅声控	综合教学楼	100/5
123068	综合教学楼 1 号，一层公灯备用	综合教学楼	100/5
123069	学员宿舍楼普通电梯	学员宿舍楼	300/5
123070	综合教学楼 1 号，消防	综合教学楼	200/5
123071	地源热泵机组 2 号	公用	500/5
123072	学员宿舍楼消防电梯备用	学员宿舍楼	100/5
123073	学员宿舍楼 7 ~ 12 层公灯	学员宿舍楼	200/5
123074	综合教学楼电梯备用	综合教学楼	300/5
123075	综合教学楼 2 号，1 ~ 3 层公灯	综合教学楼	100/5

续表

表具编号	线路名称	所属建筑	倍率
123076	备用	备用	100/5
123077	学员宿舍楼1～6层公灯	学员宿舍楼	160/5
123078	备用	备用	200/5
123079	屋顶消防风机备用	综合教学楼	100/5
123080	雨水排污泵	综合教学楼	100/5
123081	综合教学楼2号，普通照明	综合教学楼	400/5
123082	学员宿舍楼1～6层动力	学员宿舍楼	200/5
123083	屋顶风机	综合教学楼	100/5
123084	综合教学楼2号，普通动力	综合教学楼	200/5
123085	学员宿舍楼货梯动力备用	学员宿舍楼	200/5
123086	备用	备用	100/5
123087	备用	备用	200/5
123088	备用	备用	100/5
123089	备用	备用	300/5
123090	备用	备用	100/5
123091	备用	备用	200/5
123092	备用	备用	100/5

注：本表所示的“表具编号”的编号规则请参见“附件一：《中共上海市委党校节能监管体系建设技术与管理导则》”。

（二）空调系统监测

地源热泵空调系统是中共上海市委党校二期建筑内的重要用能设施，能耗占比很大。基于此，对空调系统的运行状况进行专项监测非常必要。针对不同的空调系统，节能监管平台能够提供相应的监测功能、提供数据公示以及能效分析功能，并为空调系统的进一步节能改造和正确规范地运行管理提供数据支撑。

空调系统的节能监管平台具有各类接口，并通过楼宇自控（BA）系统的数据库的可开放通信端口协议，使节能监管平台充分共享其相关数据。仅需对BA系统没有采集，但是能耗监管平台需要的数据，通过增加数据传感器引入本节能监管平台即可，可避免重复设备投资，能够极大地降低BA系统建设成本。

上海市委党校二期工程建筑的节能监管平台系统，除了与BA（楼宇自控系统）共享数据外，针对地源热泵空调系统，该节能监管平台系统还增加了气象环境参数、地源热泵空调系统冷热水、地源换热器循环水流量的数据采集与监测。并且对地源热泵空调系统的主机、输送设备及末端设备的电耗做了分项计量，依据这些计量数据，完整地实现了对地源热泵空调系统的能效监测评价。图6-34能够形象地反映节能监管平台系统中的“地源热泵空调系统监管界面（与BA共享数据）”。图6-35所反映的就是节能监管平台系统中的“地源热泵空调系统能效监管界面”。

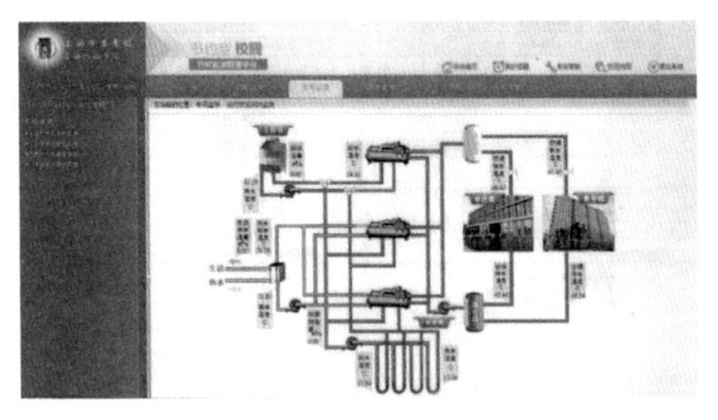

图6-34 地源热泵空调系统监管界面（与BA共享数据）

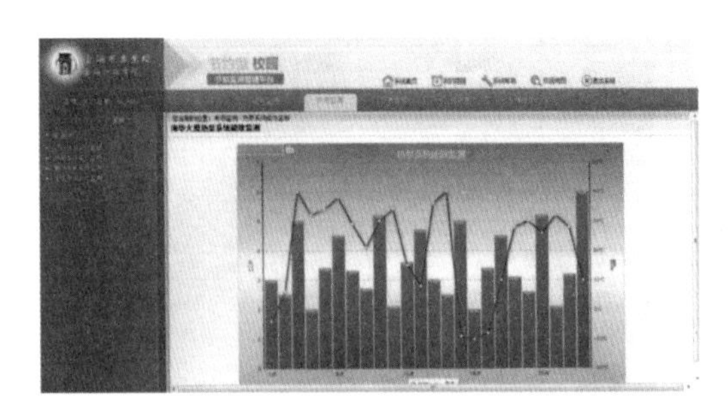

图6-35 地源热泵空调系统能效监管界面

上海市委党校二期工程建筑的节能监管平台系统对地源热泵系统的监测，侧重在地源热泵系统的运行参数监测及能效评价。同时，通过长期监测，建立起包括当地气象条件、建筑负荷特点及系统运行效率在内的完整数据库。该数据库可用于对地源热泵系统适应性评价分析。为此，针对地源热泵空调系统，应建立起一套完整的监测点布点方案，为节能监测系统提供依据（表6-11）。

上海市委党校二期项目地源热泵空调系统监测点位一览表 表6-11

序号	表具编号	线路信息
1	123301	空调冷热水供水总管温度
2	123303	空调冷热水回水总管温度
3	123304	地源侧回水总管压力
4	123305	地源侧供水总管温度
5	123306	地源侧供水总管压力
6	123307	地源侧回水总管压力
7	123308	冷却水总管回水温度
8	123309	冷却水总管供水温度
9	123310	热水泵（低区7A）供水温度/热水泵（低区7A1）罐温度
10	123311	热水泵（低区7A）回水温度/热水泵（低区7A2）罐温度
11	123312	热水泵（高区7B）供水温度/热水泵（高区7B1）罐温度
12	123313	热水泵（高区7B）供水温度/热水泵（高区7B2）罐温度
13	123314	生活水回水总管压力
14	123315	生活水回水总管温度1
15	123316	生活水回水总管温度2

续表

序 号	表具编号	线路信息
16	123317	生活水供水总管压力
17	123318	生活水供水总管温度 1
18	123319	生活水供水总管温度 2
19	123320	闭式冷却塔 17 出水温度 1
20	123321	闭式冷却塔 17 出水温度 2
21	123401	生活热水瞬时流量
22	123402	生活热水累计流量
23	123403	地源热泵地源侧瞬时流量
24	123404	地源热泵地源侧累计流量
25	123405	冷却水瞬时流量
26	123406	冷却水累计流量

注：本表所示的“表具编号”的编号规则请参见“附件一：《中共上海市委党校节能监管体系建设技术与管理导则》”。

（三）环境参数的监测

空调系统耗电量与建筑负荷相关，而空调负荷直接受该建筑内直接容纳人员密度、该建筑室内外环境参数等因素影响。因此，需要同时监测当地气候条件中影响空调能耗的主要数据（譬如室内温湿度、室外温湿度、室外风速、太阳辐射强度等）。为建筑能源管理者评价和分析空调系统能效提供相关基础数据。在中共上海市委党校二期建筑节能监管平台系统中，环境参数的监测是选择综合教学楼和学员宿舍楼内典型的房间布置室内环境参数采集点，安装环境参数采集器（表 6-12）。

上海市委党校二期项目环境参数监测点位一览表 **表6-12**

序号	表具编号	线路名称
1	123322	主题展厅室内二氧化碳（CO_2）浓度
2	123323	主题展厅室内湿度
3	123324	主题展厅室内温度
4	123325	多功能培训厅室内二氧化碳浓度
5	123326	多功能培训厅室内湿度
6	123327	多功能培训厅室内温度
7	123328	阶梯教室室内二氧化碳浓度
8	123329	阶梯教室室内湿度

续表

序号	表具编号	线路名称
9	123330	阶梯教室室内温度
10	123331	大报告厅室内二氧化碳浓度 1
11	123332	大报告厅室内湿度 1
12	123333	大报告厅室内温度 1
13	123334	大报告厅室内二氧化碳浓度 2
14	123335	大报告厅室内湿度 2
15	123336	大报告厅室内温度 2
16	123337	综合教学楼入口门厅室内二氧化碳浓度 1
17	123338	综合教学楼入口门厅室内湿度 1
18	123339	综合教学楼入口门厅室内温度 1
19	123340	综合教学楼入口门厅室内二氧化碳浓度 2
20	123341	综合教学楼入口门厅室内湿度 2
21	123342	综合教学楼入口门厅室内温度 2
22	123343	学员餐厅室内二氧化碳浓度 1
23	123344	学员餐厅室内湿度 1
24	123345	学员餐厅室内温度 1
25	123346	学员餐厅室内二氧化碳浓度 2
26	123347	学员餐厅室内湿度 2
27	123348	学员餐厅室内温度 2
28	123349	U 形多功能教室（80 人）室内二氧化碳浓度
29	123350	U 形多功能教室（80 人）室内湿度
30	123351	U 形多功能教室（80 人）室内温度
31	123352	学员宿舍楼（K4）4+1 套间室内二氧化碳浓度 1
32	123353	学员宿舍楼（K4）4+1 套间室内湿度 1
33	123354	学员宿舍楼（K4）4+1 套间室内温度 1
34	123355	学员宿舍楼（K4）4+1 套间室内二氧化碳浓度 2
35	123356	学员宿舍楼（K4）4+1 套间室内湿度 2
36	123357	学员宿舍楼（K4）4+1 套间室内温度 2

注：本表所示的“表具编号”的编号规则请参见“附件一：中共上海市委党校节能监管体系建设技术与管理导则”。

通过建筑节能监管系统平台，建筑能源管理者可以通过互联网浏览器形式在任何地点、任何时间，实时、远程监管所辖建筑物的能耗状况。节能监管系统平台提供了必要的能耗数据统计、运算、分析功能，能够实现能耗自动统计处理，指标公示、定额管理、数据存储、报表自动打印等功能。另外，该节能监管系统平台还具有很好的扩展性，可以简单扩展并追加特定或不特定测点。（图 6-36.1 节能监管系统平台可以监测主要内容的逻辑关系示意；图 6-36.2 上海市委党校二期工程的照明、空调、动力分项数据在“节能监管系统平台”中的截图示意）

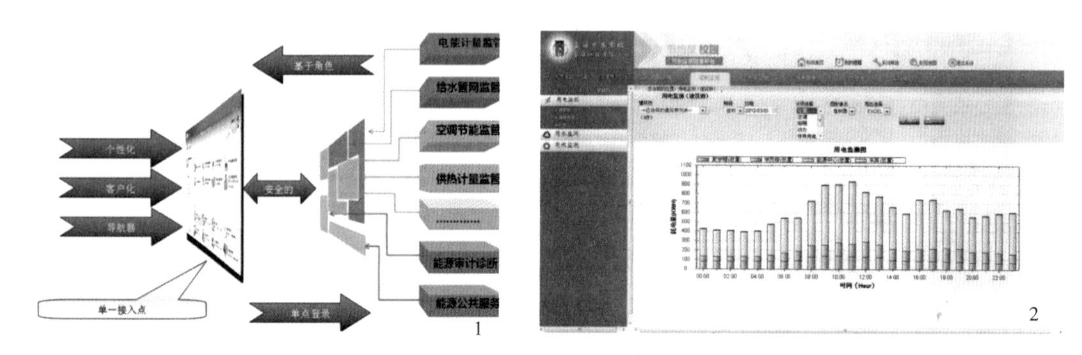

图 6-36　节能监管平台逻辑关系示意及应用实例截图示意

第七章　智能化系统建设

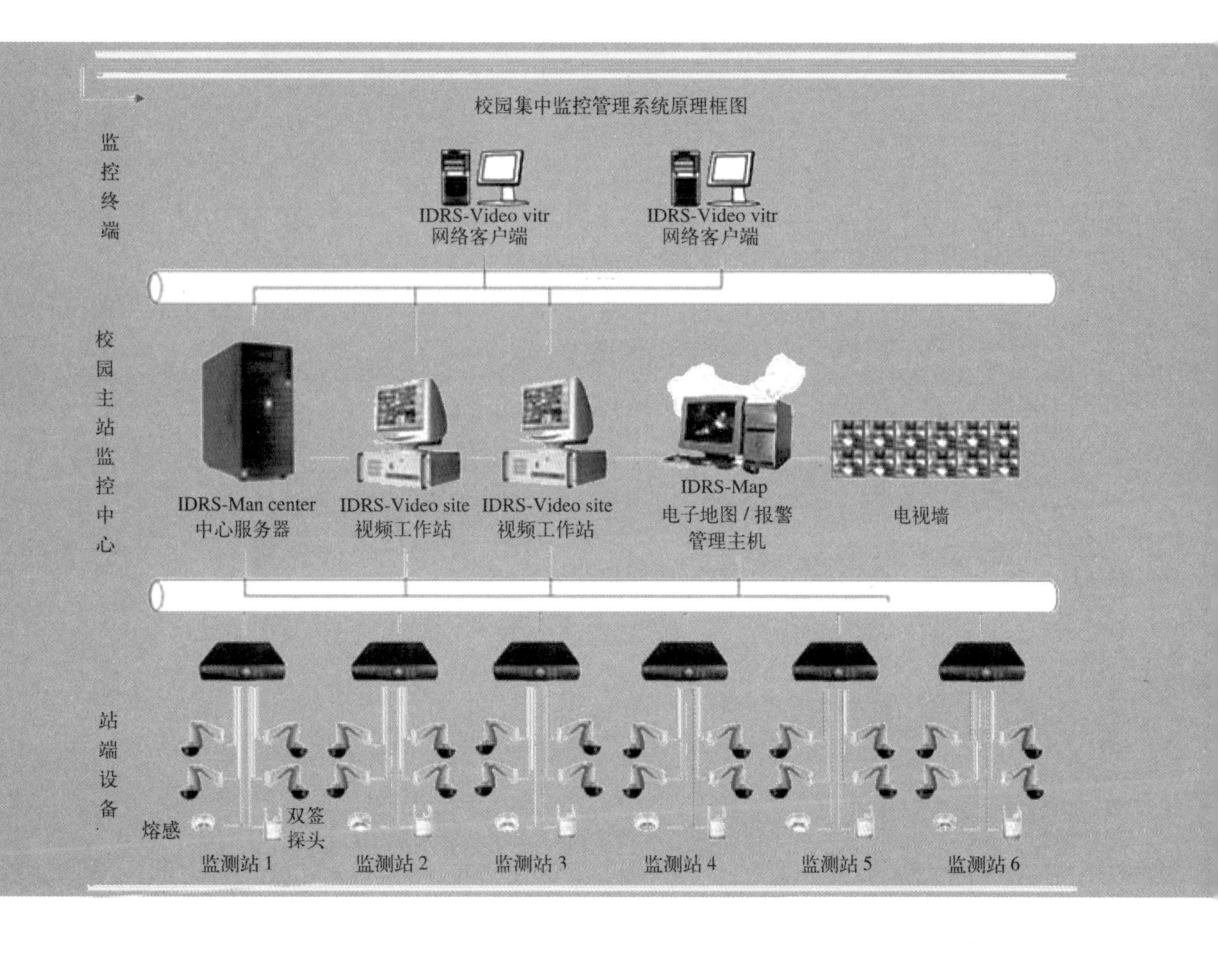

校园集中监控管理系统原理框图
监控终端
IDRS-Video vitr
网络客户端
IDRS-Video vitr
网络客户端
校园主站监控中心
IDRS-Man center
中心服务器
IDRS-Video site
视频工作站
IDRS-Video site
视频工作站
IDRS-Map
电子地图 / 报警
管理主机
电视墙
站端设备
熔感
双签
探头
监测站 1
监测站 2
监测站 3
监测站 4
监测站 5
监测站 6

中共上海市委党校、上海行政学院二期（新建综合教学楼与学员住宿楼）工程的地下一层相通。地上教学楼为 4 层建筑，建筑高度为 23.4m，学员宿舍楼为 11 层建筑，建筑高度为 44.3m。整个建筑群的建筑总面积为 37895m^2。在使用功能上主要为教学及住宿。无论在上海市委党校二期工程的校园绿色建筑节能与环境监管平台远程控制系统建设上，还是在校园现代化建设管理上，均对智能化系统建设管理要求极高。

第一节　智能化系统的主要建设内容与依据

上海市委党校二期工程的智能化系统建设的总体目标是：为提高党校干部培训能力以及提高党的执政能力，适应干部培训教学方式改革，全面推进教学、科研和咨询信息化运用，搭建高层次、全学科的教育平台提供基本的信息化基础设施，为绿色校园的节能减排系统技术的集约化与信息化远程监管平台建设提供基础技术系统平台；同时营造安全、舒适、和谐的学习和生活环境。新建综合教学楼与学员宿舍楼的智能化系统建设按照相对独立、相对完整的系统设置，同时须与已建的校园信息系统以及同期建设的上海市委党校二期工程的绿色校园节能与环保监管系统平台互连，实现信息共享。

一、智能化系统的建设内容

上海市委党校二期工程的智能化系统的中心设置如下：消控安保中心机房设于教学楼一层，面积约 36m^2；计算机及通信机房设于教学楼二层，面积约 45m^2（其中 UPS 机房面积为 15m^2）；地下一层设置无线覆盖机房及弱电进户间，面积分别为 28m^2 及 10m^2；学员宿舍楼顶层预留 15m^2 卫星电视接收机房。根据中共上海市委党校新建综合教学楼与学员宿舍楼智能化系统建设目标，智能化系统工程建设包括以下 10 个子系统：

（一）综合布线系统；
（二）计算机网络系统；
（三）安全防范系统；
（四）有线电视系统；
（五）背景音响及紧急广播系统；
（六）建筑设备监控系统；
（七）信息显示发布系统：
（八）智能卡系统；
（九）机房工程；
（十）弱电系统桥架管路。

本章将结合中共上海市委党校、上海行政学院二期工程绿色建筑建设实践中，与节能和环境远程控制系统平台信息建设技术密切相关的“综合布线系统、计算机网络系统、建筑设备监控系统、机房工程、弱电系统桥架管路”等内容进行展开。

二、智能化系统的建设依据

上海市委党校二期工程的智能化系统的建设依据主要包括（截至2010年10月1日）：

（一）《智能建筑设计标准》GB/T 50314—2006；

（二）《民用建筑电气设计规范》JGJ 16—2008；

（三）《综合布线系统工程设计规范》GB 50311—2007；

（四）《综合布线系统工程验收规范》GB 50312—2007；

（五）《安全防范工程技术规范》GB 50348—2004；

（六）《入侵报警系统工程设计规范》GB 50394—2007；

（七）《视频安防监控工程设计规范》GB 50395—2007；

（八）《火灾自动报警系统设计规范》GB 50116—98；

（九）《会议系统电及音频的性能要求》GB/T 15381—94；

（十）《有线电视系统工程技术规范》GB 50200—94；

（十一）《建筑物电子信息系统防雷技术规范》GB 50343—2004；

（十二）《公共建筑节能设计标准》GB 50189—2005；

（十三）《公共建筑节能工程智能化技术规程》DG/TJ 08—2040—2008；

（十四）《智能建筑工程质量验收规范》GB 50339—2003；

（十五）《电气装置安装工程施工及验收规范》GB 50254 ~ 50259—96；

（十六）《建筑电气工程施工质量验收规范》GB 50303 – 2002。

上述技术标准和规范如有不足之处或未能达到国际最新标准时，智能系统承包方应使系统的设计、施工及选用的设备和材料符合最新版本的国际和国家标准、规范，并提供所采用的国际和国家标准、规范以及所采用版本的有关技术资料。

第二节　智能化系统中综合布线系统建设

综合布线系统是上海市委党校二期工程的新建综合教学楼及学员宿舍楼智能化系统建设的基础部分。在设计时，应充分考虑未来发展需要，并预留一定的余量。新建综合教学楼及学员宿舍楼在室内管网设计时，除了应充分满足本建筑内包括节能与环保监控系统平台在内的各智能化系统的需要，还必须考虑到该建筑的地理位置和各管理中心的需求，在进户管设计时，要求充分考虑并留有余量，不能成为室内外沟通的瓶颈。综合布线系统要为中共上海市委党校新建综合教学楼及学员宿舍楼的语音通信、计算机网络、多媒体教学设备、远程教学通信以及节能与环保监测系统平台的远程监控等提供基础，满足电话和计算机网络通信等的速度和点位要求；同时与校园网络中心及语音通信中心互连。

一、综合布线系统组成

上海市委党校二期工程的综合布线系统由设备间子系统、干线子系统（校区干线和建筑物干线)、水平子系统、管理子系统（各建筑物内的楼层配线间）以及工作区子系统构成。上海市委党校二期工程综合布线系统的光缆、6 类非屏蔽系统产品的性能均应满足《综合布线系统工程设计规范》GB 50311—2007 及《综合布线系统工程验收规范》GB 50312—2007 中规定的设备性能技术要求。

（一）综合布线系统的设备间及管理间设置

根据中共上海市委党校新建综合教学楼及学员宿舍楼建筑总平面图功能区域划分，计算机及通信机房（即综合布线系统的设备间）设于教学楼 2 层。综合布线系统的管理间根据内、外网信息点的分布进行设置。

外网的管理间设置如下：在教学楼 1 层弱电间设置一个 IDF，负责教学楼地下 1 层、1 层的外网信息点、无线点及语音点的接入；2 层弱电间设置一个 IDF，负责教学楼 2 层的外网信息点、无线点及语音点的接入；3 层弱电间设置一个 IDF，负责教学楼 3、4 层的外网信息点、无线点及语音点的接入。在学员宿舍楼的 1、4、7、10 层弱电间分别设置 IDF。1 层 IDF 负责地下 1 层、1 层及 2 层的外网信息点、无线点及语音点的接入，4 层 IDF 负责 3 ~ 5 层的外网信息点、无线点及语音点的接入，7 层 IDF 负责 6 ~ 8 层的外网信息点、无线点及语音点的接入，10 层 IDF 负责 9 ~ 11 层的外网信息点、无线点及语音点的接入。

内网的管理间设置如下：在教学楼 2 层弱电间设置一个 IDF，负责教学楼 1 层、2 层的内网信息点接入，3 层弱电间设置一个 IDF，负责教学楼 3、4 层的内网信息点接入。在学员宿舍楼的 2、6、9 层弱电间分别设置 IDF。2 层 IDF 负责地下 1 层、1 层、2 层及 3 层的内网信息点接入，6 层 IDF 负责 4 ~ 7 层的内网信息点接入，9 层 IDF 负责 8 ~ 11 层的内网信息点接入。

（二）综合布线系统的干线子系统

综合布线系统数据传输主干采用室内 / 外 1G 单模 / 多模光缆；语音主干采用室内 / 外 3 类大对数电缆。

（三）综合布线系统的水平子系统

常见的双绞线有三类线、五类线、超五类线以及最新的六类线，前者线径细而后者线径粗。六类双绞线缆的传输频率为 1M ~ 250MHz，六类布线系统在 200MHz 时综合衰减串扰比（PS-ACR）应该有较大的余量，它提供 2 倍于超五类的带宽。六类布线的传输性能远远高于超五类标准，最适用于传输速率高于 1Gbps 的应用。六类与超五类的一个重要的不同点在于：其改善了在串扰以及回波损耗方面的性能，对于新一代全双工的高速网络应用而言，优良的回波损耗性能是极重要的。六类双绞线的标准中取消了基本链路模型，布线标准采用星形的拓扑结构，要求的布线距离为：永久链路长度应≤ 90m，信道长度应≤ 100m。

上海市委党校二期工程的综合布线水平系统全部采用六类非屏蔽双绞线。工作区子系统全部采用六类产品，以充分发挥综合布线系统统一布线、灵活转换的优点。

（四）综合布线系统的数据跳线

上海市委党校二期工程的数据跳线应在管理区和工作区二端分别配置，按工程中数据点数量的 70% 比例进行配置。综合布线系统的信息点配置见表 7-1。其信息点的详细分布情况参建“附件二：中共上海市委党校综合布线系统信息点配置汇总（全）表”。

综合布线系统的信息点配置统计表　　表 7-1

楼层		房间数量	外网数据点	内网数据点	无线点	语音点	光纤点	楼层		房间数量	外网数据点	内网数据点	无线点	语音点	光纤点
教学楼								(2)	F1	2	22	1	5	12	
(1)	B1	4	7		2	6		(3)	F2	29	58	25	4	62	
(2)	F1	4	79	18	15	46	11	(4)	F3	39	72	33	4	78	
(3)	F2	13	98	36	23	40	20	(5)	F4	39	72	33	4	78	
(4)	F3	2	102	45	17	55	9	(6)	F5	39	72	33	4	78	
(5)	F4	4	26	12	5	24	4	(7)	F6 ~ F8	117	216	99	12	234	
学员宿舍楼								(8)	F9	39	72	33	4	78	
(1)	B1	2	10	3	1	8		(9)	F10 ~ F11	78	144	66	8	156	
合 计										411	1050	437	108	955	44

注：B1指地下一层；
F1～F11指地上一层至十一层。

（五）综合布线系统参考配置

综合布线系统产品应选择市场上广泛采用的著名品牌布线产品，并提供 20 年的质量保证。综合布线系统的主要配置可参考表 7-2：

系统参考配置统计表　　表7-2

序号	设备名称	单 位	数量	序号	设备名称	单 位	数量
	工作区子系统			11	19' 标准非屏蔽机柜	个	12
1	六类非屏蔽模块	个	2550	12	六类非屏蔽跳线	根	1116
2	光纤模块	个	44	13	一对式跳线	轴（305m）	5
3	双口面板	个	862		干线子系统		
4	单口面板	个	660	1	6 芯室内多模光缆	m	5500
5	光纤面板	个	44	2	4 芯室外单模光缆	m	7500
6	LC 光纤耦合器（光纤到桌面）	个	88	3	室内 3 类 25 对大对数电缆	轴（305m）	18
7	LC 光纤尾线	根	44		设备间子系统		
8	六类跳线	根	1116	1	机柜式光终端箱（64 口）	个	4
	水平子系统			2	LC 双工耦合器	对	128
1	六类 4 对 UTP	箱（305m）	505	3	LC 光纤多模尾纤	根	248
2	4 芯多模光纤	m	4500	4	LC-LC 光纤跳线（多模）	对	68

续表

序号	设备名称	单位	数量	序号	设备名称	单位	数量
	管理子系统			5	LC 光纤单模尾纤	根	12
1	机柜式光终端箱	个	12	6	LC-LC 光纤跳线（单模）	对	4
2	LC 双工耦合器	个	72	7	100 对 110 配线架	个	16
3	LC 光纤多模尾纤	根	144	8	4 对连接块	个	64
4	LC-LC 光纤跳线（多模）	对	24	9	5 对连接块	个	14
5	48 口六类非屏蔽快捷式配架（含六类模块）	个	34	10	语音软跳线	根	915
6	24 口六类非屏蔽快捷式配架（含六类模块）		7	11	19″ 标准非屏蔽机柜	只	4
7	100 对 S110 配线架	个	16	12	理线器	个	16
8	4 对连接块	个	300		其他设备		
9	5 对连接块	个	60	1	S110 打线工具	把	1
10	理线器	个	57	2	六类打线工具	把	2

承包商在进行综合布线系统配置时，应考虑机柜的容量并留有扩充的余地。为方便今后的维护和管理，应考虑设置综合布线的标识和管理。同时应配置必要的布线工具。

二、综合布线系统施工要点

综合布线系统施工期间，应重点关注：线缆与光纤敷设、机柜安装、配线架（MDF、IDF）安装、信息插座安装、电缆线终端安装、光纤芯线终端安装等六个方面的施工质量控制。

（一）线缆与光纤敷设施工

1. 线缆敷设

线缆敷设时的环境温度应≥ -7℃。电缆敷设应合理安排，不宜交叉；敷设时应防止电缆之间及电缆与其他硬物体之间的摩擦；固定时应松紧适度。多芯电缆的弯曲半径应≥其外径的 6 倍；同轴电缆的弯曲半径应≥其外径的 10 倍。线缆槽敷设截面利用率应≤ 60%；线缆穿管敷设截面利用率应≤ 40%。信号电缆（线）与电力电缆（线）交叉敷设时宜成直角；当平行敷设时，其相互间的距离应符合设计规定。电缆在沟槽内敷设时应敷设在支架上或线槽内；当电缆进入建筑物后，电缆沟道与建筑物间应隔离密封。

在同一线槽内的不同信号、不同电压等级的电缆，应分类布置。广播和电话等电压等级较高的线路宜用隔板与无屏障的信号线路隔开敷设或单独设槽、管敷设。220V 交流电源线路和连锁线路不应与智能建筑信号电缆（线）同槽敷设。明敷设的信号线路与具有强磁场和强电场的电气设备之间的净距离宜＞ 1.5m。当采用屏蔽电缆或穿金属保护管以及在线槽内敷设时宜＞ 0.8m。

电缆沿支架或线槽内敷设时应在下列各处固定牢固：（1）当电缆倾斜坡度≤ 45° 或垂直排列时，在每一个支架上；（2）当电缆倾斜坡度≤ 45° 且水平排列时，在每隔 1 ~ 2 个支架上；(3) 在线路拐弯处和补偿余度两侧以及保护管两端的第一、二等两个支架上；(4) 在引入仪表盘（箱）前 300 ~ 400m 处；(5) 在引入接线盒及分线箱前 150 ~ 300mm 处。当发生数条水平线槽垂直排列安装时，弱电线槽应排列在强电线槽之上。

电缆线穿管前应清扫保护管，穿管时不得损伤电缆线。信号线路、供电线路、连锁线路以及有特殊要求的仪表信号线路，应分别采用各自的保护管。电缆线在管内或线槽内不应有接头和扭结。其接头应在接线盒内焊接或用端子连接。仪表盘（箱）内端子板两端的线路均应按施工图纸编号。每一个接线端上最多允许接两根芯线；同时，导线与接线端子板、仪表、电气设备等连接时应留有适当余度。

2. 光缆敷设

敷设光缆前应检查光纤：光纤应无断点，其衰耗值应符合设计要求；核对光纤的长度，并应根据施工图纸的敷设长度选配光缆；配盘时应使接头避开河沟、交通要道或其他障碍物；架空光缆的接头应设在杆旁 1m 以内；敷设光缆时其弯曲半径应≥光缆外径的 20 倍；光缆的牵引端头应做好技术处理；可采用具牵引力自动控制性能的牵引机进行牵引；牵引力应加于加强芯上，其牵引力应≤ 150kg，且牵引速度宜为 10m/min；一次牵引的直线长度≤ 1km；光缆接头的预留长度不应小于 8m。

管道敷设光缆时，无接头的光缆在直道上敷设应由人工逐个入孔同步牵引。预先做好接头的光缆，其接头部分不得在管道内穿行。光缆端头应用塑料胶带包扎好并盘成圈放置在托架高处。光缆与电缆同管敷设时，应在暗管内预置塑料子管且子管内径应为光缆外径的 1.5 倍，将光缆敷设在子管内，使光缆与电缆分开布放。

光缆敷设完毕应在光缆的接续点和终端应作永久性标志，应检查光纤有无损伤，并对光缆敷设损耗进行抽测；确认无损伤后再进行接续。光缆的接续应由受过专门训练的人员操作，接续时应采用光功率计或其他仪器进行监视，以使接续损耗达到最小；接续完毕应做好接续保护，并安装好光缆接头护套。光缆敷设完毕宜测量通道的总损耗，并用时光域反射计观察光纤通信全程波导衰减特性曲线。

光纤接续（Optical Fiber Splicing）是指将两根光纤永久连接在一起，并使两光纤之间光功率耦合的操作。而熔接是光纤接续的主要手段之一。熔接前根据光纤的材料和类型，设置好最佳预熔、主熔电流、时间及光纤送入量等关键参数。熔接过程中还应及时清洁熔接机“V”形槽、电极、物镜、熔接室等，随时观察熔接中有无气泡、过细、过粗、虚熔、分离等不良现象，注意 OTDR 跟踪监测结果，及时分析产生上述不良现象的原因，采取相应的改进措施。如多次出现虚熔现象，应检查熔接的两根光纤的材料、型号是否匹配，切刀和熔接机是否被灰尘污染，并检查电极氧化状况，若均无问题，则应适当提高熔接电流（图 7-1）。

3. 光缆接续质量控制

加强 OTDR 的监测，对确保光纤的熔接质量，减少因盘纤带来的附加损耗和封盒可能对光纤造成的损害，具有十分重要的意义。在整个接续工作中，必须严格执行 OTDR 四道监测程序：(1) 熔接过程中对每一芯光纤进行实时跟踪监测，检查每一个熔接点的质量；(2) 每次盘纤后，对所盘光纤进行例检以确定盘纤带来的附加损耗；(3) 封接续盒前，对所有光纤进行统测，以查明有无漏测和光纤预留盘间对光纤及接头有无挤压；(4) 封盒后，对所有光纤进行最后检测，以检查封盒是否对光纤有损害。

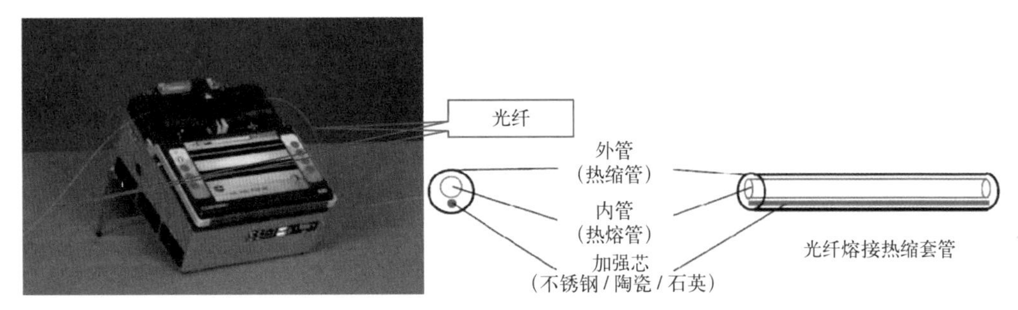

图 7-1　光纤熔接机及其熔接原理简图

光缆连续是一项细致工作，特别在端面制备、熔接、盘纤等环节，要求操作者仔细观察，周密考虑，操作规范。在工作中，要培养严谨细致的工作作风，勤于总结和思考，才能提高实践操作技能，降低接续损耗，全面提高光缆接续质量。

（二）综合布线系统的机柜安装

综合布线系统的机柜安装之前，应进行开箱验收。机柜上的各种零件不得脱落或损毁。机柜漆面如有脱落应予以补漆。机柜上的各种标志应正确、清晰、齐全。严禁拆卸或随意调整机柜内仪器或部件的漆封和螺丝。必须调整时，应按设备供应商提供的产品说明书中的规定调整程序进行，并应做好记录。

综合布线系统的机柜安装应牢固且不得存在晃动现象，其水平与垂直度应符合厂家规定或垂直偏差≤ ±3mm。在调整机柜的水平与垂直度时，如遇地面不平整，可用有防腐措施的铅皮或薄铁皮垫角，且垫片数应≤ 3 层，并不得露出机柜外边线，否则应调整垫片厚度。安装时，相邻机柜应紧密靠拢，其主走道侧应对齐成直线且误差应≤ ±5mm。同一类螺丝露出螺帽的长度应一致。机柜、列架应按施工图纸的防震要求进行加固。为了敷设电缆和通风需要，在机架侧面和背后墙面之间应预留一定空间，其空间尺寸应符合设备供应商的有关要求。

（三）综合布线系统的配线架（MDF、IDF）安装

综合布线系统的配线架（MDF、IDF）安装时应按施工图纸要求进行接地保护；且应按设计防震要求进行加固。

安装综合布线系统的配线管时，电缆进入配线架应横平竖直，不得有交叉、歪斜现象。跳线环位置横竖均应平直整齐。各直列单元（或接续模块）上下两端垂直、倾斜误差为 ±3mm，水平两端误差为 ±2mm。横列接线板（或接续单元的接线模块）安装位置应符合设计要求，且各种标志完整齐全。

（四）综合布线系统的信息插座安装

综合布线系统的信息插座安装位置及分布应符合设计要求。信息插座应有标签，并以颜色、图形或文字表示所接终端设备类型。

安装在活动地板、网络地板或地面上的信息插座，应固定在接线盒（地插座）内。接线盒盖可开启，并应严密防水、防尘，且接线盒盖应与地面齐平。安装在墙体上的信息插座，其位置宜高出地面 300mm。如地面采用活动地板时，应加上活动地板净高尺寸。信息插座底座的固定方法视施工现场工况而定，宜采用扩张螺钉、射钉等方式。固定螺丝应拧紧，不应产生松动现象。如采用桌上型信息插座时，应安装在桌上隐蔽部位，且宜采用强力胶进行固定。

（五）综合布线系统的缆线终端安装

通信设备之间的连接电缆终端作业可分为插接、绕线和卡接。综合布线系统的电缆线终端一般要求：(1) 缆线在终端前，应检查标签颜色和数字含义并按顺序标示终端；(2) 缆线中间不得产生接头现象；(3) 缆线终端应符合设计和设备供应商的产品说明书（厂家安装手册）要求。

1. 插座线缆终端

插座电缆终端施工应按设计文件进行，电缆的走向及路由应符合厂家有关规定。电缆及布线的两端应有明确标志，不得错插、漏插。插接部位应紧密牢靠，接触良好，且插接端子不得有折断或弯曲。桥架间电缆及布线插接完毕，应进行整线，使其外观平直整齐。

2. 光纤芯线终端

光纤互连和交叉连接装置（光纤连接盒，简称 LIU）可以分为固定和抽屉两种方式，其装配应按设备说明书进行，安装的方式、位置和高度应符合设计要求。光缆进入 LIU 的光缆入孔处时，应采取保护措施（光缆减压单元）。光缆在 LIU 中应按规定的位置夹持在缆夹中并接上地线后，按规定留出足够长度，以便对光缆中的光纤末端按产品操作规程进行安装固定和连接器的成端（光缆成端就是光缆从终端盒出来的跳纤，其直接接在交换机机架上）。光缆纤芯与连接器尾纤接续处应加以保护和固定，连接器在插入适配器之前应清洁，插入位置应符合设计要求，光纤连接器的连接应满足产品说明书的有关规定。应使用规定长度的光纤跳线，光纤跳线在 LIU 内的路径、固定方法应符合设备说明书要求（图 7-2）。

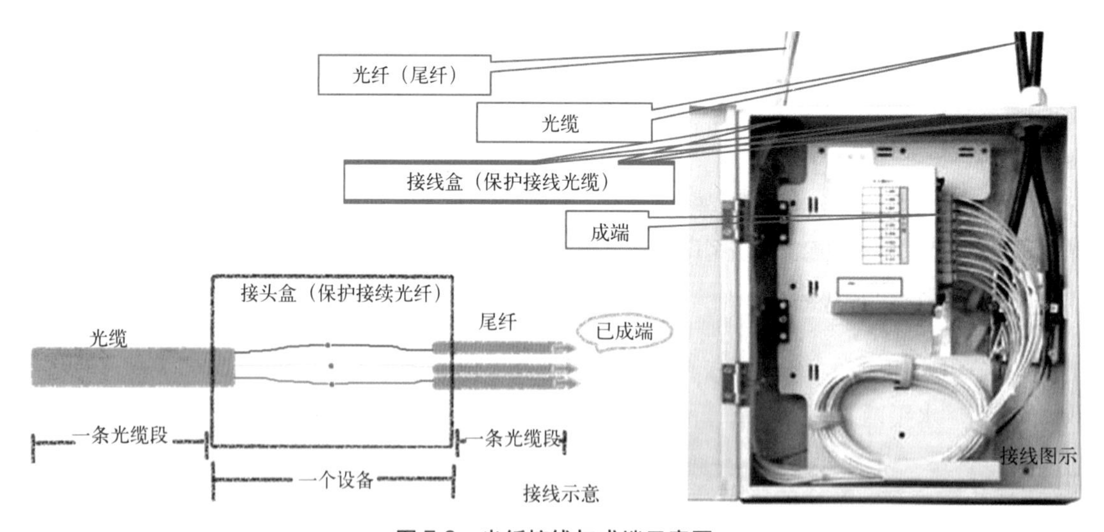

图 7-2　光纤接线与成端示意图

3. 绕线盘纤

光纤的绕线盘纤是一门技术、也是一门艺术。科学的盘纤方法，可使光纤布局合理、附加损耗小、经得住时间和恶劣环境的考验，可避免挤压造成的断纤现象。

沿松套管或光缆分枝方向为单位进行盘纤，前者适用于所有的接续工程，后者仅适用于主干光缆末端，且为一进多出。分支多为小对数光缆。该规则是每熔接和热缩完一个或几个松套管内的光纤，或一个分枝方向光缆内的光纤后，盘纤一次。优点：避免了光纤松套管间或不同分枝光缆间光纤的混乱，使之布局合理，易盘、易拆，更便于日后维护。

以预留盘中热缩管安放单元为单位盘纤，此规则是根据接续盒内预留盘中某一小安放区域内能够安放的热缩管数目进行盘纤。例如 GLE 型桶式接头盒，在实际操作中每 6 芯为一盘，极为方便。优点：避免了由于安放位置不同而造成的同一束光纤参差不齐、难以盘纤和固定，甚至出现急弯、小圈等现象。

特殊情况，如在接续中出现光分路器、上 / 下路尾纤、尾缆等特殊器件时，要先熔接、热缩、盘绕普通光纤，再依次处理上述情况，为工程质量安全起见，应另盘操作，以防止挤压引起附加损耗的增加。

4. 盘纤方法

先中间后两边，即先将热缩后的套管逐个放置于固定槽中，然后再处理两侧余纤。优点：有利于保护光纤接点，避免盘纤可能造成的损害。在光纤预留盘空间小，光纤不易盘绕和固定时，常用此种方法。

以一端开始盘纤，即从一侧的光纤盘起，固定热缩管，然后再处理另一侧余纤。优点：可根据一侧余纤长度灵活选择效铜管安放位置，方便、快捷，可避免出现急弯、小圈现象。

特殊情况的处理，如个别光纤过长或过短时，可将其放在最后单独盘绕。带有特殊光器件时，可将其另盘处理，若与普通光纤共盘时，应将其轻置于普通光纤之上，两者之间加缓冲衬垫，以防挤压造成断纤，且特殊光器件尾纤不可太长。

根据实际情况，采用多种图形盘纤。按余纤的长度和预留盘空间大小，顺势自然盘绕，切勿生拉硬拽，应灵活地采用圆、椭圆、“CC”、“～” 多种图形盘纤（注意 $R \geqslant 4\text{cm}$），尽可能最大限度利用预留盘空间和有效降低因盘纤带来的附加损耗。

三、综合布线系统测试

中共上海市委党校、上海行政学院新建综合教学楼与学员宿舍楼工程的综合布线系统测试主要包括六类双绞线测试和光纤测试两部分。

（一）六类双绞线测试

1. 基本测试方法

对于上海市委党校二期工程的综合布线系统（六类线缆），采用永久链接方式测试。其基本原理见图 7-3。

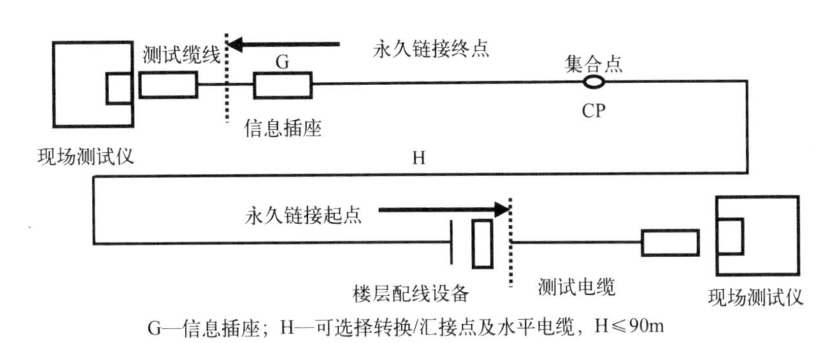

图 7-3　六类双绞线测试基本原理示意图

2. 主要测试内容

六类布线测试指标包括（有关具体测试内容参见《综合布线系统工程验收规范》GB 50312—2007 的“附录 B：综合布线系统工程电气测试方法及测试内容”相关部分）：

（1）接线图主要测试水平电缆终接工作区 8 位模块式通用插座，及电信间配线设备接插件接线端子间的安装连接正确与否。正确的线对组合为：1/2、3/6、4/5、7/8，分为非屏蔽和屏蔽两类，对于非 RJ45 插座的连接按相关规定要求列出结果。布线链路长度应在测试连接图所要求的极限长度范围之内。

（2）回波损耗（*RL*）只在布线系统中的 C、D、E、F 级采用，在布线的两端均应符合回波损耗值的要求，布线系统信道的最小回波损耗值应符合 B.0.4-1 的规定，并可参考表 B.0.4-2 所列关键频率的回波损耗建议值。

（3）插入损耗（*IL*）布线系统信道的插入损耗值应符合表 B.0.4-3 的规定，并可参考表 B.0.4-4 所列关键频率的插入损耗建议值。

（4）近端串音（*NEXT*）在布线系统信道的两端，线对与线对之间的近端串音值均应符合表 B.0.4-5 的规定，并可参考表 B.0.4-6 所列关键频率的近端串音建议值。

（5）近端串音功率 *N*（*PS NEXT*）只应用于布线系统的 D、E、F 级，在布线的两端均应符合 *PS NEXT* 值要求，布线系统信道的 *PS NEXT* 值应符合表 B.0.4-7 的规定，并可参考表 B.0.4-8 所列关键频率的近端串音功率和（*N*）建议值。

（6）线对与线对之间的衰减串音比（*ACR*）只应用于布线系统的 D、E、F 级，在布线的两端均应符合 *ACR* 值要求。布线系统信道的 *ACR* 值可用计算公式（7-1）进行计算，并可参考表 B.0.4-9 所列关键频率的 *ACR* 建议值。

（7）*ACR* 功率和（*PS ACR*）为 *PS NEXT* 值与插入损耗值之间的差值。布线系统信道的 *PS ACR* 值可用计算公式（7-2）进行计算，并可参考表 B.0.4-10 所列关键频率的 *PS ACR* 建议值。

$$ACR_{ik} = NEXT_{ik} - IL_k \tag{7-1}$$

式中　i——线对号；

k——线对号；

$NEXT_{ik}$——线对 i 与线对 k 间的近端串音；

IL_k——线对 k 的插入损耗；

$$PS\ ACR_k = PS\ NEXT_{ik} - IL_k \tag{7-2}$$

式中　k——线对号；

$PS\ NEXT_{ik}$——线对 k 的近端串音功率和；

IL_k——线对 k 的插入损耗；

（8）线对与线对之间等电平远端串音（*EL FEXT*）为远端串音与插入损耗值之间的差值。对于布线系统信道的数值应符合表 B.0.4-11 的规定，并可参考表 B.0.4-12 所列关键频率的 *EL FEXT* 建议值。

（9）等电平远端串音功率和（*PS EL FEXT*）对于布线系统信道的数值应符合表 B.0.4-13 的规定，并可参考表 B.0.4-14 所列关键频率的 *PS EL FEXT* 建议值。

3. 性能指标

上海市委党校二期工程的新建综合教学楼及学员宿舍楼工程的综合布线系统所采用的六类双绞线的性能指标参见表 7-3。

上海市委党校二期工程的六类双绞线性能指标汇总表　　表7-3

参数 频率	*Atten.* (dB/100m)	*NEXT* (dB)	*PS NEXT* (dB)	*EL FEXT* (dB)	*PS EL FEXT* (dB)	*Return Loss* (dB)
1	1.9	65.0	62.0	64.2	61.2	21
4	3.5	64.1	61.8	52.1	49.1	21
8	5.0	59.4	57.0	46.4	43.1	21
10	5.6	57.8	55.5	44.2	41.2	21
16	7.1	54.6	52.2	40.1	37.1	20
20	7.9	53.1	50.7	38.2	35.2	19.5
25	8.9	51.5	49.1	36.2	34.3	19
31.25	10.0	50.0	47.5	34.3	31.3	18.5
62.5	14.4	45.1	42.7	28.3	25.3	16
100	18.5	41.8	39.3	24.2	21.2	14
200	27.1	36.9	34.3	18.2	15.2	11
250	30.7	35.3	32.7	16.2	13.2	10

（二）光纤测试

光缆可以为水平光缆、建筑物主干光缆和建筑群主干光缆。光缆链路中不包括跳线在内。对光纤参数的测试方法应参照国标中相关的试验方法进行。光纤的特性参数的测试方法包括光纤的几何特性参数（光纤的包层直径、包层不圆度、芯 / 包层同心度误差）测试，光纤的光学特性参数（模场直径、单模光纤的截止波长、成缆单模光纤的截止波长）测试以及光纤的传输特性参数（光纤的衰减、波长色散）测试等三大部分。

1. 光纤基本测试方法

对于上海市委党校二期工程的综合布线系统（光缆）的其基本原理见图 7-4。

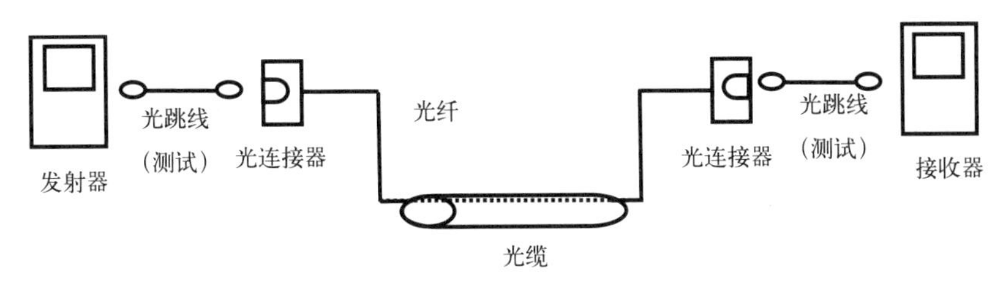

图 7-4　光缆测试基本原理示意图

2. 光纤基本参数的测试内容

(1) 光纤几何特性参数测试

光纤的折射率分布、包层直径、包层不圆度、芯/包层同心度误差的测试方法有折射近场法、横向干涉法和近场光分布法（横截面几何尺寸测定）等三种：① 折射近场法是多模光纤和单模光纤折射率分布测定的基准试验方法（RTM），也是多模光纤尺寸参数测定的基准试验方法和单模光纤尺寸参数测定的替代试验方法（ATM）。折射近场测量是一种直接和精确的测量，它能直接测量光纤（纤芯和包层）横截面折射率变化，具有高分辨率，经标定可给出折射率绝对值。由折射率剖面图可确定多模光纤和单模光纤的几何参数及多模光纤的最大理论数值孔径；② 横向干涉法是折射率剖面和尺寸参数测定的替代试验方法（ATM）。横向干涉法采用干涉显微镜，在垂直于光纤试样轴线方向上照明试样，产生干涉条纹，通过视频检测和计算机处理获取折射率剖面；③ 近场光分布法是多模光纤几何尺寸测定的替代试验方法（ATM）和单模光纤几何尺寸（除模场直径）测定的基准试验方法（RTM）。通过对被测光纤输出端面上近场光分布进行分析，确定光纤横截面几何尺寸参数。可以采用灰度法和近场扫描法；灰度法用视频系统实现两维（*x-y*）近场扫描，近场扫描法只进行一维近场扫描。由于纤芯不圆度的影响，近场扫描法与灰度法得出的纤芯直径可能有差别。而纤芯不圆度可以通过多轴扫描来确定（图 7-5）。

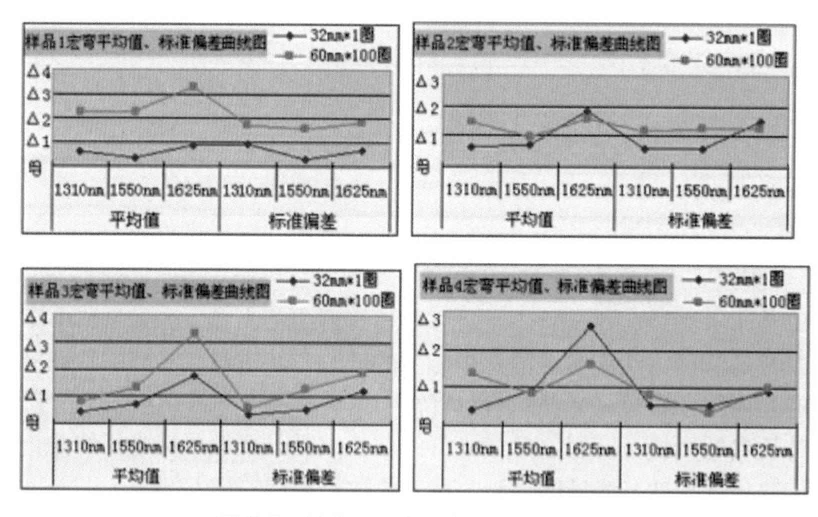

图 7-5 纤芯不圆度（宏弯）检测实例

常规商用仪表折射率分布的测试方法是折射近场法，测试中使用的仪表是光纤几何参数和折射率分布测量仪。测试步骤如下：①试样制备时应注意试样端面清洁、光滑并垂直于光纤轴；②测量包层时，端面倾斜角应小于 1°。控制端面损伤，使其对测量精度的影响最小；③注意避免光纤的小弯曲；④将被测光纤剥除被覆层，用专用光纤切割刀切割出平整的端面，放入光纤样品盒中，样品盒中注入折射率稍高于光纤包层折射率的折射率匹配液；⑤将光纤样品盒垂直放在光纤折射率分布测量仪的光源和光探测器之间，进行 *x-y* 方向的扫描测试；⑥通过分析得到光纤折射率分布、包层直径、包层不圆度、芯/包层同心度误差的测试数据。

（2）光纤光学特性参数测试

模场直径是单模光纤基模（LP_{01}）模场强度空间分布的一种度量，它取决于该光纤的特性。模场直径（MFD）可在远场用远场光强分布 $Pm(\theta)$、互补孔径功率传输函数 $\alpha(\theta)$ 和在近场用近场光强分布 $f_2(r)$ 来测定。模场直径定义与测量方法严格相关。单模光纤模场直径的测试方法有三种：①直接远场扫描法是测量单模光纤模场直径的基准试验方法（RTM）。它直接按照柏特曼（Petermann）远场定义，通过测量光纤远场辐射图计算出单模光纤的模场直径；②远场可变孔径法是测量单模光纤模场直径的替代试验方法（ATM）。它通过测量光功率穿过不同尺寸孔径的两维远场图计算出单模光纤的模场直径，计算模场直径的数学基础是柏特曼远场定义；③近场扫描法是测量单模光纤模场直径的替代试验方法（ATM）。它通过测量光纤径向近场图计算出单模光纤的模场直径，计算模场直径的数学基础是柏特曼远场定义。

常规的商用仪表模场直径测试方法是远场变孔径法（VAFF）。测试中使用的仪表是光纤模场直径和衰减谱测量仪。测试步骤如下：①准备 2m（±0.2m）的光纤样品，两端剥除被覆层，放在光纤夹具中，用专用光纤切割刀切割出平整的端面；②将被测光纤连接入测量仪的输入和输出端，检查光接收端的聚焦状态，如果曲线不在屏幕的正中央或光纤端面不够清晰，则需要进行位置和焦距的调整；③在光源的输出端保持测试光纤的注入条件不变，打一个半径 30mm 的小环，滤除 LP_{11} 模的影响，进行模场直径的测试。通过分析实测数据，可得到光纤模场直径的测试数据。

测量单模光纤的截止波长和成缆单模光纤的截止波长的测试方法是传输功率法（图 7-6）。当光纤中的模大体上被均匀激励情况下，包括注入较高次模在内的总光功率与基模光功率之比随波长减小到规定值（0.1dB）时所对应的较大波长就是截止波长。传输功率法根据截止波长的定义，在一定条件下，把通过被测光纤（或光缆）的传输功率与参考传输功率随波长的变化相比较，得出光纤（或光缆）的截止波长值。

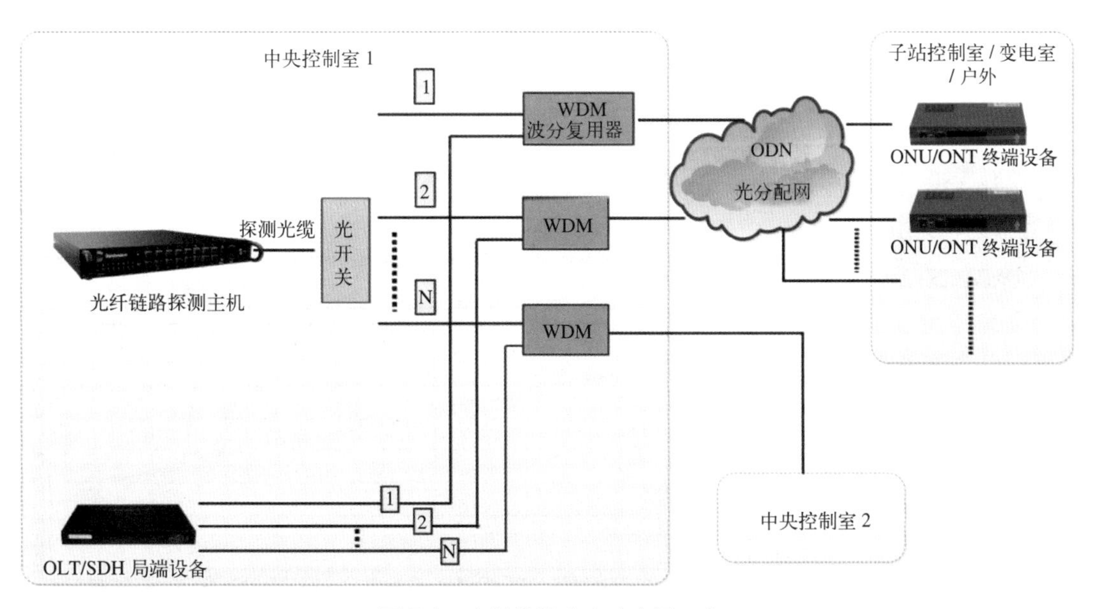

图 7-6　光纤传输功率法应用示意

常规的商用仪表模场直径测试方法是传输功率法。测试中使用的仪表是光纤模场直径和衰减谱测量仪。测试步骤如下：①在样品制备时，单模光纤的截止波长的测试使用 2m（±0.2m）的光纤样品，成缆单模光纤的截止波长的测试使用 22m 的已成缆单模光纤；②将测试光纤的两端剥除被覆层，放在光纤夹具中，用专用光纤切割刀切割出平整的端面；③将被测光纤连接入测量仪的输入和输出端，检查光接收端的聚焦状态，如果曲线不在其屏幕的正中央或光纤端面不够清晰，则需要进行位置和焦距的调整；④先在测试光纤不打小环的情况下，测试参考传输功率；⑤再将测试光纤在注入端打一个半径 30mm 的小环，滤除 LP_{11} 模的影响，测试此时的传输功率；⑥将两条传输功率测试曲线相比较，通过数据分析处理，得到光纤（或光缆）的截止波长值。

根据国内光纤光缆标准 GB/T 9771—2000，截止波长可分为光缆截止波长 λ_{CC}、光纤截止波长 λ_C 和跳线光缆截止波长 λ_{Cj}，光纤光缆的截止波长指标应符合：G.652 光纤 $\lambda_{CC} \leqslant 1260$nm，$\lambda_C \leqslant 1250$nm，$\lambda_{Cj} \leqslant 1250$nm；G.655 光纤 $\lambda_{CC} \leqslant 1480$nm，$\lambda_C \leqslant 1470$nm，$\lambda_{Cj} \leqslant 1480$nm 等相应规定。光缆使用长度不小于 22m 时应符合上述 λ_{CC} 规定，使用长度小于 22m 但不小于 2m 时应符合上述 λ_{Cj} 规定，使用长度小于 2m 时应符合上述 λ_C 规定，以防止传输时可能产生的模式噪声。

（3）光纤传输特性参数测试

衰减是光纤中光功率减少量的一种度量，它取决于光纤的性质和长度，并受测量条件的影响。衰减的主要测试方法如下：①截断法是测量光纤衰减特性的基准试验方法（RTM），在不改变注入条件时测出通过光纤两横截面的光功率，从而直接得到光纤衰减；②插入损耗法是测量光纤衰减特性的替代试验方法（ATM），原理上类似于截断法，但光纤注入端的光功率是注入系统输出端的出射光功率。测得的光纤衰减中包含了试验装置的衰减，必须分别用附加连接器损耗和参考光纤段损耗对测量结果加以修正；③后向散射法是测量光纤衰减特性的替代试验方法（ATM），它测量从光纤中不同点后向散射至该光纤始端的后向散射光功率。这是一种单端测量方法（图 7-7）。

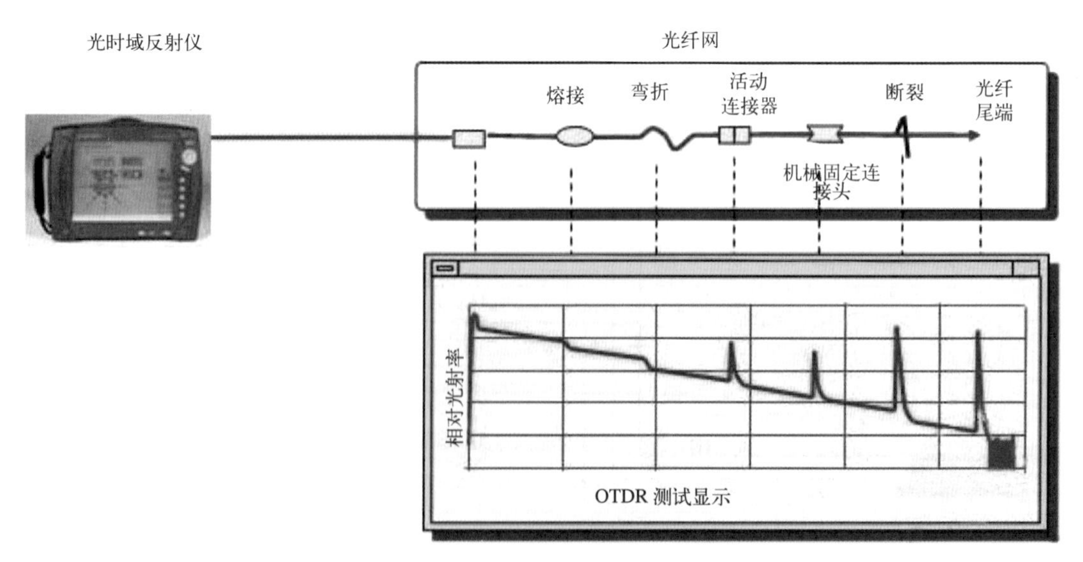

图 7-7　光纤衰减单端测量方法示意

常规商用仪表衰减的测试方法是截断法和后向散射法。截断法测试中使用的仪表是光纤模场直径和衰减谱测量仪。测试步骤如下：①准备不短于1km或更长一些（一般一个光纤盘长：25km）的光纤样品，两端剥除被覆层，放在光纤夹具中，用专用光纤切割刀切割出平整的端面；②将测试光纤盘的外端光纤通过专用夹具连接仪表的发射端，将测试光纤盘的内端光纤通过专用夹具连接仪表的接收端，检查光接收端的聚焦状态，如果曲线不在屏幕的正中央或光纤端面不够清晰，则需要进行位置和焦距的调整；③在光纤注入端打一个半径30mm的小环，滤除LP_{11}模的影响，测试此时的传输功率；④保持光源的注入状态不变（在光纤注入端打一个半径30mm的小环），将测试光纤样品截断为2m的试样，光纤通过专用夹具连接仪表的接收端，检查光接收端的聚焦状态，如果曲线不在屏幕的正中央或光纤端面不够清晰，则需要进行位置和焦距的调整。测试此时的传输功率。

将两条传输功率测试曲线相比较，通过数据分析处理，得到光纤在1310nm和1550nm波段的衰减谱特性。后向散射法测试中使用的仪表是光时域反射计。测试步骤如下：①将测试光纤盘的外端通过熔接光纤连接器或裸纤适配器，接入光时域反射计进行测试；②测试中光时域反射计使用最小二乘法（LSA）计算光纤的衰减，此方法可忽略光纤中可能的熔接或接头损耗对光纤链路测试造成的影响；③如需分段测试光纤链路的衰减可使用两点法进行测试；④光纤衰减测试中，应选择光纤测试曲线中的线性区域，避开测试曲线近端的饱和区域和末端的反射区域，测试两点间的光纤衰减（dB/km）；⑤更改光时域反射计的测试波长，分别对1310nm和1510nm波长处的光纤衰减特性进行测试分析。

实际测试中，可以通过截断法和后向散射法两种测试方法验证光纤衰减的测试数据。对于带有光纤连接器的测试光纤样品，为了不破坏已安装的光纤连接器，则只能使用后向散射法进行单端非破坏性测试。

波长色散是由组成光源谱的不同波长光波以不同群速度传输引起的光纤中每单位光源谱宽的光脉冲展宽，用ps/nm表示。它取决于该光纤的特性和长度。波长色散的主要测试方法如下：①相移法是测量光纤波长色散的基准试验方法（RTM），它在频域中通过检测、记录和处理不同波长正弦调制信号的相移来测量不同波长信号的群时延，从而推导出光纤波长色散；②脉冲时延法是测量光纤波长色散的替代试验方法（ATM），它在时域中通过直接检测、记录和处理不同波长脉冲信号的群时延，从而推导出光纤波长色散；③微分相移法是测量光纤波长色散的替代试验方法（ATM），它在1000～1700nm波长范围内由两个相近波长间的微分群时延来测量特定波长上的波长色散系数。

常规的商用仪表波长色散的测试方法是相移法。测试中使用的设备是色散测量仪。测试步骤如下：①测试光纤样品应不短于1km，光纤两端做好光纤连接器；② 在色散测试时应先用两根标准光纤跳线分别连接色散测量仪的输入端和输出端，通过法兰盘连接两根光纤跳线的另一端，将色散测量仪自环，测试此时的参考值；③再将测试光纤通过法兰盘接入光纤环路；④根据测试光纤样品，设定光纤类型、数据拟合方式、光纤测试中的群折射率、测试光纤长度、测试波长范围、波长间隔等；⑤测试光纤的零色散波长、零色散斜率和色散系数等，通过对测试数据的分析处理得到光纤的色散特性。

光纤参数测试中普遍存在的问题是单模光纤的截止波长指标超标的问题。光纤参数测试中的不确定度评定方法：光纤参数测试中的不确定度评定主要考虑测量仪器引入的不确定度和测量重复性两方面因素。

3. 性能指标

上海市委党校二期工程的光纤测试主要包括长度和插入损耗两部分内容，其所应用的光纤性能指标中光纤衰减限值参见表 7-4；光纤信道衰减范围参见表 7-5。

上海市委党校二期工程光纤的性能指标中光纤衰减限值统计表　　表7-4

指标	最大光纤衰减 dB/km			
	OM3		OS1	
波长	850nm	1300nm	1310nm	1550nm
衰减	≤ 3.0	≤ 1.0	≤ 1.0	≤ 1.0

上海市委党校二期工程光纤的性能指标中最大信道衰减限值统计表　　表7-5

最大信道衰减（dB）				
级别	单模		多模	
	1310nm	1550nm	850nm	1300nm
OF-300	1.80	1.80	2.55	1.95
OF-500	2.00	2.00	3.25	2.25
OF-2000	3.50	3.50	8.50	4.50

第三节　智能化系统中网络系统建设

一、智能化系统概述

计算机网络系统是数字校园建设的重要基础平台，除了为上层各类应用系统的数据传输提供高速通道之外，同时也是智能化各子系统的主要传输通道之一。因此，计算机网络系统是上海市委党校新建综合教学楼及学员宿舍楼智能化系统建设的重点。网络平台不仅要能够满足学校目前的应用需求，而且需要在未来一段时间范围内也能够适应信息化应用需求提升。

上海市委党校二期工程的新建综合教学楼及学员宿舍楼网络系统建设应在物理上分为三个不同的网络。分别为公务网、教学及内部办公用专网（简称内网）以及与公众网连接的外网（简称外网），公务网系统建设未列为本期建设计划。

内网系统要求为全面推进教学、科研和咨询信息化运用，搭建高层次、全学科的教育平台服务，满足教学管理和科研的需要。计算机网络的建立是实行现代化教学的重要途径之一，是适应新世纪信息化、多媒体教学的一项基础性建设。系统应充分考虑对多媒体应用的支持，主干网应提供足够的带宽和可保证的服务质量，满足大量用户对带宽的基本需要，并保留一定的余量供突发的数据传输使用，最大可能地降低网络传输的延迟。整个网络在服务质量（QoS）、预留宽带设置、合理进行带宽管理方面应提供优良的品质。内网建设为新建综合教学楼及学员宿舍楼提供一个统一的计算机通信平台，是上海市委党校二期工程建设的重点，也是关系到今后学校应用成功与否的重要因素之一。

内网建设应符合：主干采用千兆以太网，客户端为100M。系统具备高速率、并可平滑地进行带宽升级。支持多种虚拟网络划分。

外网系统应支持各种形式的远程教育，流媒体点播、视频会议等应用。同时为新建综合教学楼及学员宿舍楼学员提供一个统一的对外通信平台。

二、网络系统主要设备技术要求

上海市委党校二期工程的网络系统主要设备技术指标参见表7-6。

网络系统主要技术参数汇总　　表7-6

设备名称	内网部分	外网部分
核心交换机	（1）整机交换容量≥700G；（2）背板容量≥1.4Tbps；（3）IPv4包转发率≥450Mpps；（4）支持IEEE 802.1P（COS优先级）；（5）支持IEEE 802.1Q（VLAN）；（6）支持IEEE 802.1d（STP）/802.1w（RSTP）/802.1s（MSTP）；（7）支持OSPFv2、IS-IS、BGPv4及OSPF/IS-IS/BGP GR；（8）支持路由策略；（9）支持L3 MPLS VPN、L2 VPN：VLL	外网核心交换机的技术指标同内网核心交换机指标相同
接入交换机	（1）交换容量≥19Gbps；（2）包转发率≥6Mpps；（3）支持Vlan；（4）支持堆叠功能	
接入交换机1		（1）交换容量≥19Gbps；（2）包转发率≥6Mpps；（3）支持VLAN；（4）支持堆叠功能
接入交换机2		（1）交换容量≥19Gbps；（2）包转发率≥6Mpps；（3）支持VLAN；（4）支持堆叠功能；（5）支持在线供电
防火墙		（1）入侵检测：Dos，DDoS；（2）安全标准：RADIUS，HWTACACS，PKI /CA（X.509格式），域认证，CHAP，PAP；（3）支持标准网管SNMPv3，并且兼容SNMP v2c，SNMP v1；（4）支持NTP时间同步；（5）支持Web方式进行远程配置管理；（6）支持网管系统进行设备管理；（7）支持网管系统进行VPN业务管理和监控；（8）支持VPN

为了确保上海市委党校二期工程的网络系统在建成后能够尽快投入使用，且尽可能降低使用风险，上海市委党校二期工程网络系统应选用市场上广泛采用的著名品牌。上海市委党校二期工程的网络系统的主要配置参见表7-7。

网络系统参考配置汇总 表7-7

序号	设备名称	单位	数量	序号	设备名称	单位	数量
一、外网				14	馈线	根	85
1	核心交换机主机	台	2	15	网络管理平台（含接入业务组件、安全策略组件及客户端组件，需增加200个用户授权）	套	1
2	交换机交换引擎	台	2				
3	20端口千兆以太网电接口业务板	块	2	二、内网			
4	8端口光接口业务板	台	4	1	核心交换机主机	台	2
5	核心交换机多模接口光模块	个	34	2	交换机交换引擎	台	2
6	核心交换机单模接口光模块	个	4	3	8端口光接口业务板	台	2
7	接入交换机（48端口）	台	18	4	20端口千兆以太网电接口业务板	块	2
8	接入交换机POE（24端口）	台	4	5	核心交换机多模接口光模块	个	16
9	接入交换机POE（48端口）	台	10	6	核心交换机单模接口光模块	个	2
10	接入交换机多模接口光模块	个	34	7	接入交换机（48端口）	台	7
11	堆叠电缆	块	32	8	接入交换机（24端口）	台	5
12	无线网络控制器	台	1	9	接入交换机多模接口光模块	个	12
13	无线AP	台	85	10	堆叠电缆	块	9

三、网络系统安装与调（测）试

（一）网络系统检查与安装

上海市委党校二期工程的网络系统安装之前，工程各参建方（业主、设计、设备制造、设备采购、设备安装等单位）以及设备拟运营方，在工程监理召集下，应对照设计要求或按照设备采购合同的有关条款要求进行开箱检查，以确保符合要求的设备被使用。检查主要内容包括：设备的品牌、型号、规格、产地和数量等。

在上海市委党校二期工程的网络系统安装之前，工程监理应召集工程参建各方（业主、设计、土建施工、设备采购与供应、设备安装）以及设备拟运营方，对照有关标准与规范以及设计要求，对其安装环境进行检查。检查内容主要包括：供电系统的稳定性（是否有应急备用电源）、设备接地、拟安装空间（如设备间）温湿度、安全性、洁净度（将直接影响网络设备正常运营）、综合布线的合理性及其施工质量等。

上海市委党校二期工程网络系统的交换机可根据设计要求安装在标准19″机柜中或独立放置。有关设备应水平放置，螺钉安装应紧固，并应预留足够大的维护空间。机柜或交换机的接地保护应符合相关规范与标准的要求。

（二）网络系统测试

上海市委党校二期工程的（弱电）网络系统的测试包括“功能测试”和“性能测试”等两部分。

1. 功能测试

（1）设备工作状态检查包括 CPU 利用率、内存利用率和接口状态三部分：①使用设备管理工具，检查设备 CPU 利用率；②使用设备管理工具，检查设备的内存利用率；③接口使用的协议类型、工作状态、误码率等。

（2）设备配置检查：检查设备全局配置、接口配置、协议配置、安全配置等。

（3）连通性测试：选择网络中的任意点进行连通性测试（应包括最远距离点和流量最大点）。

（4）可管理性：检查可否通过系统设计实施的管理工具，对系统设备进行有效的管理。

（5）安全性检查：检查系统是否设置了完备的安全策略，设置的安全策略是否已生效。

（6）服务质量(QoS)：根据 QoS 策略，检查在网络拥堵情况下高优先级数据的通信情况。

（7）VLAN：检查是否合理划分了 VLAN，并分配了正确的地址空间。

（8）路由检查：检查系统的路由表是否完整；路由聚合是否正确；用 TRACEROUTE 检查两点之间的通信线路情况，是否选用最优路径。

2. 性能测试

（1）系统连通性：所有联网的终端都应按使用要求全部连通。

（2）链路传输速率：链路传输（Link Transmissiom）速率是指设备间通过网络传输数字信息的速率。对于 10M 以太网，单向最大传输速率应达到 10Mbit/s；对于 100M 以太网，单向最大传输速率应达到 100Mbit/s；对于 1000M 以太网，单向最大传输速率应达到 1000Mbit/s；发送端口和接收端口的利用关系应符合表 7-8 的规定。

网络系统发送端口和接收端口的利用率对应关系　　表7-8

网络类型	全双工交换式以太网		共享式以太网 / 半双工交换式以太网	
	发送端口利用率	接收端口利用率	发送端口利用率	接收端口利用率
10M 以太网	100%	≥ 99%	50%	≥ 45%
100M 以太网	100%	≥ 99%	50%	≥ 45%
1000M 以太网	100%	≥ 99%	50%	≥ 45%

（3）吞吐率：吞吐率是指空载网络在没有丢包的情况下，被测网络链路所能达到的最大数据包转发速率。吞吐率测试需按照不同的帧长度（包括 64、128、256、512、1024、1280、1518 字节）分别进行测量。系统在不同帧大小情况下，从两个方向测得的最低吞吐率应符合表 7-9 的相关规定。

网络系统的吞吐率要求汇总　　表7-9

测试帧长（字节）	10M 以太网		100M 以太网		1000M 以太网	
	帧 /s	吞吐率	帧 /s	吞吐率	帧 /s	吞吐率
64	≥ 14731	99%	≥ 104166	70%	≥ 1041667	70%
128	≥ 8361	99%	≥ 67567	80%	≥ 633446	75%
256	≥ 4483	99%	≥ 40760	90%	≥ 362318	80%

续表

测试帧长（字节）	10M以太网		100M以太网		1000M以太网	
	帧/s	吞吐率	帧/s	吞吐率	帧/s	吞吐率
512	≥ 2326	99%	≥ 23261	99%	≥ 199718	85%
1024	≥ 1185	99%	≥ 11853	99%	≥ 107758	90%
1280	≥ 951	99%	≥ 9519	99%	≥ 91347	95%
1518	≥ 804	99%	≥ 8046	99%	≥ 80461	99%

（4）传输时延：传输时延是指数据包从发送端口（地址）到目的端口（地址）所需经历的时间。通常传输时延与传输距离、经过的设备和带宽的利用率有关。在网络正常的情况下，传输时延应不影响各种业务（如视频点播、基于IP的语音/VoIP、高速上网等）的使用。考虑到发送端测试工具和接收端测试工具实现精确时钟同步的复杂性，传输时延一般通过环回方式进行测量。单向传输时延为往返时延除以2，系统在1518字节帧长情况下，从两个方向测得最大传输时延应≤ 1ms。

（5）丢包率：丢包率是由于网络性能问题造成部分数据包无法被转发的比率。在进行丢包率测试时，需按照不同的帧长度（包括64、128、256、512、1024、1280、1518字节）分别进行测量，测得的丢包率应符合表7-10的规定。

网络系统的丢包率要求汇总 **表7-10**

测试帧长（字节）	10M以太网		100M以太网		1000M以太网	
	流量负荷	丢包率	流量负荷	丢包率	流量负荷	丢包率
64	70%	≤ 0.1%	70%	≤ 0.1%	70%	≤ 0.1%
128	70%	≤ 0.1%	70%	≤ 0.1%	70%	≤ 0.1%
256	70%	≤ 0.1%	70%	≤ 0.1%	70%	≤ 0.1%
512	70%	≤ 0.1%	70%	≤ 0.1%	70%	≤ 0.1%
1024	70%	≤ 0.1%	70%	≤ 0.1%	70%	≤ 0.1%
1280	70%	≤ 0.1%	70%	≤ 0.1%	70%	≤ 0.1%
1518	70%	≤ 0.1%	70%	≤ 0.1%	70%	≤ 0.1%

（6）链路利用率：链路利用率是指网络链路上实际传送的数据吞吐率与该链路所能支持的最大物理带宽之比，包括最大利用率和平均利用率。最大利用率的值与测试统计采样间隔有一定的关系，采样间隔越短，则越能反映出网络流量的突发特性，且最大利用率的值也越大。对于共享式以太网和交互式以太网，链路的持续平均利用率应符合表7-11的规定。

网络系统链路的健康状况指标要求　　表 7-11

测试指标	技术要求	
	共享式以太网 / 半双工交互式以太网	全双工交互式以太网
链路平均利用率（带宽 %）	≤ 40%	≤ 70%
广播率（帧 /s）	≤ 50 帧 /s	≤ 50 帧 /s
组播率（帧 /s）	≤ 40 帧 /s	≤ 40 帧 /s
错误率（占总帧数 %）	≤ 1%	≤ 1%
冲突（碰撞）率（占总帧数 %）	≤ 5%	0%

（7）错误率及各类错误：错误率是指网络中所产生的各类错误帧总数占帧的比例。常见的以太网错误类型包括长帧、短帧、有 FCS 错误的帧、超长错误帧、欠长帧和帧对齐错误帧，网络的错误率（不包括冲突）应符合表 7-11 的规定。

（8）广播帧和组播帧：在以太网中，广播帧和组播帧数量应符合表 7-11 的规定。

（9）冲突（碰撞）率：处于同一网段的两个站点如果同时发送以太网数据帧，就会产生冲突。冲突帧是指在数据帧到达目的站点之前与其他数据帧相碰撞而造成其内容被破坏的帧。在共享式以太网和半双工交换式以太网传输模式下，冲突现象是极为普遍的。过多的冲突会造成网络传输效率的严重下降。冲突帧同发送的总帧数之比成为冲突（碰撞）率，一般情况下，网络的碰撞率应符合表 7-11 的规定。

第四节　智能化系统中建筑设备监控系统建设

一、智能化系统中建筑设备监控系统实施技术要求

（一）智能化系统中建筑设备监控系统实施技术要求概述

上海市委党校二期工程的新建综合教学楼及学员宿舍楼工程的建筑设备监控系统（以下简称 BA 系统）通过对大楼内机电设备进行监视、联动控制、管理，为大楼内部各个功能单元提供安全、健康和舒适的内部环境。通过合理调度、节能措施，降低大楼运行管理费用并延长设备使用寿命、提高设备的安全性。大楼的 BA 系统控制中心设在一层消防安保中心内。本系统应采用分布式计算机控制与管理的集散型控制系统，满足管理分级功能。中央站停止工作不影响分站功能和设备运行，局域网络通信控制也不应因此而中断。系统监控软件应采用当前最先进且符合业界标准的软件技术，运行在多任务、多线程主流的操作系统之上。中央监控软件应支持中文版 Windows NT、Windows 2000（及其最新版本），Windows XP 及 VISTA 操作系统。具有功能强大的、可扩展的人机接口图形界面，能够对设备系统进行完善的集成监控和管理，采用面向对象的图形界面。为了管理者方便管

理与操作，控制界面应是全中文描述。监控软件和控制器应具备支持基于TCP/IP网络的HTML浏览器方式的远程监控能力，可于以太网上同时支持多个工作站，这些工作站能同时通过3D动画形式的图像监控/监视/控制系统，并同时支持多个楼宇自控工作站，无需购买多套软件。并有良好的安全机制，具备多级密码保护机制。

（二）智能化系统中建筑设备监控系统技术实施内容

上海市委党校二期工程的建筑设备监控系统监控的子系统包括：冷热源系统（冷水机系统、地源热泵等）、空调通风系统（空调机组、新风机组和送排风机组）、电力系统（变配电系统、公共照明系统、电梯系统）、给水排水系统。其中变配电系统和电梯系统只监视不控制。通过BAS对大厦内机电设备的自动化监控和有效的管理，使大厦内的温度控制达到最舒适的程度，同时以最低的能源和电力消耗来维持系统和设备的正常工作，以求取得最低的大厦运作成本和最高的经济效益。

1. 智能化系统中建筑设备监控系统监控内容

上海市委党校二期工程的冷热源系统监控内容参见表7-12。

上海市委党校二期工程的冷热源系统监控内容汇总　　表7-12

监控设备	数量	监 控 内 容
地源热泵	3	DI：手自动状态，运行状态，故障状态；DO：启停控制
空调热水循环泵	4	DI：手自动状态，运行状态，故障状态；DO：启停控制
地埋管侧冷热水循环泵	4	DI：手自动状态，运行状态，故障状态；DO：启停控制
冷却塔	2	DI：手自动状态，运行状态，故障状态；DO：启停控制，蝶阀开关控制
冷却水循环泵	2	DI：手自动状态，运行状态，故障状态；DO：启停控制
热水循环泵	2	DI：手自动状态，运行状态，故障状态；DO：启停控制
热水泵	5	DI：手自动状态，运行状态，故障状态；DO：启停控制

上海市委党校二期工程的空调新风系统监控内容参见表7-13。

上海市委党校二期工程的空调新风系统监控内容汇总　　表7-13

监控设备	数量	监 控 内 容
空调机组	17	DI：监测设备运行状态，开关状态，故障报警，堵塞报警；DO：启停控制，加湿器控制；AI：环境温度监测，回风温湿度监测；AO：新风回风门调节，冷热水阀调节控制
变频空调机组	3	DI：监测风机手/自动，开关状态，故障报警，防冻开关报警；DO：启停控制，加湿器控制，阀开关控制；AI：环境温度监测，回风温湿度监测，风管静压监测；AO：新风回风门调节，冷热水阀调节控制，风机变频调节
新风机组	15	DI：监测风机手/自动，开关状态，故障报警，防冻开关报警；DO：启停控制，加湿器控制，风门控制；AI：送风温湿度监测；AO：冷热水阀调节控制
变频新风机组	1	DI：监测风机手/自动，开关状态，故障报警，防冻开关报警；DO：启停控制，加湿器控制，风门控制；AI：送风温湿度监测，风管静压；AO：冷热水阀调节控制，风机变频调节

上海市委党校二期工程的送、排风系统监控内容参见表7-14。

上海市委党校二期工程的送、排风系统监控内容汇总　　表7-14

监控设备	数量	监控内容	系统主要功能要求
送、排风机	26	DO：设备启停；DI：运行状态、故障报警、手自动状态	（1）于预定时间程序下控制排风机、送风机的启停，可根据要求临时或者永久设定、改变有关时间表，确定假期和特殊运行时段。 （2）通过风机过载继电器状态监测，监测风机故障报警信号，发生报警后，系统做关键性报警
排烟风机、正压风机	16	DI：运行状态、故障报警	

上海市委党校二期工程程的给水排水系统监控内容参见表7-15

上海市委党校二期工程的给水排水系统系统监控内容汇总　　表7-15

监控设备	数量	监控内容	系统主要功能要求
生活水箱	1	DI：溢出液位报警、超低液位报警	（1）生活水箱、水池处于超低液位或溢出液位时系统做关键性报警；（2）累计生活水泵运行时间，并可生成报表；（3）集水井处于溢出液位时系统做关键性报警；（4）高液位启动潜水泵，低液位停泵；两台水泵根据运行时间自动进行切换使用，提高使用寿命；（5）累计潜水泵运行时间，并可生成报表；（6）监视水泵运行状态和故障报警，水泵发生故障报警时，BA系统做关键性报警
生活水泵	6	DI：运行状态、故障报警、手自动状态；AI：水管压力	
集水井（坑）、污水坑	14	DI：低液位、高液位	
潜水泵、污水泵	28	DI：运行状态、故障报警、手自动状态；DO：启停控制	
雨水积水池	2	DI：溢出液位报警	
雨水处理水泵	4	DI：运行状态、故障报警、手自动状态；DO：启停控制	

上海市委党校二期工程的照明监控系统监控公共区域照明、室外景观照明、泛光照明。照明系统监控内容参见表7-16。

上海市委党校二期工程的照明系统监控内容汇总　　表7-16

监控设备	监控内容	系统主要功能要求
室内照明、室外景观照明、泛光照明	DO：设备启停；DI：运行状态、手自动状态	（1）时间表控制：按照管理部门要求，定时开关各种照明设备，达到最佳管理，最节能的效果。 （2）统计各种照明回路的累计运行时间

上海市委党校二期工程的BA系统通过通信接口读取电梯系统相关信息。上海市委党校二期工程电梯控制系统监控内容参见表7-17。

上海市委党校二期工程的电梯控制系统监控内容汇总　　表7-17

监控设备	监测内容	系统主要功能要求
电梯	DI：运行 状态、上行状态、下行状态、故障报警、楼层信息、紧急状态报警	动态图形显示电梯工作状况，并统计电梯的工作情况

上海市委党校二期工程的变配电系统包括高压配电控制系统、变压器、低压配电控制系统、低压开关柜等设备；上述设备配置智能仪表，BA 系统通过通信协议（Modbus）的方式读取相关参数。为了安全考虑，对变配电系统的运行状态和工作参数，由 BAS 实施监视而不作任何控制，一切控制操作均留给现场有关控制器或操作人员在现场进行执行。变配电系统监控内容参见表 7-18

上海市委党校二期工程的变配电系统监控内容汇总　　表7-18

监控设备	监测内容
高压进线柜、低压进线柜、低压开关柜、变压器	AI：三相电流、相电压、线电压、三相功率、功率因数、频率；AI：变压器温度；DI：风机启动信号、故障自检信号

2. 智能化系统中建筑设备监控系统主要技术要求

上海市委党校二期工程的现场控制器通信总线应采用成熟可靠的 RS485 工业总线，通信率不应低于 76.8Kbps，通信协议应选用开放并符合标准的 MS/TP 协议或者 LonTALK 通信协议，建议选用符合国际 ISO 标准组织的通信协议，具有的良好的兼容性和可扩展性以及新旧互换性，可在总线的任何位置连接设备，实现分阶段实施和不同时间的可调整性。所有 DDC 必须带有 UL、CE、BTL 认证或 LONMARK 认证。DDC 应具备断电数据保存，处电复位后自恢复检测功能；中央站与 DDC 之间是实现双向直接数据通信、DDC 之间实现双向直接数据通信；每台 DDC 控制器有输入输出点，输入点要求为通用输入点（数 / 模通用）。

上海市委党校二期工程主要建筑监控设备（如温湿度传感器、电动执行器、调节水阀）须为同一制造商厂家产品。其温湿度传感器要求精度不低于 3% ～ 5% ；水流量传感器应采用电磁流量计，精度应不小于 2%mV；传感器、执行机构统一采用 DC4 ～ 20mA 或 0 ～ 10V 标准信号；电动阀门执行器应采用连续调节式，所有调节阀口径必须按工艺参数计算确定；根据建筑监控系统要求，风门驱动器可选用调节式、开闭式风门驱动器，标准扭矩≥ 10mm。上海市委党校二期工程建筑监控系统信息点配置情况参见表 7-19（配置详情参见附录三：上海市委党校二期工程建筑设备监控系统信息点汇总（全）表）。

上海市委党校二期工程的建筑设备监控系统信息点汇总　　表7-19

楼层	设备数量	数字量输入						数字量输出			模拟量输入									模拟量输出						小计			
		设备运行状态	过载故障报警	远程/本地状态	初效器堵塞报警	水流状态	水液位开关	设备启停控制	湿膜加湿	阀开关控制	供水/回水温度	风管湿度	风管温度	供水/回水压力	风管静压	蒸汽流量	水管流量	室外温湿度	水管温度	制冷	风机变频调节	蒸汽调节阀	新风门调节控制	回风门调节控制	旁通调节阀	DI	DO	AI	AO
B1	102	84	73	78	3	3	45	85	3	6	6	3	3	2	1	0	0	0	0	3	1	0	0	0	0	288	95	15	5
F1	38	38	11	36	8	0	0	36	8	6	0	8	8	0	3	0	0	0	0	8	3	0	6	6	0	93	49	19	23
F2	21	21	12	19	7	0	0	19	7	3	0	7	7	0	2	0	0	0	0	7	2	0	4	4	0	59	29	16	17

续表

楼层	设备数量	数字量输入						数字量输出			模拟量输入									模拟量输出						小计			
		设备运行状态	过载故障报警	远程/本地状态	初效器堵塞报警	水流状态	水液位开关	设备启停控制	湿膜加湿	阀开关控制	供水/回水温度	风管湿度	风管温度	供水/回水压力	风管静压	蒸汽流量	水管流量	室外温湿度	水管温度	制冷	风机变频调节	蒸汽调节阀	新风门调节控制	回风门调节控制	旁通调节阀	DI	DO	AI	AO
F3	23	23	14	21	8	0	0	21	8	2	0	8	8	0	3	0	0	0	0	8	3	0	6	6	0	66	31	19	23
F4	11	11	5	11	4	0	0	11	4	1	0	4	4	0	4	0	0	0	0	4	1	0	3	3	0	31	16	9	11
F5～F11	28	28	7	28	7	0	0	28	7	7	0	7	7	0	0	0	0	0	0	7	0	0	0	0	0	70	42	14	7
屋顶层	20	19	17	12	2	0	0	12	1	2	4	2	2	0	4	0	0	4	0	1	4	0	1	1	0	52	15	12	7
合计	243	224	143	205	39	3	45	213	38	26	10	39	39	2	14	0	0	4	0	38	14	0	20	20	1	659	277	104	93

注：B1：指地下一层；

F1～F11：指地上一层至11层。

上海市委党校二期工程的建筑设备监控系统的主要设备的参考配置的配备数量可参见表7-20。

上海市委党校二期工程建筑设备监控系统的设备配置汇总　　表7-20

序号	设备名称	单位	数量	序号	设备名称	单位	数量
一、系统工作站				1	风管式温湿度传感器	个	39
1	中央监控服务器	台	1	2	空气压差开关	个	39
2	打印机	台	1	3	水流开关	个	3
3	工作站（含软件管理系统，支持500 DDC）	台	1	4	水压力传感器	个	2
4	多串口卡（4口）	块	1	5	压差旁通阀	个	1
5	全局控制器专用电源	个	1	6	阀门执行器	个	1
6	以太网方式总线模块	块	1	7	电动二通调节阀 DN80（暂估）	个	38
7	600×500×200 设备箱	个	1	8	风阀执行器	个	26
8	电梯接口	个	1	9	风阀执行器	个	40
9	变配电接口	个	1	10	液位开关	个	42
二、控制器				11	室外温湿度传感器 输出信号：4-20mA	个	2
1	DDC 控制器 16UI	个	10	四、其他			
2	DDC 控制器　8UI，5DO，3AO	个	24	1	模拟量线缆 RVVP2×1.0	m	9000
3	DDC 控制器　6UI，6DO	个	23	2	通信线缆 24AWG	m	1500
4	DDC 控制器　6UI，5DO，1AO	个	14	3	数字量线缆 RVV4×1.0	m	20000
5	800×600×220 设备箱	个	11	4	电源线缆 KVV3×1.0	m	2500
三、末端设备				5	辅材及附件	m	1

二、智能化系统中建筑设备监控系统的施工安装

（一）建筑设备监控系统的施工安装一般要求

上海市委党校二期工程的建筑设备监控系统的中央控制及网络通信设备应在中央控制室的土建和装饰工程完工后安装。现场控制设备的安装位置选在光线充足、通风良好、操作维修方便的地方。现场控制设备不应安装在有振动影响的地方。现场控制设备的安装位置应与管道保持一定距离，如不能避开管道，则必须避开阀门、法兰、过滤器等管道器件及蒸汽口。设备及设备各构件间应连接紧密、牢固，安装用的坚固件应有防锈层。

设备在安装前应作检查，并应至少满足：(1) 设备外形完整，内外表面漆层完好；(2) 设备外形尺寸、设备内主板及接线端口的型号及规格符合设计规定。

有底座设备的底座尺寸，应与设备相符，其直线允许偏差为 ±1.0mm/1.0m；当底座的总长超过 5.0m 时，全长允许偏差为 ±5.0mm。设备底座安装时，其上表面应保持水平，水平方向的倾斜度允许偏差为 ±1.0mm/1.0m；当底座的总长超过 5.0m 时，全长允许偏差为 ±5.0mm。

柜式中央控制及网络通信设备的安装应至少符合以下 6 条规定：(1) 应垂直、平正、牢固；(2) 垂直度允许偏差为每米 ±1.5mm；(3) 水平方向的倾斜度允许偏差为每米 ±1.0mm；(4) 相邻设备顶部高度允许偏差为 ±2.0mm；(5) 相邻设备接缝处平面度允许偏差为 ±1.0mm；(6) 相邻设备间接缝的间隙≤ ±2.0mm。

（二）建筑设备监控系统的主要设备安装要点

上海市委党校二期工程的建筑设备监控系统的主要设备安装技术要求参见表 7-21。

建筑设备监控系统的主要设备安装技术要点汇总　　表7-21

序号	主要施工安装内容		施工安装要点
1	输入设备安装	温、湿度传感器	室内外温、湿度传感器的安装要符合设计的规定和产品说明要求外，还应达到下列要求：(1) 不应安装在阳光直射，受其他辐射热影响的位置和远离有高振动或电磁场干扰的区域；(2) 室外温、湿度传感器不应安装在环境潮湿的位置；(3) 安装的位置不能破坏建筑物外观及室内装饰布局的完整性；(4) 并列安装的温、湿度传感器距地面高度应一致，高度允许偏差为 ±1.0mm，同一区域内安装的温、湿度传感器高度允许偏差为 ±5.0mm；(5) 室内温、湿度传感器的安装位置应尽可能远离墙面出风口，如无法避开，则间距应≥ 2.0m；(6) 墙面安装附近有其他开关传感器时，距地高度应与之一致，其高度允许偏差为 ±5mm，传感器外形尺寸与其他开关不一样时，以底边高度为准；(7) 检查传感器到 DDC 之间的连接线的规格（线径截面）是否符合设计要求，对于镍传感器的接线总电阻应< 3.0Ω，1.0kΩ 铂传感器的接线总电阻应< 1.0Ω
2		风管型温、湿度传感器	风管型温、湿度传感器应安装在风管的直管段，如不能安装在直管段，则应避开风管内通风死角的位置安装
3		水管型温度传感器	(1) 水管型温度传感器的开孔与焊接工作，必须在工艺管道的防腐、衬里、吹扫和压力试验前进行；(2) 水管型温度传感器的感温段大于管道口径的 1/2 时可安装在管道顶部，如感温段小于管道口径的 1/2 时应安装在管道的侧面或底部；(3) 水管型温度传感器的安装位置应选在水流温度变化灵敏和具有代表性的地方，不宜选在阀门等阻力部件的附近、水流束呈死角处以及振动较大的地方
4		风管型压力传感器与压差传感器	(1) 风管型压力传感器应安装在气流流束稳定和管道的上半部位置；风管型压力传感器应安装在风管的直管段，如不能安装在直管段，则应避开风管内通风死角的位置；(2) 风管型压力传感器应安装在温、湿度传感器的上游侧；(3) 高压风管其压力传感器应装在送风口，低压风管其压力传感器应装在回风口

续表

序号	主要施工安装内容		施工安装要点
5	输入设备安装	水管型压力与压差传感器的	(1) 水管型压力与压差传感器的取压段大于管道口径的 2/3 时可安装在管道顶部，如取压段小于管道口径的 2/3 时应安装在管道的侧面或底部；(2) 水管型压力与压差传感器的安装位置应选在水流流束稳定的地方，不宜选在阀门等阻力部件的附近和水流束呈死角处以及振动较大的地方；(3) 水管型压力与压差传感器应安装在温、湿度传感器的上游侧；(4) 高压水管其压力传感器应装在进水管侧，低压水管其压力传感器应装在回水管侧
6		压差开关	(1) 风压压差开关安装离地高度不应小于 0.5m；(2) 开关引出管的安装不应影响空调器本体的密封性；(3) 开关的线路应通过软管与压差开关连接；(4) 开关应避开蒸汽放空口；(5) 开关内的薄膜应处于垂直平面位置
7		水流开关	(1) 水流开关上标识的箭头方向应与水流方向一致；(2) 水流开关应安装在水平管段上，不应安装在垂直管段上
8		电量传感器	(1) 按设计和产品说明书的要求，检查各种电量传感器的输入与输出信号是否相符；(2) 检查电量传感器的接线是否符合设计和产品说明书的接线要求；(3) 严防电压传感器输入端短路和电流传感器输入端开路；(4) 电量传感器裸导体相互之间或者与其他裸导体之间的距离不应小于 4mm，当无法满足时，相互间必须绝缘
9	输出设备安装	风阀控制器	(1) 风阀控制器上的开闭箭头的指向应与风门开闭方向一致；(2) 风阀控制器与风阀门轴的连接应固定牢固；(3) 风阀的机械机构开闭应灵活，无松动或卡涩现象；(4) 风阀控制器安装后，风阀控制器的开闭指示位应与风阀实际状况一致，风阀控制器宜面向便于观察的位置；(5) 风阀控制器应与风阀门轴垂直安装，垂直角度不小于 85°；(6) 风阀控制器安装前应按安装使用说明书的规定检查线圈、阀体间的绝缘电阻、供电电压，控制输入等应符合设计和产品说明书的要求；(7) 风阀控制器在安装前宜进行模拟动作；(8) 风阀控制器的输出力矩必须与风阀所需的力矩相匹配并符合设计要求；(9) 当风阀控制器不能直接与风门挡板轴相连接时，则可通过附件与挡板轴相连时，其附件装置必须保证风阀控制器旋转角度的调整范围
10		电动调节阀	(1) 电动阀体上箭头的指向应与水流方向一致；(2) 与空气处理机、新风机等设备相连的电动阀一般应装有旁通管路；(3) 电动阀的口径与管道通径不一致时，应采用渐缩管件，同时电动阀口径一般不应低于管道口径二个档次并应经计算确定满足设计要求；(4) 电动阀执行机构应固定牢固，阀门整体应处于便于操作的位置，手动操作机构面向外操作；(5) 电动阀应垂直安装于水平管道上，尤其对大口径电动阀不能有倾斜；(6) 有阀位指示装置的电动阀，阀位指示装置应面向便于观察的位置；(7) 安装于室外的电动阀应有适当的防晒、防雨措施；(8) 电动阀在安装前宜进行模拟动作和试压试验；(9) 电动阀一般安装在回水管上；(10) 电动阀在管道冲洗前，应完全打开，清除污物；(11) 检查电动阀门的驱动器，其行程、压力和最大关闭力（关阀的压力）必须满足设计和产品说明书的要求；(12) 检查电动调节阀的、型号、材质必须符合设计要求，其阀体强度、阀芯泄漏试验必须满足产品说明书有关规定；(13) 电动调节阀安装时，应避免给调节阀带来附加压力，当调节阀安装在管道较长的地方时，其阀体部分应安装支架和采取避振措施；(14) 检查电动调节阀的输入电压、输出信号和接线方式，应符合产品说明书和设计的要求
11		电磁阀	(1) 电磁阀阀体上箭头的指向应与水流方向一致；(2) 与空气处理机和新风机等设备相连的电磁阀旁一般应装有旁通管路；(3) 电磁阀的口径与管道通径不一致时，应采用渐缩管件，同时电磁阀口径一般不应低于管道口径二个档次并应经计算确定满足设计要求；(4) 执行机构应固定牢固，操作手柄应处于便于操作的位置；(5) 执行机构的机械传动应灵活，无松动或卡涩现象；(6) 有阀位指示装置的电动阀，阀位指示装置应面向便于观察的位置；(7) 电磁阀安装前应按安装使用说明书的规定检查线圈与阀体间的绝缘电阻；(8) 如条件许可，电磁阀在安装前宜进行模拟动作和试压试验；(9) 电磁阀一般安装在回水管口；(10) 电磁阀在管道冲洗前，应完全打开

注：压力传感器与压差传感器的安装主要包括“风管型压力传感器与压差传感器的安装”和“水管型压力与压差传感器的安装”等两部分施工安装内容。

三、智能化系统中建筑设备监控系统施工调试

上海市委党校二期工程的建筑设备监控系统施工调试包括“工程技术文件检查、测试

程序以及空调系统单体设备检测、给水排水系统单体设备检测、应用软件设定与确认、系统检测”等内容。其中智能化系统中建筑设备监控系统施工调试的一般程序参见图7-8、图7-9。

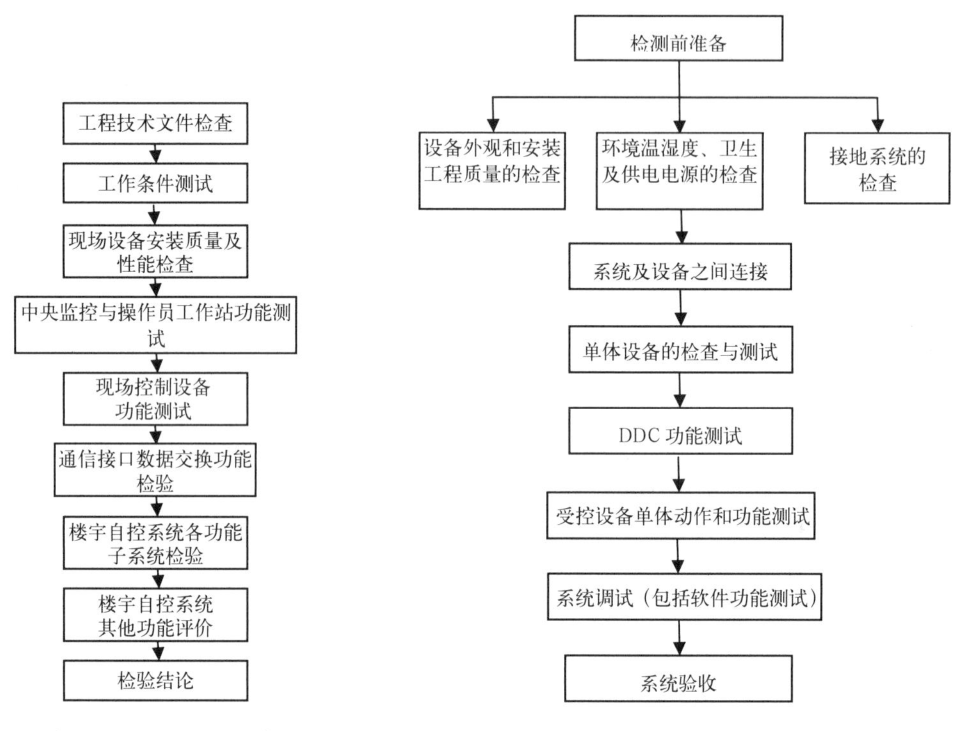

图 7-8　建筑设备监控系统调试程序　　**图 7-9　BA 系统检测一般程序**

（一）工程技术文件检查

进入工程验收阶段，上海市委党校二期工程的建筑设备监控系统承包商需提供以下工程技术文件（参见表 7-22），供验收组进行检查。

建筑设备监控系统的工程技术文件的检查主要内容　　表7-22

序号	文件名称	具体内容
1	工程说明	（1）系统选型论证；（2）系统规模容量（被监控设备数及建筑设备监控系统相应的输入／输出点数表）；（3）设备控制工艺说明；（4）采用通信接口设备的名称、数量及监控内容和接口装置；（5）系统功能说明及性能指标
2	竣工资料	（1）建筑设备监控系统结构图；（2）各子系统控制原理图；（3）建筑设备监控系统设备布置与布线图（按楼层分别绘制）；（4）与建筑设备监控系统监控相关的动力配电箱电气原理图；（5）监控设备（检测器、执行器、现场控制设备箱等）安装图；（6）现场控制站与中央管理工作站／操作员站的监控过程程序流程图；（7）监控设备电气端子接线图；（8）通信接口装置（网关等）的相关资料；（9）建筑设备监控系统设备产品使用说明书；（10）设备监控系统操作维护手册
3	工程测试记录	（1）建筑设备监控系统工程调试记录；（2）单台设备启动及测试记录；（3）监控点功能检查及测试记录；（4）系统功能检查及测试记录；（5）系统联动功能测试记录
4	其他文件	（1）建筑设备监控系统供货合同及工程合同；（2）建筑设备监控系统设备出厂测试报告及开箱验收记录；（3）建筑设备监控系统施工质量检查记录；（4）相关的重大工程质量事故报告表；（5）相关的工程设计变更单；（6）建筑设备监控系统运行记录

（二）检测程序

上海市委党校二期工程的 BA 系统的检测程序参见图 7-9。BA 系统的检测具体内容参见表 7-23。

BA系统的检测具体内容　　表 7-23

序号	检测项目		检测内容
1	数字量输入测试	信号电平的检查	(1) 干接点输入：按设备说明书和设计要求确认其逻辑值；(2) 脉冲或累加信号：按设备说明书和设计要求确认其发生脉冲数与接收脉冲数一致，并符合设备说明书规定的最小频率、最小峰值电压、最小脉冲宽度、最大频率、最大峰值电压、最大脉冲宽度；(3) 电压或电流信号（有源与无源）按设备说明书和设计的要求进行确认
2		动作试验	按上述不同信号的要求，用程序方式或手动方式对全部测点进行测试，并将测点之值记录下来
3		特殊功能检查	按上海市委党校二期工程规定的功能进行检查，如高保真数字量信号输入以及正常、报警、线路、开路、线路短路的检测等
4	数字量输出测试	信号电平的检查	(1) 继电器开关量的输出 ON / OFF：按设备说明书和设计要求确认其输出的规定的电压电流范围和允许工作容量；(2) 输出电压或电流开关特性检查：其电压或电流输出，必须符合设备使用书和设计要求
5		动作试验	用程序方式和手动方式测试全部数字量输出，并记录其测试数值和观察受控设备的电气控制开关工作状态是否正常；如果受控单体受电试运行正常，则可以在受控设备正常受电情况下观察其受控设备运行是否正确
6		特殊功能检查	按上海市委党校二期工程规定的功能进行检查，如按设计要求进行三态（快、慢、停）和间歇控制（1s、5s、10s）等的检查
7	模拟量输入测试	输入信号的检查	按设备说明书和设计要求确认模拟量输入的类型、量程（容量）、设定值（设计值）是否符合规定，通常的传感器可按如下顺序进行检查和测试： (1) 温、湿度、压力、压差传感器的检查与测试：①按产品说明的要求确认设备的电源电压、频率、温、湿度是否与实际相符；②按产品说明书的要求确认传感器的内外部连接线是否正确；③根据现场实际情况，按产品说明书规定的输入量程范围，接入模拟输入信号后在传感器端或 DDC 侧检查其输出信号，并经计算确认是否与实际值相符。 (2) 电量、电压、电流、频率、功率因数传感器的检查与测试：①按上述“(1)”中“①”项进行检查；②按产品说明书的要求确认传感器的内外部连接线是否正确，严防电压型传感器的电压输入端短路和电流型传感器的输入端开路；③根据现场实际情况，按产品说明书规定的输入量程范围分别在传感器的输出端或 DDC 侧检查其输出信号，并经计算确认是否与实际值相符。 (3)电磁流量传感器的检查与测试：①按上述“(1)”中“①”项进行检查；②按产品说明书的要求，确认其内外部连接线正确；③静态调整：将流量传感器安装于现场后（探头部分必须完全浸没于静止的水中），在 DDC 侧测试其输出信号，如果此信号值与零偏差较大，则其将按产品和系统要求进行自动校零。 (4) 动态检查：模拟管道中的介质流量，然后在 DDC 侧测试其传感器的输出信号，经计算确认其是否与实际相符
8		动作试验	用程序方式或手控方式对全部的 AI 测试点逐点进行扫描测试并记录各测点的数值，确认其值是否与实际情况一致，将该值记录
9		模拟量输入精度测试	使用程序和手动方式测试其每一测试点，在其量程范围内读取三个测点（全量程的 10%、50%、90%），其测试精度要达到该设备使用说明书规定的要求
10		特殊功能检查	按设计要求进行检查

续表

序号	检测项目		检测内容
11	模拟量输出测试		按设备使用说明书和设计要求确定其模拟量输出的类型、量程（容量）与设定值（设计值）是否符合，常用的各种风门、电动阀门驱动器可按如下顺序进行检查与测试：①按产品说明书的要求确认该设备的电源、电压、频率、温、湿度是否与实际相符；②确认各种驱动器的内外部连接线是否正确；③手动检查：首先将驱动器切换至手动挡，然后转动手动摇柄，检查驱动器的行程是否在 0% ～ 100% 范围内；④在确认手动检查正确后，在现场按产品说明书要求，模拟其输入信号或者从 DDC 输出 A0 信号，确认其驱动器动作是否正常
12		动作试验	用程序或手控方式对全部的 A0 测试点逐点进行扫描测试，记录各测点的数值，同时观察受控设备的工作状态和运行是否正常
13		模拟量输出精度	模拟量输出精度测试方法同模拟量输入测试
14		特殊功能检查	按上海市委党校二期工程规定的功能进行检查，如保持输出功能、事故安全功能等
15			上海市委党校二期工程全部 DO、DI、AO、AI 点应根据监控点表或调试方案规定的监控点数量和要求，按本规定的上述要求进行
16	DDC 功能测试	按产品设备说明书和上海市委党校二期工程设计要求进行测试	
17		运行可靠性测试	抽检某一受控设备设定的监控程序，测试其受控设备的运行记录和状态：①关闭中央监控主机、数据网关（包括主机至 DDC 之间的通信设备），确认系统全部 DDC 及受控设备运行正常后，重新开机后抽检部分 DDC 设备中受控设备的运行记录和状态，同时确认系统框图及其他图形均能自动恢复；②关闭 DDC 电源后，确认 DDC 及受控设备运行正常，重新受电后确认．DDC 能自动检测受控设备的运行，记录状态并予以恢复；③ DDC 抗干扰测试：将一台干扰源设备（例如冲击电钻）接于 DDC 同一电源，干扰设备开机后，观察 DDC 设备及其他设备运行参数和状态运行是否正常
18		DDC 软件主要功能及其实时性测试	① DDC 点对点控制：在 DDC 上用笔记本电脑或现场检测器，或在中央控制机上手控一台被控设备，测定其被控设备运行状态返回信号的时间，应满足系统的设计要求。②在现场模拟一个报警信号，测定在 CRT 工作站上发出报警信号的时间必须满足系统设计要求。③在中央控制机上开启一台空调机，测定电动阀门的开度从 0% ～ 50% 的时间
备注	指楼宇设备自控系统（Building Automation System-RTU）简称“BA 系统”。其主要是建筑物的变配电设备、应急备用电源设备、蓄电池、不停电源设备等监视、测量和照明设备的监控；给水排水系统的给水排水设备、饮水设备及污水处理设备等运行、工况的监视、测量与控制；空调系统的次热源设备、空调设备、通风设备及环境监测设备等运行工况的监视、测量与控制；热力系统的热源设备等运行工况的监视，以及对电梯、自动扶梯设备运行工况的监视。通过 RTU 实现对建筑物内上述机电设备的监控与管理，可以节约能源和人力资源，向用户创造更舒适安全的环境		

（三）空调系统单体设备的检测

上海市委党校二期工程的空调系统单体设备的检测具体内容参见表 7-24。

空调系统单体设备的检测具体内容　　表7-24

序号	检测项目	具体检测内容
1	新风机单体设备检测	(1) 检查新风机控制柜的全部电气元器件有无损坏，内部与外部接线是否正确无误，严防强电电源串入DDC。 (2) 按监控点表要求，检查装在新风机上的温、湿度传感器、电动阀、风阀、压差开关等设备的位置、接线是否正确和输入、输出信号的类型、量程是否和设置相一致。 (3) 在手动位置确认风机在非BAS受控状态下已运行正常。 (4) 确认DDC控制器和I／O模块的地址码设置是否正确。 (5) 确认DDC送电并接通主电源开关后，观察DDC控制器和各元件状态是否正常。 (6) 用笔记本电脑检测所有模拟量输入点送风温度和风压的量值，并核对其数值是否正确。记录所有开关量输入点（风压开关和防冻开关等）工作状态是否正常。强制所有的开关量输出点开与关，确认相关的风机、风门、阀门等工作是否正常。强制所有模拟量输出点、输出信号，确认相关的电动阀（冷热水调节阀）的工作是否正常及其位置调节是否跟随变化。 (7) 启动新风机、新风阀门要联锁打开，送风温度调节控制应投入运行。 (8) 模拟送风温度大于送风温度设定值（一般为3℃左右），这时热水调节阀要逐渐减少，开度直至全部关闭（冬天工况）；或者冷水阀逐渐加大，开度直至全部打开（夏天工况）。模拟送风温度小于送风温度设定值（一般为3℃左右）时，确认其冷热水阀运行工况与上述完全相反。 (9) 进行湿度调节，使模拟送风湿度小于送风湿度设定值，这时加湿器要按预定要求投入工作，并且到使送风湿度趋于设定值。 (10) 如新风机是变频调速或高、中、低三速控制时，应模拟变化风压测量值或其他工艺要求，确认风机转速能相应改变或切换到测量值或稳定在设计值，风机转速这时应稳定在某一点上，并按设计和产品说明书的要求记录30%、50%、90%风机速度时高、中、低三速相对应的风压或风量。 (11) 新风机停止运转，则新风门以及冷、热水调节阀门、加湿器等应回到全关闭位置。 (12) 确认按设计图纸、产品供应商的技术资料、软件功能和调试大纲规定的其他功能和联锁、联动的要求。 (13) 单体调试完成时，应按工艺和设计要求在系统中设定其送风温度、湿度和风压的初始状态
2	空气处理机单体设备检测	(1) 检查空气处理机控制柜的全部电气元器件有无损坏，内部与外部接线是否正确无误，严防强电电源串入DDC。 (2) 按监控点表要求，检查装在空气处理机上的温、湿度传感器、电动阀、风阀、压差开关等设备的位置、接线是否正确和输入、输出信号的类型、量程是否和设置相一致。 (3) 在手动位置确认空气处理机在非BAS受控状态下已运行正常。 (4) 确认DDC控制器和I／O模块的地址码设置是否正确。 (5) 确认DDC送电并接通主电源开关后，观察DDC控制器和各元件状态是否正常。 (6) 用笔记本电脑检测所有模拟量输入点送风温度和风压的量值，并核对其数值是否正确。记录所有开关量输入点（风压开关和防冻开关等）工作状态是否正常。强制所有的开关量输出点开与关，确认相关的风机、风门、阀门等工作是否正常。强制所有模拟量输出点、输出信号，确认相关的电动阀（冷热水调节阀）的工作是否正常及其位置调节是否跟随变化。 (7) 启动空调机时，新风机风门、回风风门、排风风门等应联锁打开，各种调节控制应投入工作。 (8) 模拟送风温度大于送风温度设定值（一般为3℃左右），这时热水调节阀应逐渐减少，开度直至全部关闭（冬天工况）；或者冷水阀逐渐加大，开度直至全部打开（夏天工况）。模拟送风温度小于送风温度设定值（一般为3℃左右）时，确认其冷热水阀运行工况与上述完全相反。 (9) 进行湿度调节，使模拟送风湿度小于送风湿度设定值，这时加湿器应按预定要求投入工作，并且到使送风湿度趋于设定值。 (10) 如空气处理机是变频调速或高、中、低三速控制时，应模拟变化风压测量值或其他工艺要求，确认风机转速能相应改变或切换到测量值或稳定在设计值，风机转速这时应稳定在某一点上，并按设计和产品说明书的要求记录30%、50%、90%风机速度时高、中、低三速相对应的风压或风量。 (11) 空调机启动后，回风温度应随着回风温度设定的改变而变化，在经过一定时间后应能稳定在回风温度设定值的附近。如果回风温度跟踪设定值的速度太慢，可以适当提高PID调节的比例放大作用；如果系统稳定后，回风温度和设定值的偏差较大，可以适当提高PID调节的积分作用；如果回风温度在设定值上下明显地作周期性波动，其偏差超过范围，则应先降低或取消微分作用，再降低比例放大作用，直到系统稳定为止。PID参数设置的原则是：首先保证系统稳定，其次满足其基本的精度要求，各项参数设置不宜过分，应避免系统振荡，并有一定余量。当系统经调试不能稳定时，应考虑有关的机械和电气装置中是否存在妨碍系统稳定的因素，仔细检查并排除这样的干扰。 (12) 空调机停止转动时，新风机风门、排风风门、回风风门、冷热水调节阀、加湿器等应回到全关闭位置。 (13) 确认按设计图纸、产品供应商的技术资料、软件和调试大纲规定的其他功能和联锁、联动程序控制的要求。 (14) 单体调试完成时，应按工艺和设计要求在系统中设定其送风温度、湿度和风压的初始状态。 (15) 如果需要，应使模拟控制新风风门、排风风门、回风风门的开度限位设置满足空调工艺所提出的百分比要求

续表

序号	检测项目	具体检测内容
3	送排风机单体设备调试	（1）检查送排风机控制柜的全部电气元器件有无损坏，内部与外部接线是否正确无误，严防强电电源串入DDC。 （2）按监控点表要求，检查装在送排风机上的温、湿度传感器、电动阀、风阀、压差开关等设备的位置、接线是否正确和输入、输出信号的类型、量程是否和设置相一致。 （3）在手动位置确认风机在非BAS受控状态下已运行正常。 （4）确认DDC控制器和I／O模块的地址码设置是否正确。 （5）确认DDC送电并接通主电源开关后，观察DDC控制器和各元件状态是否正常。 （6）用笔记本电脑检测所有模拟量输入点送风温度和风压的量值，并核对其数值是否正确。记录所有开关量输入点（风压开关和防冻开关等）工作状态是否正常。强制所有的开关量输出点开与关，确认相关的风机、风门、阀门等工作是否正常。强制所有模拟量输出点、输出信号，确认相关的电动阀（冷热水调节阀）的工作是否正常及其位置调节是否跟随变化。 （7）检查所有送排风机和相关空调设备，按系统设计要求确认其联锁、启／停控制是否正常。 （8）按通风工艺要求，用软件对各送排风机风量进行组态，确认其设置参数是否正常，以确保风机能正常运行。 （9）为了维持室内相对于室外有+20Pa的通风要求（按设计要求），先进行变风量新风机的风压控制调试；然后使其室内有一定的正压，进行变速排风机的调试。模拟变化大厦室内测量值，风机转速应能相应改变，当测量值大于设定值时，风机转速应减小；当测量值小于设定值时，风机转速应增大；当测量稳定在+20Pa时，风机转速应稳定在某一点上

（四）给水排水系统单体设备的检测

上海市委党校二期工程的给水排水系统单体设备的检测内容包括：（1）检查各类水泵的电气控制柜，按设计监控要求与DDC之间的接线正确，严防强电串入DDC；（2）监控点表的要求检查装于各类水箱、水池的水位传感器或水位开关，以及温度传感器、水量传感器等设备的位置，接线正确，其安装要符合本规范的要求；（3）确认各类水泵等受控设备，在手动控制状态下，其设备运行正常。

（五）建筑设备监控的应用软件设定与确认

上海市委党校二期工程的建筑设备监控系统应用软件设定与确认的主要内容包括确认BAS系统图与实际运行设备一致以及确认BAS受控设备的平面图等两个方面[BAS系统即“宽带接入服务器（Broadband Access Server/ Broadband Remote Access Server）”系统]。

确认BAS系统图与实际运行设备一致：（1）按系统设计要求确认BAS中主机、DDC、网络控制器、网关等设备运行及故障状态等；（2）按监控点表的要求确认BAS各子系统设备的传感器、阀门、执行器等运行状态、报警、控制方式等。

确认BAS受控设备的平面图：（1）确认BAS受控设备的平面位置与实际位置一致；（2）激活BAS受控设备的平面位置后，确认其监控点的状态、功能与监控点表的功能一致；（3）确认在CRT主机侧对现场设备进行手动控制操作。

（六）建筑设备监控系统检测

上海市委党校二期工程的建筑设备监控系统的系统检测主要内容参见表7-25。

建筑设备监控系统的系统检测主要内容　　表 7-25

序号	检测项目	检测内容
1	系统的接线检查	按系统设计图纸要求，检查主机与网络器、网关设备、DDC、系统外部设备（包括电源 UPS、打印设备）、通信接口（包括与其他子系统）之间的连接、传输线型号规格是否正确。通信接口的通信协议、数据传输格式、速率等是否符合设计要求
2	系统通信检查	主机及其相应设备通电后，启动程序检查主机与本系统其他设备通信是否正常，确认设备无故障
3	系统监控性能的测试	（1）在主机侧按监控点表和调试大纲的要求，对本系统的 DO、DI、AO、AI 进行抽样测试。 （2）系统有热备份系统，则应确认其中一机处于人为故障状态下，确认其备份系统运行正常并检查运行参数不变，确认现场运行参数不丢失。 （3）系统联动功能的测试：①本系统与其他子系统采取硬连接方式联动，则按设计要求全部或分类对各监控点进行测试，并确认功能满足设计要求；②本系统与其他子系统采取通信方式连接，则按系统集成的要求进行测试

第五节　智能化系统的机房工程建设

一、智能化系统的机房工程建设主要技术要点

上海市委党校二期工程的新建综合教学楼及学员宿舍楼的机房工程是至关重要的一项基础建设。机房工程的设计和施工是保障上海市委党校新建综合教学楼及学员宿舍楼所有计算机网络通信设备稳定、可靠运行的关键，这也是机房工程建设的首要目标。机房工程建设要充分体现“面向未来”的设计思想，既要立足于现在，又要能适应今后的发展。通过运用现代高科技手段，努力建设一个具有国际先进水平的数据处理中心。上海市委党校新建综合教学楼及学员宿舍楼包括消控安保中心机房（设于教学楼一层，面积约 36m^2）；以及计算机及通信机房［设于教学楼二层，面积约 45m^2（其中 UPS 机房面积为 15m^2）］。本项目机房工程的主要建设内容包括机房装饰及电气工程二部分，机房空调由大楼统一提供，不单独设置。

（一）机房装饰工程主要技术要求

上海市委党校二期工程的机房工程的装饰设计思想应具有现代感和前瞻性，视觉效果要简洁、明快、大方，在新材料、新技术和高科技的选择和运用上要合理，要体现“高效现代化的运营环境及和谐的人文环境”的理念。机房装饰工程应全面考虑防尘、防震、屏蔽、防静电、空调送回风、防漏水设施、隔热、保温、防火等因素。装潢基本格调为淡雅，整体色调趋于平静，不宜过分活泼，在材料的选用方面，应充分考虑环保因素。上海市委党校二期工程的机房装饰工程的主要技术要求参见表 7-26 。

机房装饰工程的主要技术要求汇总　　表7-26

序号	装饰部位	主要技术要求
1	墙面	(1) 两侧墙体及隔断墙面需采用防火材料；(2) 墙面刷敷设彩钢板，具有防火、防潮、阻尘功能；(3) 安保、消控中心墙面刷乳胶漆；(4) 不锈钢踢脚线
2	天花	(1) 楼板面敷设30mm厚玻璃棉保温层，天花吊顶；(2) 安保、消控中心天花吊顶
3	地面	(1) 楼板面刷防静电环氧地坪漆，防火、防潮；(2) 防静电架空地板，高度符合精密空调使用要求和机房层高要求
4	墙面设备承重背板	(1) 阻燃，用于悬挂设备；(2) 厚度15mm
5	其他	(1) 机房四周的围护墙面要求材料表面坚固、整洁、不反光、色彩柔和、易清洁，要求具备防火、防静电、防电磁干扰特性；墙面有等电位连接措施，开关、插座、探头等部件的安装方便；(2) 机房隔断墙的结构要求坚固、保温、隔音、防火，面层材料易拆卸；墙体内可铺设少量电力线路，墙面有等电位连接措施，开关、插座、探头等部件的安装方便；(3) 地板结构要求具有可靠的静电释放系统设计。机房内的重型设备运输通道要考虑地板支撑系统对承重的特殊要求。要求配置一定比例的有可控格栅风口和电缆引出口的板型；(4) 防静电地板物理性能指标要求如下：①地板尺寸为600mm×600mm；②地板厚度为35～38mm；③体积电阻率为1.0×107～1.0×109Ω/cm^3；④地板承重能力≥700kg/m^2；⑤耐压挠度＜2mm（承载3000N时）；⑥高度＞35cm

（二）机房电气工程主要技术要求

上海市委党校二期工程中智能化系统的机房工程内电气工程主要技术要求参见表7-27。

机房工程内电气工程的主要设备技术要求汇总　　表7-27

序号	设备名称	技术要求
1	UPS	根据系统设备配置要求，网络机房及安保机房均采用模块化UPS，后备时间为2h。UPS系统的主要技术指标如下：(1) 模块式10kVA-100kVA；(2) 双转换在线式，联机电池；(3) 输入电压为三相五线制，3×380V；(4) 输入电压范围：-25%～+15%；(5) 输入功率因素：≥97%；(6) 输入总谐波失真：≤5%；(7) 输出静态稳压率：±1%；(8) 输出总谐波失真：线性负载条件下，≤2%；(9) 输出AC/AC效率：≥95%；(10) 输出DC/AC效率：≥98%；(11) 具有TCP/IP或RS232通信接口
2	动力配电	每个机房均应设置市电输入输出配电柜及UPS输入输出配电柜。投标商应根据工程实施经验及本项目的设备配置做出系统配电分配
3	照明系统	(1) 计算机机房工作位置排列与工作人员的方位要求同灯具排列联系尽量避免直接反射光，避免灯光从作业面至眼睛的直接反射，损坏对比度，降低能见度。对此机房宜用带隔栅的荧光灯，可选用三管的或二管的，灯具的镜面为哑光。机房照明电源和墙壁辅助电源来自楼层照明配电柜。各疏散走廊及疏散楼梯设置应急疏散指示灯，选用的灯具应采用高品质、节能型、高显色性光源，并配以高质量的电子镇流器，功率因素大于0.9。(2) 照明系统的主要指标有：机房区域：①500Lx；②附属用房：300Lx；③应急照明：50Lx；④疏散照明：5Lx。(3) 照明设计应考虑节能的需要，每个机房的照明回路可以划分多个分区，根据需要开部分或者全部开启。(4) 灯具布置应符合无眩光、照度均匀度不小于0.7的技术要求

续表

序号	设备名称		技术要求
4	防雷接地	防雷	对于建筑物内电子信息系统用于电源线路的浪涌保护器宜采用三级防护，逐级分流降低残压。其标称放电电流参数值宜分别取大于100kA、50kA和25kA
5		接地	(1) 上海市委党校二期工程设置联合接地系统：UPS输出端中性点工作接地、防雷接地、电气设备保护接地、防静电接地、等电位接地、弱电设备接地等均采用大楼联合接地体。(2) 从弱电间接地转接箱引铜排至各机房内墙四周设置的闭合铜排环，环内采用12×0.5铜编织带组成600×600接地网格，机房内所有金属地板、金属吊顶板和金属墙面板及其他金属构件等均用$6mm^2$铜导线与铜网可靠连接。(3) 所有市电插座回路专放接地线，且均设漏电保护开关。(4) 凡安装高度低于2.4m的灯具外壳均须与接地线可靠连接。(5) 对于直流工作接地，从大楼联合接地体直接引$120mm^2$屏蔽绝缘铜缆至机房内直流接地体，接地电阻＜1Ω
6	其他		(1) 低压配电柜内器件的电气性能应符合相关标准及规范的技术标准。配电柜可选用全进口产品，或关键器件为进口、机柜为国产的优质产品。(2) 供配电系统内部设备、线缆、开关、断路器等元器件的各种故障、误动作等均有可靠的保护控制方案，在故障时限内，有必要的容错和故障恢复措施，在设备故障出现前，要求机房环境监控系统有预警提示。保证计算机系统全年每天24小时连续稳定不间断的工作。(3) 所有线缆均应采用低烟无卤阻燃线缆

注：哑光又称亚光；亚光是相对于抛光而言的，也就是非亮光面；可以避免光污染，维护起来比较方便；亚光的表面有点发毛，像磨砂玻璃的表面那样。其主要特性为：反射光是“漫反射”，没有眩光，不刺眼，给人以稳重素雅的感觉；亮光则表面光洁，反射光镜面反射，有眩光；给人以明亮华丽的感觉。

（三）机房主要设备参考配置

上海市委党校二期工程中的智能化系统的机房内主要设备参考配置要求参见表7-28。

机房工程内主要设备参考配置汇总　　表7-28

序号	设备名称	单位	数量	序号	设备名称	单位	数量
电话、网络机房				安保机房			
一、机房UPS				一、机房UPS			
1	UPS主机（模块式，4×10kVA功率模块，50kVA静态开关，50kVA机架）	套	1	1	UPS主机（模块式，4×10kVA功率模块，50kVA静态开关，50kVA机架）	套	1
2	电池	节	64	2	电池	节	64
3	电池柜	个	2	3	电池柜	个	2
4	电池开关3P600V	套	2	4	电池开关3P600V	套	2
二、电气工程				二、电气工程			
1	UPS电源输出柜	台	1	1	UPS电源输出柜	台	1
2	照明配电箱	只	1	2	照明配电箱	只	1
3	UPS电源输入输出电缆	m	20	3	UPS电源输入输出电缆	m	20
4	UPS输出电缆	m	200	4	UPS输出电缆	m	200
5	UPS输出电缆	m	300	5	UPS输出电缆	m	300

续表

序号	设备名称	单位	数量	序号	设备名称	单位	数量
6	照明进线电缆	m	80	6	照明进线电缆	m	80
7	照明管内穿线	m	400	7	照明管内穿线	m	400
8	应急照明管内穿线	m	150	8	应急照明管内穿线	m	150
9	动力管内穿线	m	200	9	动力管内穿线	m	200
10	电线管敷设	m	300	10	电线管敷设	m	300
11	电线管敷设	m	40	11	电线管敷设	m	40
12	计算机专用接线盒	只	16	12	计算机专用接线盒	只	16
13	高效隔栅日光灯	套	16	13	高效隔栅日光灯	套	16
14	消防诱导灯	套	4	14	消防诱导灯	套	4
15	设备电源插座	套	10	15	设备电源插座	套	10
16	辅助电源插座	套	5	16	辅助电源插座	套	5
17	电源接线盒	只	8	17	电源接线盒	只	8
18	灯头盒	只	8	18	灯头盒	只	8
19	金属软管	m	100	19	金属软管	m	100
20	单联单控开关	只	1	20	单联单控开关	只	1
21	三联单控开关	只	1	21	三联单控开关	只	1
22	接地铜排	m	30	22	接地铜排	m	30
23	接地线	m	60	23	接地线	m	60
24	接地母线	m	20	24	接地母线	m	20
25	金属桥架安装	m	16	25	金属桥架安装	m	16
26	金属桥架安装	m	16	26	金属桥架安装	m	16
27	一般铁构件制作、安装	kg	40	27	一般铁构件制作、安装	kg	40
三、机房装修				三、机房装修			
1	防静电活动地板	m^2	40	1	防静电活动地板	m^2	30
2	活动地板走线口	套	6	2	活动地板走线口	套	6
3	吊顶工程（300mm 铝合金穿孔吊顶）	m^2	40	3	吊顶工程（300mm 铝合金穿孔吊顶）	m^2	30
4	甲级防火门（含配件）	m^2	2	4	甲级防火门（含配件）	m^2	2
5	墙面漆	桶	6	5	墙面漆	桶	6
6	油漆	桶	2	6	油漆	桶	2

二、智能化系统的机房工程建设施工

（一）机房装饰工程施工注意要点

上海市委党校二期工程装饰工程主要包括施工放样、防尘处理、铝合金吊顶、乳胶漆、防静电活动地板等；具体要求参见表 7-29。

机房装饰工程主要施工安装技术要求汇总　　　　表7-29

序号	施工内容	施工安装技术要点
1	施工放样	(1) 根据平面图纸进行计算、测定、编制坐标定位；(2) 在平面图中按功能要求分区域进行结构几何尺寸定位；(3) 根据立面图的设计要求，采用水准仪标识及水平管定位法，标出各功能区域的实际标高定位；(4) 对天花吊点进行精确放线，排列天花基础施工吊点，网格线；(5) 施工前，由施工技术人员现场进行技术交底，依据设计图纸用墨线划出装修物的位置，经技术人员勘查无误后，方可进行施工，一切尺寸准确性以图纸设计为准；(6) 墙顶的装饰完成线的确认及墙面造型的分割交接的位置均需放线确认；(7) 放线项目还包括：在地坪放样确定后，施工范围内应设置标准水平线，同时完成地坪高差校对，提供施工人员作为地坪及立面施工的微调依据
2	防尘处理	(1) 在机房施工的各个阶段，机房施工范围内均应作防尘处理，以保证机房的洁净度；(2) 在机房施工的各个阶段，对已施工完的成品应采取保护措施，避免由于废弃物及灰尘对成品质量产生影响。(3) 机房工程施工前，应铲除屋顶悬挂物，有凹陷地方，应用腻子刮平，并在顶面刷防尘漆；(4) 地坪施工前，地面如有缝隙，清理干净后用密封胶进行密封，防止缝隙起尘，地面上如有突起的地方，用手砂轮磨平，凹陷地方，应用水泥压光找平，然后将地面打扫干净，用湿拖布清理 2 ～ 3 遍，保证地面无尘土，前项工作完毕后原地坪应刷防尘漆 3 遍；(5) 安装装饰层天花前，吊顶内的管线、灯具应擦拭干净；(6) 架空活动地板铺设前，地面的桥架，管路应擦拭干净；(7) 活动地板、支架、横梁应擦干净后再进入工作区进行铺设，地板运输人员，不准进入工作区域，铺地板的施工人员出入工作区域时必须换鞋
3	铝合金条板及方板吊顶	(1) 施工工艺流程：放线 —— 安装主龙骨吊杆 —— 安装主龙骨 —— 安装固定连接件 —— 安装骨架 —— 安装铝合金吊顶面层。 (2) 施工工艺要点：①根据设计图纸，结合具体情况，将龙骨及吊点位置弹到楼板底，放线的同时应对主体结构尺寸进行校核，如发现较大误差应对基层进行修补，使基层的平整度、垂直度满足骨架安装的平整度、垂直度要求；②确定吊顶标高，将标高线弹到墙面或柱面上，然后将 L 型边龙骨固定在墙面或柱面上，边龙骨的底面与标高线重合；③安装主龙骨吊杆：在弹好顶棚标高水平线及龙骨位置线后，确定吊杆下端头的标高，安装吊筋，吊筋安装选用膨胀螺栓固定到结构顶棚上，吊筋选用规格符合设计要求（常用为 $\Phi 8$ 吊筋），吊筋间距符合设计要求且≤ 1200mm；④所有吊杆表面应作防锈、防腐处理，连接焊缝必须涂防锈漆；⑤安装主龙骨，安装时根据已确定的主龙骨位置及确定的标高线，大致将其就位，再进行龙骨调平和调直；⑥ 固定连接件应作隐蔽检查记录（包括连接焊缝长度，厚度、位置，膨胀螺栓的埋置标高、数量与嵌入深度），待验收合格后安装铝合金吊顶面层
4	乳胶漆	(1) 施工工艺流程（施工等级为中级）：清扫 —— 填补缝隙、局部刮腻子 —— 磨平 —— 第 1 遍满刮腻子 —— 磨平 —— 第 2 遍满刮腻子 —— 磨平 —— 第 1 遍涂料（底涂）—— 磨平 —— 第 2 遍涂料 —— 磨平（光）—— 第 3 遍涂料。 (2) 施工工艺要点：①基层表面上的灰尘、油渍、污垢、应清理干净，表面裂缝、孔眼凹陷不平应用与涂料材料相应的腻子嵌补以平，干后用砂纸磨平；②涂刷时应先刷门窗侧边，然后再刷大面，涂料温度应＞ 5℃。③基层含水率＜ 10%，施工温度应＞ 12℃；④涂刷带颜色的乳胶漆时配料应合适，保证独立面每遍用同一批乳胶漆，并宜一次用完，保证颜色一致；⑤ 每道工序间隔时间（在 5 ～ 20℃时）应＞ 10h，每道工序施工完应用 180 目木砂纸打磨，最后一遍乳胶漆需用纯羊毛排笔顺光涂刷；⑥ 对于干燥较快的乳胶漆应连续迅速操作，涂刷时从一头开始逐渐刷向另一头，避免出现干燥后接头

续表

序号	施工内容	施工安装技术要点
5	防静电活动地板	(1) 施工工艺流程：放线 —— 地面除尘 —— 安装柱脚 —— 调平 —— 安装架空活动地板。 (2) 施工工艺要点：①根据基准点放出架空活动地板的地面分格线；②基层修补：在地面分格线横竖线交叉位置，即安装底座（支撑脚座）的位置处，为达到满意的支撑效果，可将底层地坪磨平或进行填补；③基层清理：地面除尘，在开始安装前，用吸尘器将底层地面上的所有灰尘、土和施工碎片，全部清除干净，用湿拖布清理 2 ~ 3 遍，保证地面无尘土；④安装支承脚：用粘接剂抹在支撑杆的底座上，使地板支撑脚牢固地安装在底层地坪上；⑤调整支撑脚标高：根据地面标高情况，调整支撑脚的高度，采用拧螺纹、套管等进行升高或降低，达到标高要求，调整好后，在螺纹加一个调平螺母和带有防震动移位的调平螺母，然后安装横梁和导电胶条；⑥地板安装：板面与垂直面相接处的缝隙≤ 3mm，用便携式抬高器具铺设面板，铺设时同时用吸尘器对场地及材料进行全面清理，活动地板的切割应在固定区域内进行，不得在施工区域内进行；⑦清理和饰面保护：铺设后的地面，用吸尘器再次全面清扫，经检查合格后，用保护材料覆盖严密，防止灰尘的进入或被其他施工人员破坏。 (3) 成品保护：①地板材料应堆放整齐，使用时轻拿轻放，不得乱扔乱堆以免损坏棱角；②地板上作业应穿软底鞋，且不得在地板面上敲砸，防止损坏面层；③地板施工应注意保证环境的温度、湿度；④施工完应及时覆盖保护材料，防止开裂变形

（二）机房电气工程施工安装技术要点

上海市委党校二期工程的机房电气工程主要包括配管配线工程、线槽配线工程、插座开关安装工程、照明灯具安装工程、配电箱柜安装工程等。具体施工安装技术要求参见表 7-30 。

机房装饰工程主要施工安装技术要求汇总　　表7-30

序号	施工内容	施工安装技术要点
1	配管、配线安装	(1) 金属管施工施工工艺要点：①金属管管壁厚度应＞ 1.6mm；②金属管施工时，弯曲部位应＜ 3 处；③对于配线需要分支或连接部位以及连接管径不同的管道位置，应装设分线盒，分线盒与分线盒之间的管道距离应＜ 20m，若管道只限于同一水平面上时可允许＜ 25m；④金属管弯曲角度应＜ 90°，弯曲加工时不得使金属管截面发生显著变形，而且弯曲半径应＞金属管管径的 6 倍；⑤金属管切断时截面应形成直角，需使用绞刀进行倒角，且应对金属管内表面进行清扫；对螺纹加工部位要进行防锈处理；⑥电线管支承间隔应＜ 1.5m；⑦金属管接地应使用 250V 绝缘摇表测量电线之间和电线与管道之间的绝缘电阻，＞ 1.0MΩ 为合格；⑧电线管的连接部位，应使用管子接头连接；管子与中间分线盒的连接，应使用锁紧螺母连接，并要牢靠地进行拧紧固定。 (2) 电线施工施工工艺要点：①为了把多根导线穿进管内，应先将直径＞ 1.2mm 的镀锌铁丝穿入管内，然后再把导线牵引进去；②为了防止电磁感应，切勿把强电用的导线与弱电用的导线穿在同一管道内；③电线在中间接线盒内应贴上记载有电线回路编号或者回路名称的卡片，以便在维修时进行查线工作；④在中间接线盒内的电线，须留有足够的余量，不得使它形成直线状态；⑤电线的连接均应在中间接线盒内进行，切勿在金属管内进行；⑥在连接部位需要同绝缘带卷绕扎紧，或采取其他方法进行绝缘处理；⑦在机器设备内的端子板上连接电线、电缆时，应选用尺寸合适的与电线、电缆的压接端子进行连接
2	线槽配线安装	(1) 线槽应平整、无扭曲变形，内壁应光滑、无毛刺；金属线槽应经防腐处理；金属线槽应可靠接地或接零，但不应作为设备的接地导体。 (2) 线槽的敷设要求：①线槽应敷设在干燥和不易受机械损伤的场所；②线槽的连接应连续无间断；每节线槽的固定点不应少于两个；在转角、分支处和端部均应有固定点；③线槽接口应平直、严密，槽盖应齐全、平整、无翘角；④固定或连接线槽的螺钉或其他紧固件，紧固后其端部应与线槽内表面光滑相接；⑤线槽的出线口应位置正确、光滑、无毛刺；⑥线槽敷设应平直整齐；水平或垂直允许偏差为其长度的 2‰，且全长允许偏差为 20mm；并列安装时，槽盖应便于开启。 (3) 线槽内导线的敷设要求：①包括导线绝缘层在内的导线总截面积应＜线槽截面积的 60%；②包括导线绝缘层在内的导线接头处所有导线截面积之和应＜线槽截面积的 75%

续表

序号	施工内容	施工安装技术要点
3	插座开关安装	(1) 插座安装工程施工工艺要点：①插座的安装高度应符合设计的规定，同一场所安装的插座高度应一致且其高度差应≤ 5.0mm，并列安装的相同型号的插座高度差应≤ 1.0mm；②插座接线有 4 点要求：a. 单相两孔插座，面对插座的右孔或上孔与相线相接，左孔或下孔与零线相接；b. 单相三孔插座，面对插座的右孔与相线相接，左孔与零线相接；c. 单相三孔、三相四孔及三相五孔插座的接地线或接零线均应接在上孔；d. 插座的接地端子不应与零线端子直接连接；③同一场所的三相插座，其接线的相位必须一致；④暗装的插座应采用专用盒；专用盒的四周不应有空隙，且盖板应端正，并紧贴墙面。 (2) 开关安装工程施工工艺要点：①宜采用同一系列的产品，开关的通断位置应一致，且操作灵活、接触可靠；②开关安装的位置应便于操作，开关边缘距门框的距离宜为 0.15 ~ 0.2m；开关距地面高度宜为 1.3m；③并列安装的相同型号的开关高度差应≤ 1.0mm，同一场所安装的开关高度应一致，其高度差应≤ 5.0mm；④相线应经开关控制；⑤暗装的开关应采用专用盒；专用盒的四周不应有空隙，且盖板应端正，并紧贴墙面
4	照明灯具安装	(1)灯具固定应牢固可靠。每个灯具固定用的螺钉或螺栓应＞ 2 个；(2)应急照明灯和疏散指示灯应有明显的标志；(3)同一室内或场所成排安装的灯具，其中心线偏差应＜ 5.0mm；(4)矩形灯具的边框宜与顶棚面的装饰直线平行，其偏差应＜ 5.0mm
5	照明配电箱安装	(1) 照明配电箱内的交流、直流或不同电压等级的电源，应具有明显的标志；(2) 照明配电箱不应采用可燃材料制作；(3) 照明配电箱应安装牢固，其垂直偏差不应大于 3.0mm，暗装时，照明配电箱四周应无空隙，其面板四周边缘应紧贴墙面，与建筑物、构筑物接触部分应涂防腐漆；(4) 照明配电箱底边距地面高度宜为 1.5m；(5) 明配电箱内，应分别设置零线和保护地线汇流排，零线和保护线应在汇流排上连接，不得铰接，并应有编号；(6) 照明配电箱上应标明用电回路名称
6	配电柜安装	(1) 配电柜的安装，应符合现行国家标准《电气装置安装工程盘、柜及二次回路结线施工及验收规范》的有关规定；(2) 配电柜的安装，不应焊接固定，紧固螺栓应有防松措施；(3) 供配电电设备外壳必须进行交流接地；(4) 供配电设备（动力柜）应在 R=1.5m 的范围内与活动地板支撑接地连接；(5) UPS 输出柜的直流接地应从计算机专用接地桩直接引出导线，送到 UPS 输出柜的专用接地铜排上，作为计算机设备的直流接地

三、智能化系统的机房工程建设调试

上海市委党校二期工程的智能化系统的机房工程建设调试主要内容参见表 7-31。

机房工程建设调试主要内容　　表7-31

序号	调 / 测试项目		具体调试内容
1	测试条件		(1) 测试区域所含分部、分项工程的质量均应验收合格； (2) 机房工程检测应在无生产负荷的前提下进行； (3) 测试项目和测试方法应符合《电子计算机机房施工及验收规范》及《电子计算机场地规范》的规定； (4) 测试仪器、仪表应符合《电子计算机机房施工及验收规范》及《电子计算机场地规范》的规定；测试仪器、仪表必须通过国家认定的计量机构鉴定，并在有效期内使用； (5) 工程检测前，施工单位应提供下列技术文件：竣工图及设计更改有效证明文件；设备和主要器材的出厂合格证、说明书等技术文件；安装技术记录、隐蔽工程记录和设备主要器材的检测记录；其他应提供的资料
2	测试内容	照度	(1) 测试仪器及要求：照度计的精度为 1lx； (2) 测试方法：在工作区内按 2.0 ~ 4.0m 的间距布置测点。测点距墙面 1.0m，距地面 0.8m
3		噪声	(1) 测试仪器及要求：声级计的精度为 0.1dB； (2) 测试方法：在主要操作员的位置上距地面 1.2 ~ 1.5m
4		接地电阻	(1) 测试仪器及要求：接地电阻测试仪的精度为 0.01Ω； (2) 测试方法：测试前必须将设备电源的接地引线断开
5		供电电源电压、频率和波形畸变率	(1) 测试仪器及要求：①电压测试应使用精度为 0.1V 的仪表；②频率测试应使用精度为 0.15Hz 的仪表；③波形畸变率测试应使用失真度仪，精度为 3% ~ 5%（满刻度）； (2) 测试方法：在计算机专用配电箱（柜）的输出端测量电压、频率和波形畸变率
6	系统检测报告		机房系统测试后应出具系统检测报告，参加测试得相关部门及人员均应确认并签字盖章。各相关单位均应留存归档，作为工程竣工验收的依据

第六节　智能化系统中弱电桥架管路建设与系统调试

一、弱电桥架管路的主要内容

上海市委党校二期工程的弱电桥架的主要工程量参建表7-32。根据合同文件要求，智能系统承包商应负责上海市委党校二期工程智能化系统的桥架管路细化设计与施工。

弱电桥架与管路的主要工程量统计表　　表7-32

序号	设备名称	设备型号	单 位	数量	备注
1	桥架	（300+100）×100	m	180	镀锌
2	桥架	400×100	m	25	镀锌
3	桥架	300×100	m	330	镀锌
4	桥架	200×100	m	2331	镀锌
5	桥架	100×100	m	1180	镀锌
6	镀锌管	KBG20	m	47425	
7	镀锌管	KBG25	m	38690	

二、弱电桥架管路安装施工

（一）线槽安装

上海市委党校二期工程的弱电系统线槽采用镀锌金属线槽。线槽安装应有利于穿放线缆。线槽安装好以后应进行调直，线槽应用压片固定在支架上。支持线槽的支架、吊架长度应与线槽宽度一致，不应有长短不一的现象。吊架一般应采用圆钢和角铁制成。

水平电缆上下衔接线槽的连接应通过引下装置，在安装引下装置的部位两侧1.0m处应加设加强支/吊架。其上下敷设一般以45°斜坡度进行变化。在某一端内线槽的吊支架应该一致。线槽在水平端每1.5～3.0 m设置一个吊支架；垂直端每1.0～1.5 m设置一个吊支架；距三通、四通、弯头处，两端1.0m处应采用实质吊支架。在安装时，线槽要接地良好，管道至少保证20.0cm的转弯半径。电缆线槽严禁采用电、气焊接。接地螺栓应由制造厂家在未喷涂前焊在每节端部外缘。施工时用砂纸磨去表面油漆，再进行接地跨接。

线槽经过建筑物的伸缩缝时，应断开100～150mm的间距，间距两端进行接地跨接。线槽接地应根据设计要求或国家规范进行施工。线槽上各接地点均须进行等电位连接。线槽在安装时可在地面上连接成 3 ～ 4 节一段，再进行安装。不可在线槽上随意开口、开槽。如弱电线槽与强电（220V/380V）线槽平行敷设，二者至少应保持 7.0cm 间距。

（二）暗管敷设

暗配管宜沿最近的路线敷设，并应尽量减少弯曲；埋入砖墙或混凝土内的管子，离表面的净距应＞ 15mm。 当电线管需要弯曲敷设时其转角应＞ 90° 。每条暗线严禁有三个以上的转角，且不得有“S”弯。转弯处不得有皱折和瘪坑，以免磨损电缆。进入落地式控制箱的电线管路，排列应整齐，管口高出基础面应＞ 50mm。埋于地下的电线管不宜穿过设备基础，线管排列应整齐，在穿过建筑物基础时应加保护管。电线管路的转弯处，弯扁程度应＜管径的 10%，弯曲半径≤管外径的 6 倍；埋设于地下或混凝土楼板内时应＞管外径的 10 倍。

在电线管超过长度超过 30 m，无弯曲时；或管子长度超过 20 m，有一个弯时；或管子长度超过 15 m，有二个弯时；或管子长度超过 8 m，有三个弯时：中间应当加设接线盒或拉线盒，其位置应便于穿线。在垂直敷设时，装设接线盒或拉线盒的距离为 15m。

配塑料管时的环境温度应＞ 15℃。配塑料管用的接线盒、开关盒等，均宜使用配套的塑料制品。塑料管在进入接线盒、开关盒或设备箱内时均应进行固定。塑料管砖墙内剔槽敷设时，必须用强度≤ M10 水泥砂浆抹面保护，其厚度应＞ 15mm。

钢管进入开关盒、拉线盒、接线盒以及配电箱时，暗配管可用焊接机固定，管口露出箱（盒）应＜ 5mm。钢管与设备连接时应将钢管直接敷设到设备内，如不能直接进入时可在钢管出口处加保护软管引入设备，其管口处距地面应＞ 200mm，并且应包扎严密；在室外或潮湿环境下可在管口处加设防水弯头，由防水弯头引出的导线应套绝缘保护软管，经弯成防水弯头后再引入设备。软管与钢管或设备连接应用软管接头连接，软管应用管卡固定，其固定距离应≤ 1m，不得利用金属软管作为接地导体。

当采用普通电线管配管时，应对管子进行除锈涂漆处理。可用钢管除锈机进行除锈后，内外涂以沥青漆，但埋设于混凝土内的线管其外表不可进行涂漆处理。钢管内不应有铁屑或毛刺，切断口应锉平，管口应刨光。薄壁钢管必须采用丝口连接。丝口连接时管端套丝长度不应小于管接头长度的 1/2；在管接头两端应焊接接地线。厚壁钢管主要采用套管连接。套管连接时，套管长度为连接管外径的 1.5 ～ 2 倍。接续时使接缝处在套管中央。在套管两端施焊。严禁采用两管对焊。钢管连接或必须采用跨接线连接，其规格选择标准参见表 7-33。

钢管跨线接地连接要求　　　　**表7-33**

序号	电线管	钢管	跨接圆钢
1	≤ 32	≤ 25	Φ6
2	≤ 40	≤ 32	Φ8
3	≤ 50	40 ～ 50	Φ10
4	70 ～ 80	70 ～ 80	扁钢

（三）明管敷设

电线管路的弯曲处，不应有褶皱、凹穴和裂缝等现象，弯曲程度应≤管外径的 10%。弯曲半径≥管外径的 6 倍；如果只有一个弯时应≥管外径的 4 倍。在电线管长度> 30m，无弯曲时；管子长度> 20 m，有一个弯时；或管子长度> 15 m，有二个弯时；或管子长度> 8 m，有三个弯时，中间应当加设接线盒或拉线盒。其位置应便于穿线。

明配于潮湿场所的钢管，应使用厚壁钢管；明配于干燥场所的钢管可以使用薄壁钢管。对于通电线管，内外应刷防腐漆，表面再刷灰色漆（或按设计指定颜色）。敷设于有腐蚀性气体的场合的钢管，应按设计进行必要的防腐处理。使用镀锌管时，在锌层剥落处也应刷防腐漆。明配钢管的连接应采用丝扣连接，连接处应做接地跨接线。钢管进入开关盒、接线盒及控制箱时，应用锁紧螺母或护圈帽固定，露出锁紧螺母的丝扣为 2 ～ 4 扣。

明配硬塑料管在穿过楼板已受机械损伤的地方应用钢管保护，其保护高度距楼板应> 500mm。明配管经过建筑物伸缩缝时，为防止基础下沉不均，或由于管子热胀冷缩而损坏管子和导线，须在伸缩缝处加设补偿软管。

当导线穿越建筑物墙壁时须安装保护管。当与其他管道相交叉时可将明配线改为部分暗配进行保护。在无机械损伤的室内，部分导线可以利用塑料线卡或钢筋轧头直接沿墙敷设。一般直接敷设在室内粉刷完成后进行，线卡固定距离根据可导线截面大小确定，一般为 150 ～ 200mm。

硬塑料管的热膨胀系数要比钢管大 5 ～ 7 倍，一般管路直线部分每隔 30 m 要加一个“Ω”形的补偿装置。明配管应排列整齐，固定点的距离应均匀；管卡与终端、转弯中点、弱电设备或接线盒边缘的距离为 150 ～ 500mm，中间管卡最大距离参见表 7-34。

中间管卡最大距离限值统计表　　表 7-34

敷设方式	钢管名称	钢管直径（mm）			
		15 ～ 20	25 ～ 30	40 ～ 50	65 ～ 100
		最大允许距离（m）			
吊架、支架或沿墙敷设	厚钢管	1.5	2.0	2.5	3.5
	薄钢管	1.0	1.5	2.0	

三、智能化系统调试要点

智能化系统（包括绿色建筑节能与环保监测系统平台）建设完毕，为验证其设计性能及其施工质量，在进行正式移交前，应进行系统调试。上海市委党校二期工程的智能化系统建设完毕后的调试步骤及主要内容参见表 7-35。

智能化系统（包括绿色建筑节能与环保监测系统平台）调试与维护主要内容一览　　表7-35

序号	步骤	主要内容
1	完工验收	1. 与业主、物业管理单位共同验收项目成果以确认系统可正常运行。项目验收分内部验收和外部验收：内部验收主要针对施工和调试等方面的实施情况进行验收；外部验收主要是业主、物业方对系统的验收，签署系统验收情况表，并确认系统正常运行工况。项目验收时，向业主及物业管理方移交相关设备的使用说明、保修卡、厂商售后服务联系方式等相关资料。验收结束后，与业主或物业管理方签订相关固定资产接收函。 2. 智能化系统（包括绿色建筑节能与环保监测系统平台）验收应根据工程特点分期进行，对影响工程安全和系统性能的工序，必须在本工序验收合格后才能进入下一道工序的施工。工程验收主要包括以下部分： （1）设备进场，应进行系统设备验收。核对产品技术文件和设计文件，检查计量装置和系统设备选择是否符合设计要求和有关工程技术规范的规定；其型号、规格和技术性能参数是否符合国家相关规范要求；其数量应满足设计要求。 （2）计量装置和系统设备安装完成后，应进行安装质量验收。 （3）在隐蔽工程隐蔽前，应进行施工质量验收。 3. 验收文件包括：（1）设计文件、变更文件；（2）经修改并校对准确的工程竣工图纸、资料；（3）系统主要材料、设备、仪表的出厂合格证明或检验资料；（4）系统操作和设备维护说明书；（5）系统调试和试运行记录
2	系统应用培训	1. 培训的目的。了解电工电子基础知识、传感器检测基础知识、楼宇设备（地埋管空调系统、给排水系统、电梯、照明等供电系统、通风系统、弱电通信与监控系统等）基础知识；掌握楼宇自控系统传感器、执行器、控制器的操作使用方法及其正常工作期间的通电测试技能，自控系统传感器、执行器、控制器与控制对象的连接方式及其电缆测试方法。 2. 制订培训计划。上海市委党校二期工程的智能化系统的培训计划中应包括“培训名额”、“产品安装前的培训，包括技术交底”、“产品安装调试中的培训”、“系统验收及现场培训”、“多层次培训”、“长期培训”等内容及相应技术要求。 3. 培训名额。参加上海市委党校二期工程的智能化系统培训团队至少包括 1 ～ 2 名高级技术管理员人员，而各子系统普通维护保养及操作人员不少于 3 人。 4. 产品安装前的培训包括：技术交底，介绍产品的安装，设备的接线、配电要求、安装要求等，介绍平台及系统的安装。 5. 产品安装调试中的培训。用户技术人员跟随安装调试，从而熟悉整个系统的结构、调试过程、编程及在操作过程中的注意事项。 6. 系统验收及现场培训。在现场培训用户控制系统和设备，针对具体项目，学习操作技术，达到熟练操作；掌握系统软件的操作，使用及各种故障报警、事帮报警的处理方法；掌握数据的统计及审计、分析方法，制定节能策略。 7. 多层次培训：（1）初级培训包括“日常使用、操作、软硬件维护”等内容；（2）中级培训包括“数据备份、修改参数、系统扩展”等内容；（3）高级培训包括“数据统计、分析和审计，制定节能管理策略，实施节能手段”等内容。 8. 长期培训。根据合同约定，并按用户要求，每年不定期的举办系统培训班，为用户培训不同层次的人员；每年将给用户发出邀请，用户根据需要决定是否参加。 9. 应完成对运行人员技术培训。为使业主能正确使用、维护及管理本系统，应制订面对业主人员的培训计划和内容；培训包括课堂培训、现场培训二种方式。为确保完成预定的培训目标，应做出详细的培训计划；应列出包括培训内容、地点、硬件和软件环境以及教员资格、学员准备知识在内的详细培训计划（如电动水阀驱动器操作使用、风阀驱动器操作使用、温度传感器操作使用、压力及流量传感器操作使用、供配电系统监控设备操作使用、DDC 控制箱操作使用等）
3	调试准备	1. 调试前阅读系统全部设计文件及施工过程中对设计图纸、资料的修正和变更文件，能耗计量装置及系统产品的使用说明和技术资料。 2. 编拟系统调试大纲，包括调试程序、测试项目、测试方法、与被计量用能系统协调方案、相关技术标准和指标等。 3. 备齐调试需要的专用工具和检测仪器、仪表。 4. 现场查对计量装置、传输系统中间设备安装部位和数量，应与设计图纸、设计变更和安装记录无误，安装外观、工艺应符合规范。 5. 在数据中心的能耗监测管理系统中设定信息采集点、计量装置的编码地址，设定能耗分类、分项，设定互感器变比、电表单相或三相接法等信息，向上一级能耗监测数据中心申请并设定能耗监测系统在数据发送通信网络中的地址和编码，并查对无误。 6. 检查系统内所有有源设备供电电源和接地，应准确无误。 7. 查看被计量用能系统，应具备计量数据采集条件

续表

序号	步骤	主 要 内 容
4	计量单点调试	使用装有数据调试软件的笔记本电脑，逐一连接能耗计量装置数据输出接口，按如下步骤查对信息采集数据与计量装置盘面数值： 1. 设定初始值。对于具有计量数据积累的信息采集设备，应设定计量初始值与计量装置盘面数据一致。 2. 按供能系统规范和操作规程开启能耗负载，检查信息采集数据和计量装置盘面数据，应正常显示，两者误差符合设计规定。 3. 调试完毕应复原能耗计量装置与传输系统的连接
5	数据发送功能调试	1. 系统数据发送调试应事先申报，经数据中心和相关管理部门同意，按照数据中心和相关管理部门的安排进行。 2. 检查与数据中心和物业管理部门通信网络，应顺畅无误。 3. 查核身份认证和数据加密传输，应准确、有效，符合设计要求。 4. 查核系统自动发送能耗计量数据的内容、发送速度和精度，均应符合设计规定的功能和指标
6	运行与维护	系统使用管理单位应通过系统运行的实践及数据中心的要求不断健全系统运行管理，主要包括：健全机构和提高操作人员业务能力、系统运行定期查检和维护、能耗数据校核（含不能自动采集能耗的人工录入）、数据处理和发送、防病毒及系统安全以及发挥能耗计量数据在本建筑物（或建筑群）节能工作中的功效等。系统故障应及时修复；因故障而造成系统停止或非正常运行的时间应不超过 3 个工作日，并确保能耗累计数据不丢失。另外，应在系统投入应用后的半年内对系统进行优化和完善一次。 智能化系统（含环保与节能监管平台系统）的维护保养一般可分为“日常维护、适应性维护（优化维护）、临时维护（紧急性维护）、系统性维护”等四类： 1. 日常维护是维护的基础工作，可分为每班维护和假期维护两类，应做到经常化、制度化、规范化。 2. 适应性维护是针对用户要求上的变化、弱电系统监控内容与使用环境上的变化等进行相适应调整的维护。譬如：因房间功能使用上的调整，需要在中央空调控制温度的基础上增加对湿度的控制，那么就应增加除湿、加湿设备，而 BA 系统就应增加控制这些设备的 I/O 模块，并增加检测房间湿度的传感器，并重新设计程序，控制房间的温湿度。 3. 临时维护包括一般性维护和紧急性维护两类。一般性故障是指对弱电系统的使用不构成关键性影响的故障，可允许维护方在一定时间内对系统进行调整和修复，即一般性维护；紧急性维护是对系统的紧急性故障进行维护的过程，一旦发生紧急性故障，维护方应在承诺的时间内到达现场进行处理并加以解决（一般而言，紧急性故障是指影响程度到无法使用或部分丧失使用的弱电系统故障，或者是影响到关键功能实现的故障）。 4. 系统性维护是对弱电系统进行全面的检测、调整的服务。其实质是对整个系统的功能进行全面的测试，相当于一次简化的系统调试过程。系统性维护对弱电系统的使用寿命，保证弱电系统的正常使用具有关键性作用

第八章　绿色建筑实施主要成效

中共上海市委党校、上海行政学院是一所培养上海市中、高级干部的学校，并肩负着上海市高级公务员、特大型企业及跨国公司在沪机构的高级管理人员的培训任务。上海市委党校新建的现代化的综合教学楼和学员宿舍楼工程是涉及校园整体规划和建设的主要工程，是在教学的软硬件配置上实现新世纪干部教育的功能理念、与国际知识化经济发展相接轨的关键性工程。本项目自立项开始建设，就得到了上海市科学技术委员会的大力支持，并列为科研计划项目课题（编号：09dz1202600）。从投入使用至今，共荣获“2013年度上海优秀勘察设计建筑工程一等奖”、“2013年度全国绿色建筑创新二等奖”、“国家三星级绿色建筑设计标识”、“ 2013年度上海市优秀工程咨询成果二等奖”、“上海市建筑学会第四届建筑创造奖佳作奖”、“2011年度上海市建筑工程‘白玉兰’奖（市优质工程）”、“2010年度上海市建设工程优质结构”、“2012年度第四届中国长三角优质石材建设工程金石综合大奖”、“2013年度蓝星杯第七届中国威海国际建筑设计大奖赛优秀奖”等荣誉。

上海市委党校二期（新建综合教学楼与学员宿舍楼）工程，作为上海地区绿色建设的典范，已建成并投入使用，除具有标杆性教育意义外，也创造了较好的社会经济效益和示范作用，特别是在大型公共建筑（如教学建筑）上具有较高推广价值。如果仅就节能减排而言，上海市委党校二期工程经过近1年的运行，其效果是明显的：至少节煤炭（折合为标准煤）500t，CO_2减排至少1250t。达到了设计初始目标要求，其社会示范意义是巨大的。目前上海市委党校二期工程所用有关接地措施、节水技术、空间绿化、LED照明等技术已在上海市委党校体育馆项目中得到了成功应用，并取得了较好的经济效益与社会效益。

另外，中共上海市委党校二期项目（综合教学楼与学员宿舍楼）工程在施工期间以及竣工后，还获得了上海市优质结构、上海市文明工地、上海市优质工程奖“白玉兰奖”以及国家级的“绿色三星（设计阶段）”等荣誉称号。由此可见，本成果具有很高的绿色建筑示范意义。

第一节　获得的主要环境效应

上海市委党校二期（新建综合教学楼与学员宿舍楼）工程的建成是先进的建筑设计理念与绿色生态技术整合的一次积极尝试，带来的环境效应使其自身的微环境得到了改善，在保障使用者舒适、便捷、健康使用的同时，最大限度地减低环境能效复合，积极地响应了国家节能减排的号召。

一、节能为主导的建筑微环境成效

中共上海市委党校二期项目（综合教学楼与学员宿舍楼）工程的总体布局在满足自身形态的合理节能外，建筑形体采用灵动的开放式布局，使其对场地的通风和环境温度的影响减小到最低（室外风环境模拟）：全年典型风速条件下，建筑周边人员活动区高度（FL+1.5m）风速未超过5m/s，满足室外人体风速舒适性要求。

从建筑的外立面设计，研究将合理的窗墙比与立面的美观效果充分结合，根据不同使用功能选择合理的窗墙比，既满足各部分功能正常的采光通风需求，又使建筑外立面丰富而有逻辑。此外，建筑遮阳体系的设计在此基础上锦上添花。绿化隔热屋顶及外墙在夏季阻隔辐射，冬季形成保温层，达到建筑物的生态化。充分利用自然通风与机械通风相结合的混合通风方式来降低空调系统能耗。

针对整个设计成果，采用 eQUEST 能耗模拟软件，根据典型年气象参数，进行全年能耗计算，并和《公共建筑设计标准》的参照建筑进行比较，设计建筑全年耗电量为参照建筑全年耗电量的 73%，即占基准建筑节能 63.6%。

此外，本项目也采用了设备自动监控系统，对通风、空调、照明系统及采光、遮阳、输配系统等实行集中控制及自动监控，能够根据人流的大小调整冷暖负荷，最大限度满足人员的舒适度，并减少一切不必要的能源耗损。

二、可再生能源应用成效

（一）雨水回收节水效益

中共上海市委党校二期项目（综合教学楼与学员宿舍楼）工程收集和处理屋面及部分场地雨水，用于园区的绿化浇灌、水体补充和道路冲洗。设计收集面积 18000m^2。系统处理能力为 15m^2/h，年雨水收集量 18696m^2，年雨水利用量 16826m^2，绿化、景观和道路浇洒雨水替代率 59%。雨水处理机房设在地下一层，内设一组提升泵、一套处理设备、一座清水池以及提升设备，室外雨水调蓄池 120t，清水池 60t。上海市委党校二期工程非传统水源利用率达到了 15.5%，实现了对水资源的合理节约及对非传统水源的有效利用。

（二）地源热泵节能效益

中共上海市委党校二期项目（综合教学楼与学员宿舍楼）工程的空调冷热源以及生活热水的热源采用地源热泵形式，按照生活热水所需热量选用两台带全热回收功能的地源热泵机组，机组制冷量为 733.3 kW、制热量为 753.8 kW、热回收量为 677.7 kW。

（三）设置主动式导光系统节能效益

中共上海市委党校二期项目（综合教学楼与学员宿舍楼）工程的采光区域分布于教学楼三层的 6 间分组活动室，区域面积约 300m^2。自然光引入采用先进的导光系统，采光效率高达 95% 以上，能有效地解决暗房间的采光问题，节约人工照明的能源消耗。此外，自然通风与混合通风技术、下沉广场自然光引入、异性采光天窗等，都是本项目对于自然光、自然通风充分利用的积极尝试，有效地解决平常一些暗角、死角的使用舒适度问题。

（四）废弃场地利用节地效益

漕河泾港中共上海市委党校段截弯取直工程是苏州河综合整治工程的一部分。截弯取直后新旧河道之间约 11000 m^2 的土地内垃圾满地、脏乱不堪、杂草丛生，加上原河道臭气熏天、蚊蝇滋生，极大影响周边的环境。市委党校计划筹建二期工程（教学楼、学员楼）时，将此部分土地作为项目规划建设用地的一部分，先后对其进行了回填、清淤、换填、清理驳岸等处理，既满足了建设用地要求，又改善了周边景观环境及土地合理再利用。

（五）重复利用土方效益

中共上海市委党校二期项目（综合教学楼与学员宿舍楼）工程报告厅南侧、南教学楼西侧人工小品假山减少余土外运量约 2000m^3，屋顶绿化用土减少余土外运量约 1500m^3，两项合计减少外运土方量约 3500m^3。此项措施，既节约了土方往复运输费用，也很好地减轻了弃土堆置而引起的环境负面压力。

三、绿色节能技术的建筑实践示范效应

中共上海市委党校二期项目（综合教学楼与学员宿舍楼）工程在业主和建筑师的共同推动下，运用了大量的绿色节能技术。虽然这些技术在运用范围和使用效率上有其局限性，对整个建筑的能耗可能仅起到辅助和补充作用，但这样的尝试是个积极信号。建筑是一个最基础性的工程，由于其量很大，总能耗惊人，所以绿色节能技术的应用，哪怕只起到一些改善作用，对于节能的总量来说也是非常可观的。此外，上海市委党校二期工程性质和影响力必将对今后的城市建设起到一个积极的示范性作用。

另外，中共上海市委党校二期项目（综合教学楼与学员宿舍楼）工程还配备了先进的智能能耗控制系统，可以有效地监测各个部分的时效能耗，对各部分绿色节能技术的节能效果进行实时了解，能够分析各种技术的利弊，有利于以后对这些技术的改良和升级，使之更加成熟和可靠，为今后的推广提供合理有效的参照。

相信绿色节能技术会得到更多的关注和推广。

第二节　取得的主要社会效益

上海市委党校二期工程的建设设定为世界一流、全国领先的示范性项目。该项目在设计过程中充分利用多种生态节能技术并展开一系列科研课题研究工作，使本建筑成为一个绿色建筑及新能源利用的示范工程，向来自全国各地的学员们展示最先进的建造技术和工程管理与设计理念。上海市委党校新建综合教学楼与学员宿舍楼在建成后的使用过程中，取得了良好的社会效益，且主要涵盖了“高效、敏捷、人性化的教学模式”、“先进的建筑设计与建设理念”、“绿色节能技术设计与运用”等三方面。

一、高效、敏捷、人性化的教学模式

中共上海市委党校二期项目（综合教学楼与学员宿舍楼）工程室内功能高度集约化，超过 3 万 m^2 的空间中涵盖了学习、休闲、交流、生活等方面的所有功能，包括大报告厅、多功能厅、阶梯教室、数字放映厅、应对媒体室和大教室、讨论室等各类教学用房，学员宿舍、餐厅等生活设施，以及中庭、屋顶花园、室外平台等大量休闲交流场所。在这样一个设施齐全的建筑内，学员们足不出户，便可轻松享用各种教学和生活设施，高效而便捷，同时充满人性化。本项目的成功，无疑为国内其他同类型项目的建立竖立了标杆，这样的一种高度复合的教学模式起到了很好的示范作用。

二、先进的建筑设计与建设理念

上海市委党校二期工程设计秉承“简洁、实用、大气、精致”的理念，用纯粹的建筑语言来打动人。建设单位本着“不当的建设是最严重的浪费”的建设理念，力求功能配置

到位，建设标准在建筑形象匹配，恰如其分地用好每一笔资金。建筑的使用者是高层次干部，其在这里获得的信息是简洁而不简陋、实用而不拘谨、大气而不夸张、精致而不堆砌的设计和建设理念，并将这些理念推广到全国各地的建设中去，将会对各地的建设产生积极的影响。

三、绿色节能技术的设计与运用

中共上海市委党校二期（新建综合教学楼与学员宿舍楼）工程已获得国家住建部颁发的“三星级绿色建筑”认证。作为一个绿色节能示范建筑，其设计运用了大量的绿色节能技术，例如绿色墙面与屋面、可调外遮阳、自然光导入、地源热泵、雨水回收等。在建筑的实际运营过程中，实际节能率达到 61.15%，地源热泵提供了 100% 的生活热水，外传统水源利用率达到 20.33%，使用效果良好。每一位学习生活于其中的学员都能切身体会到绿色节能技术给建筑和环境带来的改变，并且形成自己对绿色技术的认知，回到自己的工作岗位后，必定会将绿色节能技术的理念贯彻于市政建设中，各地城市和建筑的面貌将发生巨大的变化。

附录一：

中共上海市委党校节能监管体系建设技术与管理导则

前　言

为了建立中共上海市委党校、上海行政学院的校园节能工作的长久机制，推进和深化校园节能监管体系的建设；上海市科学技术委员会科研计划项目课题（编号：09dz1202600）的课题组总结和吸收了国内外单体建筑能效管理及校园节能监管的成果和经验，以我国现行相关标准、技术导则为依据，结合上海市委党校校园的实际情况，制定本导则。

本导则主要内容包括校园节能运行监管系统的总则、术语、编制依据、建筑节能监管、系统的构架、数据采集、数据转换、数据传输、数据分析及管理、数据中心、工程安装、验收调试、校园节能监管系统运行管理等内容。

本导则主要起草人：谭洪卫、陈涛、庄智、陈淑琴（同济大学），张德旗，戚启明（中共上海市委党校）、李进（珠海兴业绿色建筑科技有限公司）。

本导则主要整理人：戚启明（中共上海市委党校），丁育南、沈健荣、崔健（上海上咨建设工程咨询有限公司）。

1　总　则

党校是培养干部的重要基地，义不容辞地肩负着引领可持续社会发展的历史重任。中共上海市委党校、上海行政学院校园的建设和运营中融入绿色建筑的可持续发展理念，建设绿色校园具有现实的教育意义和深远的社会意义。

为此，特结合中共上海市委党校、上海行政学院的校园建设发展规划编制本导则，旨在指导校园节能减排工作的开展，建立和完善校园节能监管体系建设，为创建绿色校园奠定基础。

本导则规定了本校园节能监管系统的建设与管理内容及技术性能要求，适用于指导本校校园建筑设施能源利用及管理系统的建设与运行管理。

本导则中所列相关参照标准、规范和导则中的条款通过本导则的引用而成为本导则的条款。凡是注明日期的引用文件，其随后所有的修改单（不包括勘误的内容）或修订版均不适用于本导则。但鼓励根据本导则编写组研究这些文件的最新版本并适当加以应用。凡是不注日期的引用文件，其最新版本适用于本导则。涉及保密的内容参考国家相关的保密规定。

本导则不限制系统扩展的内容，但在扩展内容时不得与本导则中所使用或保留的系统结构、设备功能、传输过程和数据格式相冲突。

2 适用范围

本导则可适用于中共上海市委党校、上海行政学院及同类学校的校园。

本导则用于指导中共上海市委党校、上海行政学院的校园建筑设施能耗、水耗监测和管理系统建设与运行管理，主要针对校园中电耗、燃料消耗、热量消耗、冷量消耗及水资源消耗数据的采集、传输、分析管理系统。本导则限于校园内部节能管理用途，但不适用于任何用于贸易结算和对外部计费的能源资源计量系统。

3 术　语

3.1 **能耗统计**：能耗统计是指对校园建筑及设施的用能量按年度进行统计。内容包括建筑基本信息采集与统计，分类建筑近年能耗、水耗总量账单采集与统计，建筑分项能耗统计，建筑耗能设备或系统的基本信息统计。

3.2 **分类能耗**：分类能耗包括电量（kW·h），水量（t），燃气（天然气或煤气）(m^3)，煤油（m^3），柴油（m^3），可再生能源（太阳能光伏发电 kW· h、太阳能集热 kJ、生物能 kJ、地源热泵能 kJ），其他能源应用量（废弃热能回收利用 kJ）。

3.3 **分类水耗**：分类水耗包括市政自来水耗量(t),非传统水源(雨水、中水)利用量(t)。

3.4 **建筑分类能耗**：建筑分类能耗指按校园建筑的分类进行采集和统计的各类建筑能耗数据；如办公类建筑能耗、综合教学类建筑能耗、学员宿舍类能耗等。

3.5 **分项能耗**：分项能耗指按校园建筑调入中不同用能系统进行分类采集和统计的能耗数据；如空调用电、动力用电、照明用电等。

3.6 **校园能源审计**：校园能源审计是指用能单位自己或委托从事能源审计的机构，根据国家有关节能法规和标准，对校园能源使用的物理过程和财务过程进行检测、核查、分析和评价，是一种加强校园能源科学管理和节约能源的有效手段和方法，具有很强的监督与管理作用。

3.7 **绿色建筑认证**：绿色建筑认证是指依据《绿色建筑评价标准》和《绿色建筑评价技术细则（试行)》，按照《绿色建筑评价标识管理方法（试行)》，确认绿色建筑等级并进行信息性标识的一种评价活动。

3.8 **能耗定额管理**：能耗定额管理是指将一般定额管理的方法适用于能耗管理，确定能耗定额制定依据、制定程序、考核方法、奖惩措施等。其内容应包括：

（1）定额管理范围，如用电额、用水定额、能源费用定额等；

（2）制定和修订定额的依据、方法、程序；

（3）明确定额的执行、考核、奖惩的具体办法等。

4 编制依据

本导则是依据《高等学校节约型校园建设与管理技术导则(试行)》(建科 [2008]89 号)、《关于印发（高等学校校园建筑节能监管系统建设技术导则）及有关管理办法的通知》（建

[2009]1163号)、《绿色建筑评价标准》GBT 50378—2006、《高等学校校园节能监管系统建设技术导则》、《高等学校校园节能监管系统运行管理技术导则》、《高等学校节约型校园运行管理办法》、《高等学校校园能耗水耗统计、审计和公示办法》等导则而制定。

本导则的编制所引用或参考的相关现有国家标准、规范及导则：

(1)《多功能电能表通信规约》DL/T 645—1997；

(2)《多功能电能表》DL/T 614—1997；

(3)《电能计量装置技术管理规程》DL/T 448—2000；

(4)《电测量及电能计量装置设计技术规程》DL/T 5137—2001；

(5)《电能计量装置安装接线规程》DL/T 825—2002；

(6)《户用计量仪表数据传输技术条件》CJ/T 188—2004；

(7)《民用建筑电气设计规范》JGJ/T 16—2008；

(8)《低压配电设计规程》GB 50054—2011；

(9)《自动化仪表工程施工及验收规范》GB 50303—2011；

(10)《电气装置安装工程电缆线路施工及验收规范》GB 50168—2006；

(11)《建筑电气施工质量验收规范》GB 50303—2002；

(12)《国家机关办公建筑和大型公共建筑能源审计导则》；

(13)《高等学校校园建筑节能监管系统建设技术导则》；

(14)《高等学校校园建筑节能监管系统运行管理技术导则》。

5 校园节能监管组织体系建设

校园节能监管体系的建设应按《高等学校节约型校园建设与技术导则（试行)》制定实施细则并实施。以校园能耗监测与能效管理为抓手在全校园展开。

学校应建立由校长或主管校长领导的校级统筹机构，制定中长期绿色校园建设规划和节能减排目标，达成全校共识和绿色宣言；建立负责校园节能监管的常设机构，协调并形成绿色校园建设中相关职能部门，各学科的制作机制，发布全面推进绿色校园的行动计划。

学校可聘请校外专家或研究机构负责本校园节能监管体系建设的技术支撑。

6 校园节能监管系统建设

建立校园级节能监管系统是重要基础和手段。参照技术导则，结合本校园实际情况，规划设立本校园节能监管平台系统。

本校园节能监管系统分期建设，第一期针对新建综合教学楼、学员宿舍楼节能监管，将来以此为基础逐步扩建到全校园建筑设施节能监管范围。

6.1 校园节能监管系统构架：校园节能监管系统主要适用于对校园建筑设施能耗的计算、数据分析、数据统计、节能分析及节能指标管理，区别于一般以对建筑设备系统进行自动控制为主要目的的建筑智能控制系统（BA系统）和以收费管理为主要目的的水、电、气表的远程集抄系统。但鼓励共享建筑智能控制系统的相关数据。校园建筑节能监管系统由计量表具、数据采集及转换装置（本导则简称网关设备)、数据传输网络、数据中转站、数据服务器、管理软件组成。系统应基于互联网技术、采用 BS+CS 软件构架。系统应具备能耗数据实时采集和通信、远程传输、自动分类统计、数据分析、指标对比、图表显示、报表管理、数据储存、数据上传等功能，满足校园节能监管内容及要求。

6.2 **计量表具**：计量表具为电、热等能源消费、水资源消耗的计量装置，包括电能表（含单相电能表、三相电能表、多功能电能表）、水表、燃气表、热（冷）量表等。各类表具应具备数据通信接口并支持国家相关行业的通信标准协议。

6.3 **网关设备（数据采集及转换装置）**：网关设备承担数据采集及转换任务，将来自计量表具的数据以分散或集中采集形式进行数据转换并接入校园节能监管系统网络、传输至数据中心。网关设备应使用基于 IP 协议承载的有线或者无线方式接入网络。

中共上海市委党校、上海行政学院校园用电量监管系统与 BA 系统对接，实现数据共享。

6.4 **传输网络**：应优先并充分利用校园网作为数据传输网络。校园网应扩展到变电所等监测点。中共上海市委党校、上海行政学院校园节能监管系统开通远程监管网络端口，由同济大学承担远程监管技术支持服务。

6.5 **管理平台软件**：管理平台软件是校园节能监管系统的核心，应充分反映校园能源管理需求，符合国家相关建筑节能统计、审计及监管技术要求。平台应构筑符合校园节能监管内容及要求的数据库；具备能耗数据实时监测、图表显示、自动统计、节能分析、数据存储、报表管理、指标比对、数据上传等功能。

6.6 **数据中心**：数据中心是学校对节能监管系统的专门管理机构。应确保数据中心的设置场地、运行经费预算及管理制度；建立与上级数据中心的数据传输及能让功能。

7 校园建筑能耗数据采集

7.1 采集对象及分类方法

7.1.1 建筑分类

建筑分类参照已经公布的导则中校园建筑的分类方法，校园建筑分类为以下 13 类：

(1) 行政办公建筑；(2) 图书馆建筑；(3) 教学楼建筑；(4) 科研楼建筑；(5) 综合楼建筑；(6) 场馆类建筑；(7) 食堂餐厅；(8) 学生集中浴室；(9) 学生宿舍；(10) 大型或特殊科研实验室；(11) 医院；(12) 交流中心（包括招待所、宾馆）；(13) 其他。

7.1.2 建筑基本信息数据

根据建筑机械、建筑功能、建筑用能特点将建筑信息划分为基本项和附加项。

(1) 基本项

基本项为建筑规模和建筑功能等基本情况信息，13 类建筑对象的基本项均包括建筑名称、建设年代、建筑层数、建筑功能、建筑总面积、空调面积、能源经济指标（电价、水价、气价、热价等）。

(2) 附加项

附加项为区分建筑用能特点情况的建筑信息，13 类建筑对象的附加项分别包括：

① 行政办公建筑：办公人员人数、建筑等级（如智能化等级、AAA 级）；

② 图书馆建筑：藏书量，阅览室面积（或座位数）；

③ 教学楼建筑：建筑等级、容纳学生人数；

④ 科研楼建筑：学科类别；

⑤ 综合楼建筑：建筑等级；

⑥ 场馆类建筑：座位数（礼堂）、场地规格（体育馆）；

⑦ 食堂餐厅：就餐人数、餐厅类型（学生餐厅 / 教工餐厅 / 商业餐厅）；

⑧ 学生集中浴室：洗浴人次；

⑨ 学生宿舍：入住人数；

⑩ 大型或特殊科研实验室：学科类别、试验属性；

⑪ 医院：医院等级、床位数；

⑫ 交流中心（包括招待所、宾馆）：客房数；

⑬ 其他。

7.1.3　能耗数据分类

（1）分类能耗：为统一统计分类标识，本导则参照大型公共建筑相关导则的规定，并增加可再生能源类别共分为 13 类。其中可再生能源利用中涉及与其他能源使用的重叠，难以单独统计，主要用于可再生能源利用率的统计。供热、供冷量统计适用于城市集中热力网或区域集中供热供冷系统。

（2）分类建筑能耗：在学校建筑分类下按在校园中的用途细分为 13 类，分类统计各类建筑能耗（包括分类能源消耗和一次能源换算值）。

（3）分项能：校园建筑分类能耗中电耗比例大，是校园建筑节能监管的重点，因此本导则对建筑用能设备的分项能耗主要针对电耗部分，按用电系统分类将电量分为照明插座用电、空调用电、动力用电、特殊用电等 4 项来实施分项电耗数据采集。特殊区域用电是指不属于建筑物常规功能的用电设备的用电。特殊用电的特点是能耗密度高、占总电耗比重大的用电设施及设备。特殊用电设施一般包括信息中心、厨房餐厅、游泳池、实验室或其他特殊用电设施。特殊用电设备是指校园内大型高耗电科研专用设备。

7.1.4　能耗数据编码规则

为保证能耗数据可进行计算机或人工识别和处理，保证数据的有效管理和高效率的查询服务，实现数据整理、存储及交换的一致性，制定本编码规则。

（1）编码方法

能耗数据编码规则为细则层次代码结构，按 8 类细则进行编码。包括：行政区划代码编码、建筑类别编码、建筑类别子项编码、建筑识别编码、分类能耗指标编码、分项能耗指标编码、分项能耗指标一级子项编码、分项能耗指标二级子项编码。编码后能耗数据由 16 位符号组成。若某一项目无须使用某编码时，则用相应位数的“0”代替。

① 行政区划代码编码

第 1 ~ 6 位数编码为建筑所在地的行政区划代码，按照《中华人民共和国行政区划代码》GB / T 2260 执行，编码区分到市、县（市）。原则上不再区分市辖区进行编码，由各省、市规划局统一编码。

② 建筑类别编码

第 7 位数编码为建筑类别编码，参照大型公共建筑分类编码，学校建筑属于“其他”

分类。用1位大写英文字母F表示，第8位数编码为建筑类别子项识别编码，采用1位小写英文字母，如a，b，c，…j表示。按下列编码编排（附表1-1）：

学校建筑类别子项识别编码汇总表　　附表1-1

校园建筑类别	编码	校园建筑类别	编码
行政办公建筑	a	学生宿舍	h
图书馆	b	学生集中浴室	i
教学建筑	c	大型或特殊实验室	j
科研楼建筑	d	医院	k
综合楼建筑	e	交流中心	l
场馆建筑	f	其他	m
食堂餐厅	g		

③ 建筑识别编码

第9 ～ 11位数编码为建筑识别编码，用3位阿拉伯数字表示，如001，002，…，999。建筑识别编码由建筑所在学校行政主管部门统一规定。建筑识别编码校园内任一建筑识别编码的唯一性。

④ 分类能耗指标编码

第12、13位数编码为分类能耗指标编码，用两位阿拉伯数字表示，如01，02，…。可参照下列编码编排（附表1-2）：

分类能耗指标编码汇总表　　附表1-2

能耗分类	编码	能耗分类	编码
电	01	汽油	10
水	02	煤油	11
燃气（天然气或煤气）	03	柴油	12
集中供热量	04	可再生能源	13
集中供冷量	05	太阳能光伏发电	13-PV
其他能源	06	浅层地热	13-G
煤	07	生物质能	13-M
液化石油气	08	废热回收	13-W
人工煤气	09		

⑤ 分项能耗指标编码

第14位数编码为分项能耗指标编码，用1位大写英文字母表示，如A，B，c，…。

可参照下列编码编排（附表 1-3）：

分项能耗指标编码汇总表　　附表1-3

分项能耗指标	编码	分项能耗指标	编码
照明插座用电	A	动力用电	C
空调用电	B	特殊用电	D

⑥ 分项能耗指标一级子项编码

第 15 位数编码为分项能耗指标一级子项编码，用 1 位阿拉伯数字表示，如 1，2，3，…。可参照下列编码编排（附表 1-4）：

分项能耗指标一级子项编码汇总表　　附表1-4

分项能耗指标	编码	一级子项	一级子项编码
照明与插座	A	照明与插座	1
		走廊与应急	2
		室外景观照明	3
空调用电	B	冷热站	1
		空调末端	2
动力用电	C	电梯	1
		水泵	2
		通风机	3
特殊用电	D	信息中心	1
		厨房餐厅	2
		游泳池	3
		实验室	4

⑦ 分项能耗指标二级子项编码

第 16 位数编码为分项能耗指标二级子项编码，用 1 位大写英文字母表示，如 1，2，5…。可参照下列编码编排（附表 1-5）：

分项能耗指标二级子项编码汇总表　　附表1-5

二级子项	二级子项编码	二级子项	二级子项编码
冷冻水泵	A	冷却塔风机	D
冷却水泵	B	热水循环泵	E
制冷机组	C	电锅炉	F

(2) 编码图示

上海市委党校新建综合教学楼及学员宿舍楼工程的能耗数据编码规则看似很复杂，实则可按照附图 1-1 进行简单展示，给人一目了然之感。

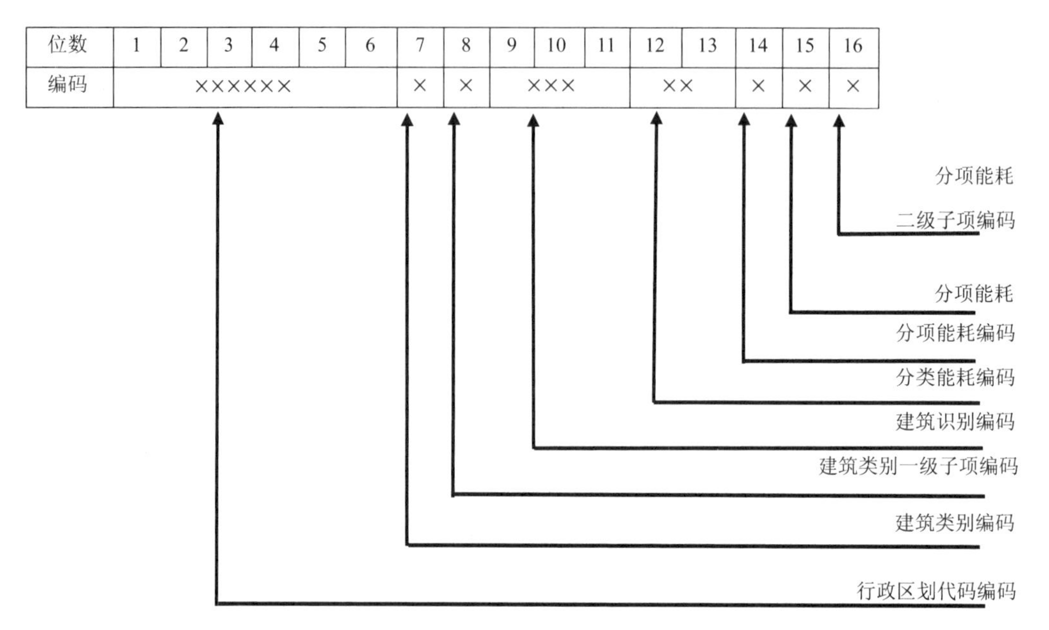

位数	1	2	3	4	5	6	7	8	9	10	11	12	13	14	15	16
编码	××××××						×	×	×××			××		×	×	×

附图 1-1　上海市委党校、上海行政学院二期工程能耗数据编码规则编码示意图

7.2　能耗数据采集方法

能耗数据采集方法包括人工采集和自动实时采集。

7.2.1　人工采集方式

通过人工采集方式采集的数据（包括建筑基本信息）和其他不能通过自动采集方式采集的能耗数据。如校园消耗的煤、液化石油、人工煤气、汽油、煤油、柴油等。

7.2.2　自动采集方式

通过自动采集方式采集的数据，包括中共上海市委党校、上海行政学院的校园建筑分类能耗数据和分项能耗数据。由自动计量装置实时采集，通过远程传输方式经数据中转站传输到数据服务器。

7.3　能耗数据采集设备

7.3.1　计量设备

中共上海市委党校、上海行政学院的校园建筑设施能耗自动计量的主要对象为电耗计量、燃气耗量计量、供热（冷）计量及水耗计量。计量设备采用数字式电能表、数字燃气表、热能表、数字式水表等具备数字通信功能的计量器具。

各类表具的技术规格参照相关已有导则执行。

7.3.2　计量表具

中共上海市委党校、上海行政学院校园规定对于不同监测对象采用不同的计量表具。

（1）对于一般建筑用电计量：采用电能表监测。

（2）对于低压端变电监测点及重点用电设施：采用多功能电能；监测包括三相电流、电压、有功功率、有功电度、无功功率、无功电度、有功功率因数、频率、总谐波含量等参数。

（3）对于内部节能管理用途的监管对象：可采用紧凑型（卡槽式）电量计测模块，要求具备计量三相（单相）有功电量的功能，具有数据远传功能，具有 RS-485 或者 M-BUS 标准串行电气接口，采用 MODBUS 标准开放协议或符合《多功能电能表通信规约》中的有关规定；配用电流互感器的精确度等级应不低于 0.5 级。

（4）燃气表：一般属于燃气公司专管，应尽量协调共享计量数据。或采用其他间接数据读取技术采集数据。

（5）热（冷）量计：对于地源热泵、空调系统、生活热水可采用热（冷）量计采集数据。但应委托专业表具供应商指导，保证正确安装，并确立日程维护保养及校核工作。

（6）水表：水表应符合住房和城乡建设部颁布的城镇建设行业产品标准《电子远传水表》CJ/T 224—2006。水表监测应尽可能采用有线通信方式，如果受现场安装条件所限需要采用无线通信时，应做现场通信测试、并确保日程电池更换及维护措施。

7.4 数据转换

本导则将数据转换设备称为数据网关。

7.4.1 数据网关设备的一般规定

数字式计量器具采集的数据应通过网关设备进行通信协议转换后接入校园网传输系统。网关设备包括单一种类数据（电耗、热耗、冷耗、水耗）采集和多种类数据综合采集设备，后者为支持同时对不同计量表具的各类能源或资源消耗数据的采集，一台网关应支持多台计量装置 / 设备进行数据采集。

7.4.2 数据网关应具备的基本技术性能

（1）数据网关应支持周期方式数据采集、固定时刻数据采集和当前时刻数据采集，并可接受数据中心通过数据管理平台下达的命令及相关设置。

（2）数据采集方式应提供轮询和主动上报两种方式的可选功能。轮询是指由数据中心的管理平台软件系统主动发起查询请求，数据网关在收到查询请求后将本地暂存的采样数据发送给数据中心。主动上报是指数据网关在根据事先设置的上报时刻自动发送数据，上报时刻可由数据中心配置。

（3）数据网关设备应具备单一电量数据采集及多种能源消费数据采集多种系列产品，后者应支持同时对不同用能种类的计量装置进行数据采集，要求支持多种通信协议接口，实现同时采集电能表（含单相电能表、三相电能表、多功能电能表）、水表、燃气表、热（冷）量表等多种参数的功能。数据网关应支持多台计量装置设备进行数据采集。

（4）网关设备应支持本地及远程 web 配置功能，且配置信息可以导出。

（5）网关设备宜采用低功耗嵌入式设备，内嵌操作系统及 32 M 以上内存，功率消耗应不大于 10W。具备内部时钟功能，可接收并执行校时等命令。具备存储 7 ～ 10d 的能耗数据的容量。

（6）数据网关设备应支持断点续传功能。

网关设备基本配置技术参数参见附表 1-6。

数据网关性能指标（参考例） **附表1-6**

参 数	指 标 要 求
接口	单一型或复合型：具备 RS-485/MODBUS/RS-232 端口
采集通信速率	最大速率不小于 9600bps
采集通信协议	支持 DL/T 645—1997、CJ/T 188—2004，每个接口独立可配置
可支持计量设备数量	可支持 32 台以上的连接
采集周期	根据数据中心命令或主动定时采集，电耗、水耗量采集周期为 20min ~ 3h 可配置，用能设备系统的运行及环境参数的监测采样周期为 1s ~ 10min 可配置
数据处理方式	解析协议，接收数据的加、减、乘运算、添加附加信息
存储容量	内存不少于 32MB
存储内容	能耗数据、系统及环境数据，数据类别、采集时间
远传接口	至少 1 个有线或无线接口
远传周期	通常在采样结束后启动实时远传。可设置按一定周期的传输方式，亦可由数据中心发送命令强制启动传输
支持数据服务器数量	至少 2 个
配置 / 维护接口	至少具有本地接口和 Web 配置 / 维护功能
网络功能	接收命令、上报故障、数据加密、断点续传、DNS 解析
功率	小于 10W
质量认证	RoHs 无铅认证，CE，FCC class A，CCC
看门狗	需内置 Watch Dog 功能（防止通信网关死机，可自动重启）
工作温度	满足 -10 ~ 55℃工作范围（考虑到北方高校推广有零下工作温度的可能性）
电源输入	需满足 24VDC 直流供电（变压器外置，可以减小控制器尺寸和降低功耗）

注：轮询是基站为终端分配带宽的一种处理流程，这种分配可以是针对单个终端或是一组终端的。为单个终端和一组终端连接分配带宽，实际上是定义带宽请求竞争机制，这种分配不是使用一个单独的消息，而是上行链路映射消息中包含的一系列分配机制。轮询是基于带宽的，带宽的请求总是基于CID，而分配则是基于终端。

（7）数据采集：数据采集频率可根据具体需要灵活设置，能耗数据采集频率在 20min / 次～ 3h / 次之间，相关环境参数采集在 1s / 次～ 10min ／次之间。

7.5 数据传输

中共上海市委党校、上海行政学院的校园节能监管系统的数据传输应基于校园网络系统，实现网络资源共享。

7.5.1 计量装置和数据网关的连接和数据传输

（1）计量装置和数据网关之间应采用符合各相关行业智能仪表标准的有线或无线的物

理接口和协议。

（2）计量装置和数据网关之间采用“主 - 从”结构的半双工通信（Half-duplex Communication）方式。从机在主机的请求命令下应答，数据网关是通信主机，计量装置是通信从机（半双工通信方式可以实现双向通信，但不能在两个方向上同时进行，必须轮流交替地进行，即通信信道的每一段都可以是发送端，也可以是接收端。但在同一时刻信息只能有一个传输方向：如日常生活中的例子有步话机通信、对讲机等。半双工传输的协议是线路规程过程的一部分，它是 OSI 模型的第二层、数据链路层所包含的一项功能）。

（3）数据网关应支持：根据数据中心命令启动数据采集和根据预设周期或时刻启动数据采集两种命令数据收集模式。

（4）计量装置和数据网关之间应采用符合各相关行业标准的通信协议。对于电能表，参照行业标准《多功能电表通信规约》DL/T 645—1997 执行。对于水表、燃气表和热（冷）量表，参照行业标准《用户计量仪表数据传输技术条件》CJ/T 188—2004 执行。

（5）对于无行业通信标准的计量装置，可使用数据网关支持的其他协议。

（6）计量与网关功能合为一体的设备性能，必须满足本导则关于数据传输性能和通信协议的规定。

7.5.2 数据网关与网络的连接

数据网关应使用基于 TCP/IP 协议的校园网络，传输采用 TCP 协议。可采用有线网络端口或者经由无线通信模块方式接入校园网络，并实现与数据中转站、校园数据中心的数据通信。

（1）校园数据中心启动 TCP 监听并一直运行，数据网关根据对网关的命令设置发起对数据中转站的连接，TCP 建立后保持正常连接状态不主动断开，数据网关定时向数据中转站发送数据包并监测连接的状态，一旦连接断开则重新建立连接。

（2）TCP 连接建立后，数据中心应对数据网关进行身份认证，包括认证过程和密钥更新两部分内容：

①认证过程

数据中心使用 MD5 算法进行数据采集器身份认证，具体过程如下：

a.TCP 连接建立成功后，数据采集器向数据中心发送身份认证请求；

b. 数据中心向数据采集器发送一个随机序列；

c. 数据采集器将接收到的随机序列和本地存储的认证密钥组合成一连接串，计算连接串的 MD5 值并发送给数据中心；

d. 数据中心将接收到的 MD5 值和本地计算结果相比较，如果一致则认证成功，否则认证失败。

②密钥更新

认证密钥存储在数据中心和数据采集器的本地文件系统中，数据中心可以通过网络对数据采集器的认证密钥进行更新：

a. 数据中心向数据采集器发送认证密钥更新指令，指令用加密密钥进行加密，指令中包含密钥更新种子字符串和该字符串的 MD5 值；

b. 数据采集器接收到更新指令后利用加密密钥进行解密，并利用原认证密钥对更新种子进行验证；

c. 验证通过后，利用更新种子和本地存储的更新密钥组成连接串，计算连接串的MD5值作为新的认证密钥；

d. 数据采集器的认证密钥在出厂设置时应保持一致，系统建立后通过网络对认证密钥进行更新。更新密钥存储在数据采集器和数据中心的本地文件系统中。

（3）数据网关和数据中心中间传输的数据和命令应进行加密，具体加密方法包括数据加密和密钥更新两部分内容：

①数据加密

使用AES加密算法。加密密钥存储在数据中心和数据采集器的本地文件系统中，数据中心可以通过网络对数据采集器的加密密钥进行更新。

②密钥更新

a. 数据中心向数据采集器发送加密密钥更新指令，指令用原加密密钥进行加密，指令中包含密钥更新种子字符串和该字符串的MD5值；

b. 数据采集器接收到更新指令后利用加密密钥进行解密，并利用认证密钥对更新种子进行验证；

c. 验证通过后，利用更新种子和本地存储的更新密钥组成连接串，计算连接串的MD5值作为新的加密密钥；

d. 数据采集器的加密密钥在出厂设置时应保持一致，系统建立后通过网络对认证密钥进行更新。更新密钥存储在数据采集器和数据中心的本地文件系统中。

（4）数据中心在对数据网关进行身份验证后，应对数据网关进行授时，并校验数据采集模式，对主动定时采集模式应校验采集周期。当数据中心和数据网关中的模式或周期配置不匹配时，数据中心可对数据网关的配置进行更改。

（5）在数据网关和数据中心的TCP连接建立以后，双方都可启动数据传输，既可以由数据中心启动轮询收集数据，也可以由数据网关主动上报数据给数据中心。在主动定时发送模式下，当网络发生故障时，数据网关应存储未能正常实时上报的数据，待网络连接恢复正常后进行断点续传。

（6）当因计量装置或数据网关故障未能正确采集能耗数据时，数据网关应向数据中心发送故障信息。

（7）数据网关与网络的连接中所对应的相关内容流程图参见附图1-2。

7.5.3 数据中转站

在系统规模较大时，可在数据网关、校园数据中心之间设置数据中转站。在规模较小时，数据中转站层次可以省略，即由数据网关直接与数据中心通信。

7.5.4 数据传输技术要求

参照已有技术导则执行。

7.6 管理平台

中共上海市委党校、上海行政学院的校园节能监管平台由一套包含操作系统，数据库系统软件，具备数据收集、统计、分析及管理的应用软件组成，应具备以下基本功能：

7.6.1 管理软件基本功能

（1）具备与数据中继站或网关之间的数据传输接口软件功能（例如使用socket通信协

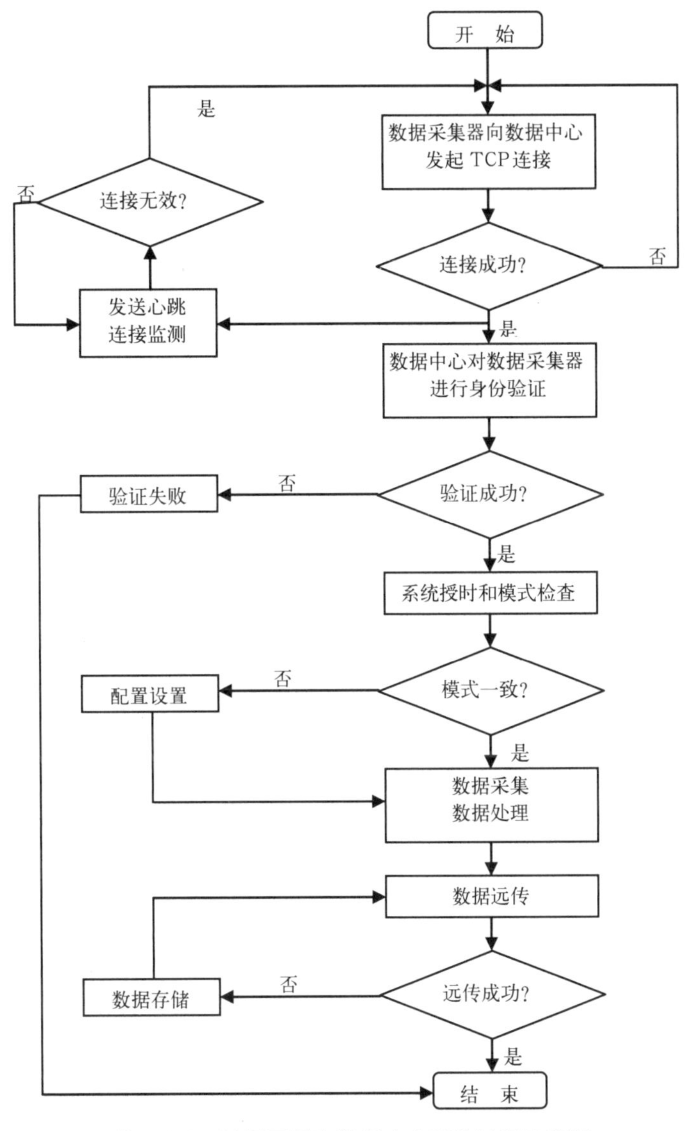

附图 1-2 数据网关和数据中心通信过程流程图

议）接受来自数据网关的数据包并解析存入数据库。

（2）具备数据统计分析处理功能。可读取解析服务存储到数据库里的结构化数据，同时检查数据的有效性，通过统计运算得出建筑能耗及分项能耗的年月日报表记录。

（3）具备数据的显示、打印及存盘等功能。可自由选取表示的图形（柱图、线图、堆积图，饼图等），可提供报表、图形文件导出、导入功能。

（4）具备友好的人机界面。

（5）实现对地源热泵系统的能效监测与评价。

7.6.2 软件结构

（1）软件采用“B/S + C/S”构架。

（2）具备可扩展性。

7.6.3 数据库

（1）根据校园规模合理规划设计数据库（SQL 或 Oracle）。

（2）数据库应具备二次计算功能：保证数据网关设备出现故障到恢复时间段内的能耗数据严格按照历史数据比例计算分时均摊值，保证能耗实时数据的连续性和完整性。

（3）数据库建设应考虑备份容量和功能。

7.6.4 软件安全

（1）应用软件具备访问权限控制功能：用户登录访问控制、权限控制、目录级安全控制、文件属性安全控制。

（2）系统软件（包括操作系统、数据库系统）和应用软件应定期进行完全备份，系统软件的配置修改和应用软件的改动都要及时备份，并做好相应的记录文档。

（3）应及时了解系统软件和应用软件厂家公布的软件漏洞，并立即进行更新修正。

（4）应用软件的开发要有完整的技术文档，源代码要有详尽的注释。

7.7 数据中心

数据中心是对校园监管平台实施运行管理的机构。应根据校园规模合理设置数据中心、确保数据服务器安全可靠的安置场所，设置显示、打印、网络、电话、传真设备，设置专人运行及维护管理机制。

7.8 工程安装

参照相关已有导则。

7.9 验收调试

（1）系统应该在运行三个月以上的数据采集后进入验收阶段。施工验收前应由建设方安排专人与承建方共同实施数据核对和运行测试。然后由主管部门指定的检测机构完成对本项目的检测，并出具检测报告。检测内容除包含一般常规项目检测外，还应包含校验和比对，合格后放可进行工程项目验收。

（2）工程项目验收由项目建设行政主管部门负责组织并与设计单位、监理单位、施工单位联合实施。

（3）施工工艺质量应符合本导则及《建筑电气施工质量验收规范》GB 50303—2002的要求。

（4）其他事项参照已有导则实行。

8 校园节能监管系统运行管理

8.1 管理部门及责任分工

中共上海市委党校、上海行政学院的校园建筑节能监管系统应在校园节能管理机构的统筹指导下，由学校能源管理部门负责具体运营管理。

中共上海市委党校、上海行政学院的校园节能监管系统的运行方式可根据学校情况和条件适当选择，例如可采用能源管理部门独自运行、与技术支撑单位合作运行、委托外部专业机构运行等方式。

中共上海市委党校、上海行政学院的校园节能监管系统的日常运行责任由校园能源管理部门负责。系统的维护、升级应预留专项预算，指定具有相应技术实力和资质的机构或单位负责。

8.2 管理制度

应建立节能监管系统的操作、数据存储、台账管理规程。

应建立数据信息公开、公示的管理制度和程序。

8.3 管理人员

中共上海市委党校、上海行政学院的校园监管平台的运行管理应配置具备相应资质的能源管理人员并定期实施专业培训。

8.4 报表管理

8.4.1 报表分类

按规定对上级主管部门提交的报表应符合《中华人民共和国统计法》、《民用建筑能耗报表统计制度》、《高等学校节约型建设管理与技术导则》（试行）的要求。

用于中共上海市委党校、上海行政学院的校内节能管理的报表可结合本校园特点追加，如科研实验设施能耗统计、学生集中浴室能耗统计、医院设施能耗统计等。

8.4.2 报表格式

参照《民用建筑能耗报表统计制度》、《高等学校校园监管系统建设技术导则》、《高等学校节约型建设管理与技术导则》（试行）施行。

8.4.3 报表管理

报表存档和提交由校园能源管理部门统一管理。包括监管系统服务器内电子文档及打印纸质报表的管理。

原则上时报、日报报表及详细报表以电子文档为主，可省略纸质打印。季度报表、年度报表及国家统计法规所需报表按相关规定实施。

8.5 数据保存及备份

8.5.1 **数据保存**：中共上海市委党校、上海行政学院的校园能耗数据应定期进行电子数据的备份。打印的报表应整理成册，存放于节能监管中心备查。

8.5.2 **数据备份**：建立数据定期备份制度，指定专人负责。

8.5.3 **数据安全**：制定数据定期检查核对、数据使用的规定，保证数据的可靠性和安全性。

8.6 网络及设备管理

8.6.1 **网络运行管理**：中共上海市委党校、上海行政学院的校园节能监管系统应共享校园网资源，利用校园网传输数据。学校网络管理部门应积极配合协助，配合通信端口的开通并负责网络系统的维护，保证网络畅通和安全。

8.6.2 **系统设备运行管理**：系统数据服务器应设置于学校网络管理中心机房，机房管理部门负责服务器硬件设备的维护管理。机房需具备24小时空调机配备备用电源。

8.6.3 **系统维护**：中共上海市委党校、上海行政学院的校园节能监管系统应基于校园网络建设，最大限度共享校园网资源。网络维护由网络管理部门负责。对于既有的校园水、电管理局域网络系统、实施与校园网络的数据对接和共享，并由能源管理部门与网络管理部门协同对系统进行妥善维护。

8.6.4 **数据中心维护管理**

（1）数据中心设备管理：数据中心应具备系统数据前置服务终端电脑、显示设备、打印设备和电话传真通信设备。数据中心应具备专人负责。由具有相应技术资质的人员负责运行管理。

（2）与上级数据中心的数据传输：中共上海市委党校、上海行政学院的学校能源管理部门负责数据对上级数据中心的上传管理工作。做好上传记录。

8.7 软件维护升级

中共上海市委党校、上海行政学院的校园节能监管系统的软件开发应由具有技术实力和资质的机构承担。应具备软件升级维护、培训制度。

附录二：

中共上海市委党校综合布线系统信息点配置汇总

中共上海市委党校综合布线系统信息点配置汇总（全）表 附表2-1

楼层	房间数量	外网数据点	内网数据点	无线点	语音点	光纤点	楼层	房间数量	外网数据点	内网数据点	无线点	语音点	光纤点
教学楼							教师研究室		6	2		2	2
（1）地下一层		7		2	6		心理实验室		6	2		2	2
收费管理室	2	2			2		团体活动室		6	2		2	2
无线信号覆盖机房		1					恳谈室		6	2	1	2	2
战时封堵口	2	4					心理测验室		6	2	1	2	2
水泵房					1		音乐放松室		6	2	1	2	2
马达控制室					1		生物反馈室		6	2	1	2	2
值班室					1		冥想减压室		6	2	1	2	2
库房					1		楼道				1		
休息区				2			（5）四层		26	12	5	24	4
（2）一层		79	18	15	46	11	U形教室	2	8	2	4	4	
管理室		2			2		控制间	2	2	2		4	2
多功能培训厅控制室		2	2		2	2	教学督导室		8	4	1	8	6
多功能培训厅休息室		1			2		办公室		8	4		8	
多功能培训厅库房					2		学员宿舍楼						
多功能培训厅		12	2	2	8	2	（1）地下一层		10	3	1	8	
化妆间	2	2			2		办公室	2	2	2		2	
采访室		4	2	1	4	2	办公室		2	1		2	
应对媒体实训室		8	2	1	4	2	布草间		1			1	
消防安保控制室		4			2		服务间		1			1	
休息接待区				1	1		粗加工间		1			1	
休息厅				1			收发室		1			1	
入口门厅服务台		3			4		主题展厅		2		1		
大报告厅	2	24	4	4	4	2	（2）一层		22	1	5	12	

续表

楼层	房间数量	外网数据点	内网数据点	无线点	语音点	光纤点	楼层	房间数量	外网数据点	内网数据点	无线点	语音点	光纤点
阶梯教室控制室		2	2		2	2	烹饪区		1			1	
阶梯教室服务室		1			1		细加工		1			1	
贵宾休息室		4			2		值班室	2	1			1	
休息等待区				2	2		餐厅		1		4		
阶梯教室		10	4	3	2	2	餐厅柜台		3			1	
（3）二层		98	36	23	40	20	入口大堂服务台		4			2	
40 人讨论室		8	4	1	2	2	备餐厅		5			1	
15 人分组活动室	6	36	12	6	12	6	入口大堂		1		1		
数字教学厅控制室	2	4	2	2	2	2	办公室		4	1		4	
数字教学厅	1	2	2	2	2	2	行李寄存		1			1	
扶梯口				1			（3）二层		58	25	4	62	
休息区				1	1		客房	25	50	25		50	
楼道				3			客房客厅	4	4			8	
学员活动室		2	2	1	2	2	走道				3		
U 形多功能教室		4	2	2	2	2	服务间		1			1	
大报告厅光控室		3	2		2		准备室		1			1	
控制间		2	2		2	2	休息厅		2		1	2	
20 人讨论室	4	24	4	4	8	4	（4）三层		72	33	4	78	
大报告厅放映室		3			1		客房	33	66	33		66	
大报告厅声控室		3	2		1	2	走道				4		
大报告厅同声传译		3	2		1	2	客房客厅	6	6			12	
网络电话机房		4			2		（5）四层		72	33	4	78	
（4）三层		102	45	17	55	9	客房	33	66	33		66	
预留教学评估录像机房用房		4	2		4	4	走道				4		
休息室		1			1		客房客厅	6	6			12	
服务室		1			1		（6）五层		72	33	4	78	
办公室		8	2		8		客房	33	66	33		66	
档案室		2	2		2		走道				4		
预留用房		2	2		2		客房客厅	6	6			12	

续表

楼层	房间数量	外网数据点	内网数据点	无线点	语音点	光纤点	楼层	房间数量	外网数据点	内网数据点	无线点	语音点	光纤点
教室	2	6	4	2	4	2	（7）六～八层		216	99	12	234	
15 人讨论室		6	2	1	2	2	客房	99	198	99		198	
试验观察室		2	2	1	2		走道				12		
小型情景模拟室		6	2	1	2	2	客房客厅	18	18			36	
库房		1	1		1		（8）九层		72	33	4	78	
休息区		1		1			客房	33	66	33		66	
电子政务及金融交易实训室		4	2	2	2		走道				4		
控制间		4	2		2	2	客房客厅	6	6			12	
临时教室		2	2	1	2		（9）十～十一层		144	66	8	156	
同声传译、休息室		2	2		2	2	客房	66	132	66		132	
控制室		2	2	2	2	2	走道				8		
教师研究室		6	2		2	2	客房客厅	12	12			24	
合 计									1050	437	108	955	44

附录三：

上海市委党校二期工程建筑设备监控系统信息点汇总

上海市委党校二期工程建筑设备监控系统信息点汇总（全）表　　附表3-1

设备名称	数量	数字量输入						数字量输出			模拟量输入									模拟量输出						小计			
建筑设备监控系统		设备运行状态	过载故障报警	远程/本地状态	初效器堵塞报警	水流状态	水液位开关	设备启停控制	湿膜加湿	阀开关控制	供水/回水温度	风管湿度	风管温度	供水/回水压力	风管静压	蒸汽流量	水管流量	室外温湿度	水管温度	制冷/加热阀控制	风机变频调节	蒸汽调节阀	新风门调节控制	回风门调节控制	旁通调节阀	DI	DO	AI	AO
B1																													
配电间送排风双速风机	2	2	2	2				4																		6	4	0	0
水泵房送排风双速风机	2	2	2	2				4																		6	4	0	0
冷冻机房送排风双速风机	1	1	1	1				2																		3	2	0	0
车库排风兼排烟风机	2	2	2	2				2																		6	2	0	0
主题展厅排风机	1	1	1	1				1																		3	1	0	0
储藏室、淋浴等排风	1	1	1	1				1																		3	1	0	0
厨房粗加工排风	2	2	2	2				2																		6	2	0	0
走道排烟风机	3	3	3																							6	0	0	0
新风机	2	2	2	2	2			2	2	2		2	2							2						8	6	4	2
变频新风机	1	1	1	1	1			1	1	1		1	1		1					1	1					4	3	3	2
地源热泵	3	3	3					3																		6	3	0	0
管路	1					3				3	6			2											1	3	3	8	1
空调热水循环泵	4	4	4	4				4																		12	4	0	0
地埋管侧冷热水循环泵	4	4	4	4				4																		12	4	0	0
冷却水循环泵	2	2	2	2				2																		6	2	0	0
热水循环泵	2	2	2	2				2																		6	2	0	0
热水泵	5	5	5	5				5																		15	5	0	0
生活水箱	1						2																			2	0		
生活水泵	6	6	6	6				6																		18	6		
雨水集水池	2						1																			1	0		
雨水处理水泵	4	4	4	4				4																		12	4		
集水坑	14						42																			42	0	0	0

续表

设备名称	数量	数字量输入						数字量输出			模拟量输入									模拟量输出						小计			
建筑设备监控系统		设备运行状态	过载故障报警	远程/本地状态	初效器堵塞报警	水流状态	水液位开关	设备启停控制	湿膜加湿	阀开关控制	供水/回水温度	风管湿度	风管温度	供水/回水压力	风管静压	蒸汽流量	水管流量	室外温湿度	水管温度	制冷/加热阀控制	风机变频调节	蒸汽调节阀	新风门调节控制	回风门调节控制	旁通调节阀	DI	DO	AI	AO
排污泵	28	28	28	28				28																		84	28	0	0
公共区域照明	9	9		9				9																		18	9	0	0
F1																													
空调机	3	3	3	3	3			3	3			3	3							3			3	3		12	6	6	9
变频空调机	3	3	3	3	3			3	3	3		3	3		3					3	3		3	3		12	9	9	12
新风机	2	2	2	2	2			2	2	2		2	2							2						8	6	4	2
大报告厅排烟	2	2	2																							4	0	0	0
燃气表房排风/防爆风机	1	1	1	1				1																		3	1	0	0
公共区域照明	9	9		9				9																		18	9	0	0
室外景观/路灯照明（预）	9	9		9				9																		18	9	0	0
泛光照明（预留）	9	9		9				9																		18	9	0	0
F2																													
空调机	4	4	4	4	4			4	4			4	4							4			4	4		16	8	8	12
新风机	3	3	3	3	3			3	3	3		3	3							3						12	9	6	3
大报告厅排烟	2	2	2																							4	0	0	0
多功能培训室排风	1	1	1	1				1							1						1					3	1	1	1
U形教室排风	1	1	1	1				1							1						1					3	1	1	1
多功能培训室、阶梯教室排风	1	1	1	1				1																		3	1	0	0
公共区域照明	9	9		9				9																		18	9	0	0
F3																													
空调机	6	6	6	6	6			6	6			6	6							6			6	6		24	12	12	18
新风机	2	2	2	2	2			2	2	2		2	2							2						8	6	4	2
数字教学厅排烟	1	1	1																							2	0	0	0
教学楼二三层走道排烟	1	1	1																							2	0	0	0
电子政务排风	1	1	1	1				1							1						1					3	1	1	1
70人教室等排风	1	1	1	1				1							1						1					3	1	1	1

续表

设备名称	数量	数字量输入						数字量输出			模拟量输入									模拟量输出						小计			
建筑设备监控系统		设备运行状态	过载故障报警	远程/本地状态	初效器堵塞报警	水流状态	水液位开关	设备启停控制	湿膜加湿	阀开关控制	供水/回水温度	风管湿度	风管温度	供水/回水压力	风管静压	蒸汽流量	水管流量	室外温湿度	水管温度	制冷/加热阀控制	风机变频调节	蒸汽调节阀	新风门调节控制	回风门调节控制	旁通调节阀	DI	DO	AI	AO
数字教学厅排风	1	1	1	1				1							1						1					3	1	1	1
多功能培训室、阶梯教室排风	1	1	1	1				1																		3	1	0	0
公共区域照明	9	9		9				9																		18	9	0	0
F4																													
空调机	3	3	3	3	3			3	3			3	3							3			3	3		12	6	6	9
新风机	1	1	1	1	1			1	1	1		1	1							1						4	3	2	1
U 形教室等排风	1	1	1	1				1							1						1					3	1	1	1
公共区域照明	6	6		6				6																		12	6	0	0
F5 ~ F11																													
新风机	7	7	7	7	7			7	7	7		7	7							7						28	21	14	7
公共区域照明	21	21		21				21																		42	21	0	0
屋顶层																													
空调机	1	1	1	1	1			1	1			1	1							1			1	1		4	2	2	3
组合式能量回收机组	1	2	2	2	1			2				1	1													7	2	2	0
组合式低噪声油烟净化机组	1	1	1	1				1																		3	1	0	0
厨房平时排风	1	1	1	1				1																		3	1	0	0
厨房送风	1	1	1	1				1																		3	1	0	0
标准层走道排烟	2	2	2																							4	0	0	0
消防前室正压送风	2	2	2																							4	0	0	0
楼梯间正压送风	2	2	2																							4	0	0	0
阶梯教室排烟	1	1	1																							2	0	0	0
阶梯教室、中庭排风	4	4	4	4				4							4						4					12	4	4	4
室外温湿度	2																	4											
闭式冷却塔	2	2	2	2				2		2	4															6	4	4	0
合计		224	143	205	39	3	45	213	38	26	10	39	39	2	14	0	0	4	0	38	14	0	20	20	1	659	277	104	93

参考文献

[1] 中国建筑科学研究院 . GB 50378—2006 绿色建筑评价标准 [S]. 北京：中国建筑工业出版社，2005.

[2] 上海地区可再生能源在建筑中的应用示范项目案例汇编（2007 ~ 2009）.

[3] 陈剑秋 . 可持续教育建筑——上海市委党校二期工程可持续技术应用示范 [M]. 上海：同济大学出版社，2012.

[4] 施工技术资讯，2012.5：4-17.

[5] 前瞻产业研究院 . 2013-2017 年中国 LED 照明产业市场前瞻与投资战略规划分析报告 .[EB/OL.[2013-12-04].

[6] 成都市园林局 . DB 51/510016—1998 城市园林绿化技术操作规程 [S]. 四川省技术监督局，四川省建设厅，1998.

[7] 山西建筑工程集团总公司 . GB 50207—2012 屋面工程质量验收规范 [S]. 北京：中国建筑工业出版社，2002.

[8] 山西建筑工程集团总公司等 . GB 50345—2012 屋面工程技术规范 [S]. 北京：中国建筑工业出版社，2002.

[9] 钱烝明等 . 全国绿色施工示范工程——上海南京西路 1788 项目的成功实践 . 建筑施工，2012，11：(4) .

[10] 代志红 . 绿色施工与评价研究 [D]. 武汉理工大学，2010，硕士论文 .

[11] 肖绪文等 . 建筑工程绿色施工现状分析及推进建议 [J]. 施工技术，2013（1）.

[12] 韩君 . 新建太原南站地源热泵系统施工监理要点 [J]. 建设监理，2011（6）：60-62.

[13] 徐立，倪寿胜，蔚云武 . 地源空调地埋管钻孔施工技术在镇江城际铁路项目上的应用 [J]. 建筑节能，2010，38（3）：66-68.

[14] 傅允准 . 地源热泵地埋管换热器换热量测试 [J]. 实验科学与技术，2010，8（2）：33-34，90.

[15] 何育苗 . 地源热泵空调系统地埋管施工 [J]. 施工技术，2010，39（3）：99-102.

[16] 中国建筑科学研究院 . GB 50366—2005 地源热泵系统工程技术规范 [S]. 北京：中国建筑工业出版社，2005.

[17] 上海市安装工程有限公司 . GB 50243—2002 通风与空调工程施工质量验收规范 [S]. 北京：中国计划出版社，2002.

[18] 万力，孙超 . 大型公共建筑节能监管平台建设研究 [J]. 工程与建设，2011，25（2）：240 - 242.

[19] 梁境等 . 大型公共建筑节能监管体系技术实现路线研究 [J]. 暖通空调，2007，37（8）：13 -18，138.

[20] 清华大学建筑节能研究中心 . 大型公建用电分项计量与实时分析系统图 [J]. 建筑科技，2007（18）：24-27.

[21] 郑明明，陈硕 . 建筑能耗监测平台的研究 [J]. 建筑节能，2009（9）：65-67.

后 记

上海上咨建设工程咨询有限公司（简称“上咨建设公司”）受建设单位中共上海市委党校委托，从事中共上海市委党校、上海行政学院二期（新建综合教学楼与学员宿舍楼）项目的工程监理咨询工作，监理工作期间为2009年6月8日～2012年6月28日（项目竣工一年后）。上咨建设公司于2009年7月3日委派监理人员入驻工程所在地，即位于上海市虹漕南路200号的中共上海市委党校，正式介入上海市委党校二期工程项目，协助建设单位从事项目前期工作：主要针对工程设计提出合理化建议和意见。由于本工程突出了绿色建筑的概念，并力争创建“三星级”绿色建筑。为确保“三星级”绿色建筑标识的实现，监理人员协助建设单位积极同设计单位进行沟通，在设计中采用了自然通风技术、垂直绿化技术、雨水收集处理及再利用技术、地源热泵技术等一系列的绿色建筑新技术，设计标准的确立为本工程绿色“三星级”建筑标识的实现奠定了基础。

作者受公司委派，有幸参与并负责本项目建设的施工监理工作，并于2009年6月8日开始着手有关工程监理工作的推进事宜。在获知上海市委党校二期工程被列为上海市科委科技支撑项目“基于寿命周期评价的可持续建筑技术体系研究：中共上海市委党校现代综合教学楼及学员宿舍楼示范工程”后，公司非常重视，同时责成驻场监理部做好相应的绿色建筑（可持续建筑）施工监理经验总结工作，公司总工程师办公室也在相应的绿色建筑施工监理咨询上提供专业支撑。

2009年11月10日，本工程正式开工后，监理项目部及时成立了监理部创建绿色建筑工作小组，在建设单位及绿色建筑顾问团队的指导下开展工作。主要针对工程大宗材料以及节能材料的选材、进场验收及见证取样环节进行严格把关，施工阶段要求施工单位严格按照设计图纸及相关标准和规范要求进行施工，确保工程质量尤其是建筑节能施工质量必须符合设计及规范要求，针对建筑节能施工验收标准相对欠缺的问题，监理部积极同建设单位、设计单位、施工单位进行沟通，并及时向上海市安全与质量监督中心站等质量监督部门进行请教，解决了绿色建筑施工及验收过程中出现的问题。对施工过程中产生的水、电等能源消耗，制定节能措施，并协助施工单位进行统计和分析，力争做到节约能源。同时采取措施严格控制施工过程中产生的固体废弃物、污废水排放、施工噪声及光污染等造成的不利影响，力争从节能、节水、节材等各方面达到创建“三星级”绿色建筑标识的要求。

在决定编写本书之时，除得到了我公司总师室以及各级领导的大力支持外，还得到施工（上海二建、上海安装、上海康业装饰）、设计［同济大学建筑设计研究院（集团）有限公司］、中共上海市委党校等参建单位的理解和支持，也离不开上海市水利工程（集团）有限公司、上海市堤防（泵闸）设施管理处、常州瑞信电子科技有限公司的帮助和支持，在此一并深表谢意。在本书全体编写人员中，上海上咨建设工程咨询有限公司有：丁育南（高工），李云（高工），崔健（工程师），沈健荣（工程师），丁育学（工程师），刘海鹰（工程师），师雄（高工），朱伟强（高工），朱冬兴（助工）；中共上海市委党校有：张德旗（高工），戚启明（工程师）；上海市堤防（泵闸）设施管理处包括：刘颖（工程师），梁鹏飞（硕士研究生)；上海市水利工程集团有限公司包括：朱涛（公司总工，高工），汪健雄（工程师），洪东亮（工程师），茆海峰（工程师），姚文军（工程师)；此外，还包括华东理工大学工业设计专业的黄延青同学。

本书是对工程监理在现代化的研究型高校绿色校园建筑施工监管与咨询“绿色三星标识(设计、运营)”申报的经验总结,并从:“绿色建筑实施概述”→“绿色建筑实施策划”→“节约建筑土地的主要措施”→“建筑节能的主要措施”→“绿色建筑施工主要监控措施”→“能源与环境监测平台建设”→“智能化系统建设”→“绿色建筑实施主要成效”等8个方面逐一展开并进行了恰如其分的总结。书中结合绿色建筑工程监理点滴心得，融入了人量绿色建筑实景图片施工资料、数据表格和咨询技术经验统计资料以及相关工程技术总结，凝聚了项目监理部以及相关参与人员的心血和智慧。如果能够对类似工程的工程施工监理工作有所助益，也就体现了本书的价值。受作者业务水平所限，书中的遗漏和不足之处在所难免，欢迎各界人士批评、指正。

在本书收官落笔之际，首先要感谢张德旗老师、戚启明老师对本书的基础资料收集工作提供了巨大的帮助、技术指导和勉励；其次要感谢以公司总经理郑刚（教授级高工）为代表的上咨建设公司各级领导与专家的支持和鼓励；最后要感谢在本项目实施期间，社会各界专家教授的技术支撑和无私奉献，以及本工程监理部全体同仁的理解和支撑。